浙江省高职院校"十四五"重点立项建设教材

数字化融媒体特色教材

U0647031

信息技术基础

张红　刘芳◎主编

ZHEJIANG UNIVERSITY PRESS

浙江大学出版社

·杭州·

图书在版编目（CIP）数据

信息技术基础 / 张红，刘芳主编. -- 杭州 : 浙江
大学出版社，2024. 6. -- ISBN 978-7-308-25254-6

Ⅰ. TP3

中国国家版本馆 CIP 数据核字第 202462YZ40 号

信息技术基础

XINXI JISHU JICHU

张红　刘芳　主编

策划编辑	黄娟琴
责任编辑	王　波
文字编辑	沈巧华
责任校对	汪荣丽
封面设计	杭州林智广告有限公司
出版发行	浙江大学出版社
	（杭州市天目山路 148 号　邮政编码 310007）
	（网址：http://www.zjupress.com）
排　　版	杭州晨特广告有限公司
印　　刷	杭州高腾印务有限公司
开　　本	787mm×1092mm　1/16
印　　张	17
字　　数	363 千
版印次	2024 年 6 月第 1 版　2024 年 6 月第 1 次印刷
书　　号	ISBN 978-7-308-25254-6
定　　价	49.00 元

编 委 会

主　编　张　红　刘　芳
编　委　胡　坚　田启明　陈云志　朱晓鸣
　　　　戎　成　吴　俊

序 PREFACE

随着人工智能、大数据、云计算、物联网、区块链、虚拟现实等的发展,信息技术在深刻改变人类生活方式的同时也推动着经济社会的不断变化和进步。大学计算机基础教学需要改革现有的课程体系和教学内容,以更好地适应这些变化,全面提升大学生的计算思维能力和计算机融合应用能力。为此,浙江省高等教育学会计算机教育分会和浙江省高校计算机类专业教学指导委员会以浙江省高校计算机等级考试科目和考试内容的改革为抓手,推进高校计算机基础教学课程体系、教学内容、教材和教学团队建设。

张红教授带领的"计算机基础"课程教学团队,通过多年的教学实践探索,构建了基于案例驱动和翻转课堂的计算机基础教学模式,有机融合了计算机发展和应用、软硬件基础知识、新一代信息技术和计算机应用技能等方面的内容,编写了这本教材。

作为浙江省计算机等级考试一级"计算机应用基础"的推荐教材,本书紧扣考试大纲,以"任务驱动"为主线,让读者带着任务和问题进行学习,目标明确,使读者能快速理解计算机的基本原理和基础知识、新一代信息技术的基本内涵,掌握计算机应用的基本技能。

本教材系统性强,形态新颖,可读性好,不仅有课件、练习题等教学资源,还有丰富的视频资料,既可以作为计算机等级考试的辅导教材,也可以作为大学"计算机应用基础""信息技术基础"等通识类课程的教材,同时可以作为普及计算机基础知识的参考书。

是以为序。

何钦铭

浙江大学计算机科学与技术学院教授
教育部高等学校大学计算机课程教学指导委员会副主任
国家"万人计划"教学名师

前言
FOREWORD

党的二十大报告擘画了以中国式现代化全面推进中华民族伟大复兴的宏伟蓝图。建设数字中国、加快发展数字经济、促进数字经济和实体经济深度融合，已经成为社会发展和经济建设的重要引领，也对当代计算机通识教育提出了更高、更新的要求。

本书的编写积极融入党的二十大报告精神。本书内容除了包含计算机应用基础知识外，还增加了支撑数字中国建设的人工智能、云计算、物联网、区块链、虚拟现实等计算机新技术应用场景，帮助学生掌握计算机应用基础知识并能熟练操作计算机。本书着重培养学生的数据思维和信息素养，以使学生适应数字经济和产业数字化转型发展。

本书为浙江省高职院校"十四五"首批重点立项建设教材，采用新形态教材（立方书）的形式编写，以项目为模块、任务为驱动，每个任务分为若干个子任务，学生可通过完成任务来学习知识和技能。每个子任务包括任务描述、任务分析、任务实现、任务总结、任务巩固5个任务单元，每个子任务都配有微课视频和测试二维码，可供学生自主学习和巩固知识之用。

全书分为走近计算机、遨游互联网、探索计算机新技术、操作常用工具软件4个项目，从单机、联网到新技术发展和应用操作，以4个项目串联计算机相关基本知识和技能。其中，项目1走近计算机，主要介绍计算机的产生、发展及计算机软硬件等基础知识；项目2遨游互联网，从互联网、物联网、网络应用等方面介绍网络的相关知识；项目3探索计算机新技术，用浅显易懂的语言对人工智能、大数据、云计算、区块链、虚拟现实等计算机前沿技术以任务的形式加以解析和展示；项目4以生动的实践案例介绍Windows 10操作系统和Office 2019软件的基本使用方法。

本书融入了课程思政，从国家、产业、个人三个维度挖掘思政内容，比如文化自信、信息安全、奋斗精神等思政元素，从教学内容、教学案例、实践案例等不同切入点融入课程思政，比如良渚文化、环保数据统计等案例，在潜移默化中使学生坚定理想信念，厚植爱国主义情怀。

本书由嘉兴职业技术学院张红校长、浙江经贸职业技术学院刘芳共同担任主编，浙江省内富有课程建设经验的多所高职院校教师参与编写。其中，浙江工商职业技术学院朱晓鸣和浙江经贸职业技术学院刘芳、谢红标负责项目1的编写和修订，温州职业技术学院张焰林和浙江经贸职业技术学院刘晓刚、谢红标、覃浩轩、刘芳负责项目 2 的编写和修订,浙江交通职业技术学院严海和浙江经贸职业技术学院胡坚、许柳威、谢红标、覃浩轩、王昌建、石东贤负责项目 3 的编写和修订,浙江经贸职业技术学院刘芳、谢红标、刘晓刚、周芳妃和义乌工商职业技术学院吴俊负责项目 4 的编写和修订。由浙江经贸职业技术学院刘芳、刘晓刚、胡坚、许柳威、谢红标、王昌建、石东贤、周芳妃、覃浩轩负责书稿的修改和视频、题库等资料的制作。

本书可作为普通高等院校、高等职业院校以及各类计算机教育培训机构的计算机基础类通识课程教材,也可作为计算机爱好者入门学习的参考书。

因时间有限,本书难免存在不足和疏漏之处,敬请各位专家和读者批评指正。

如需课件等相关教学资料,请联系浙江大学出版社(邮箱:jqhuang@zju.edu.cn)。

目录
CONTENTS

项目 ① 走近计算机

从 20 世纪中叶计算机诞生以来,计算机及其相关技术的飞速发展影响了整个科学技术体系、产业体系,给人类社会带来了巨大的变革。党的二十大报告提出加快建设数字中国。[①] 当前,人类社会正处在第四次技术革命时代,数字类技术创新是此次技术革命的主体与特征,具有代表性的前沿技术包括人工智能、大数据、云计算、物联网、区块链、虚拟现实等,由此带来的数字经济正在蓬勃发展,并日益改变着人类生产与生活、商业与消费模式。因此,建设数字中国对推进中国式现代化、构建现代化产业体系、构筑国家竞争新优势具有深远影响。

本项目思维
导图及介绍
视频

在本项目的学习中,我们从数字中国建设基础设施之一——计算机开始,先了解计算机的诞生与发展变迁,再来掌握计算机工作的原理。神奇的二进制是怎样在计算机中工作的?常见的数值、文字、声音、图像是如何存储到计算机中并实现信息数字化的?计算机在我国航天、科研、生产、生活、教育、金融、医疗、娱乐等领域又有哪些应用?计算机的硬件有哪些?软件系统又是什么?国产优秀软件有哪些?带着这些疑问我们走近计算机。

🔍 任务 1　了解计算机的前世今生

📁 子任务 1　计算机的产生

课件:了解
计算机的前
世今生

任务描述

小王是一名大一新生,中学时期没有系统地学习计算机技术,她非常羡慕那些计算

---

① 习近平. 高举中国特色社会主义伟大旗帜　为全面建设社会主义现代化国家而团结奋斗:在中国共产党第二十次全国代表大会上的报告[N].人民日报,2022-10-26(01).

机高手。这个学期学校开设了"计算机应用基础"这门课,她准备好好学习计算机的相关知识和操作技能。第一步当然是了解计算机的前世今生,知道计算机的诞生过程。接下来,我们来帮她解开计算机诞生之谜。

任务分析

想要了解计算机的诞生过程,首先需要了解计算机产生的时代背景,知道第一台计算机是如何研制的,同时也要了解一下计算机这个神奇的机器区别于其他计算工具的特点。

任务实现

视频:计算机的产生

1.计算机的诞生背景

19 世纪,英国数学家查尔斯·巴比奇(Charles Babbage)设计了一台能够自动进行数学、逻辑运算的机器——分析机,如图 1-1 所示。巴比奇所设计的分析机是现代计算机的前身。按照巴比奇的设计,用机械部件构成的分析机应能完成数学计算和类似汇编语言的程序指令。分析机虽然在当时没有研制成功,但是其已经具备了现代计算机的基本特征,为自动计算提供了可能。巴比奇的一些计算机思想被沿用至今,因此他被后人称为"计算机之父"。

图 1-1 查尔斯·巴比奇与他设计的分析机

20 世纪 40 年代初,第二次世界大战期间,美国陆军设立了"弹道研究实验室",用来研制新型火炮。计算弹道的工作量巨大。为了提高计算速度,美国军方委托宾夕法尼亚大学莫尔学院的物理学家约翰·莫奇利(John Mauchly)、约翰·埃克特(John Eckert)等成立研制小组,研制计算工具。1946 年 2 月 10 日,美国陆军军械部和宾夕法尼亚大学莫尔学院联合向世界宣布第一台通用计算机 ENIAC(中文译名"埃尼阿克")诞生(见图 1-2),从此揭开了电子计算机发展和应用的序幕。

图 1-2　第一台现代计算机 ENIAC

2.认识第一台通用计算机

ENIAC(Electronic Numerical Integrator and Computer),即电子数字积分计算机,是世界上第一台通用电子计算机,其主要元器件是电子管。它使用了 1500 个继电器、18800 个电子管,占地 170 平方米。这台计算机每秒能完成 5000 次加法运算或 400 次乘法运算,比当时最快的计算工具快 300 倍。它还能进行平方和立方运算、正弦和余弦等三角函数运算以及其他一些更复杂的运算。它的诞生标志着人类进入了一个崭新的信息时代。

3.计算机区别于其他计算工具的特点

计算机俗称电脑,是可以进行高速计算的电子计算机器,可以进行数值计算、逻辑计算,具有存储记忆功能,是能够按照既定程序运行,能自动、高速处理海量数据的现代化智能电子设备。它区别于其他计算工具的主要特点如下。

(1)运算速度快

无论是第一台计算机 ENIAC、普通家用计算机还是运算飞快的超级计算机,它们的运算速度都远远超过了人类大脑的计算速度,这使大量复杂的科学计算问题得以解决。例如,导弹轨迹的计算、卫星轨道的计算、大型水坝的计算、24 小时天气预报的计算等,过去人工计算需要几年、几十年完成的任务,现在用计算机只需几天甚至几分钟就可以完成。随着科技的发展,计算机的运算速度仍在快速提升,如今超级计算机的运算速度已达到每秒运算超亿亿次的级别。

(2)计算精确度高

科学技术的研究和发展,对计算有非常高的精确度要求。计算机控制的导弹能准确地击中预定的目标,这与计算机的精确计算是分不开的。一般计算机可以有十几位甚至几十位(二进制)有效数字,计算精度可达千分之几到百万分之几,是任何其他计算工具都望尘莫及的。

（3）有存储记忆能力

计算机的存储器具有存储大量信息的功能，随着存储设备的不断发展，可存储记忆的信息越来越多，计算机的存储量已高达千兆乃至更高数量级。

（4）有逻辑判断能力

计算机不仅能进行精确计算，还具有逻辑运算功能，能对信息进行比较和判断，计算机可以通过编码技术对各种信息（如视频、文字、图形、图像、音频等）进行算术运算和逻辑运算，甚至进行推理和证明。

（5）有自动控制能力

计算机内部操作是根据人们事先编好的程序自动进行的。计算机具备预先存储程序并按存储的程序自动执行而不需要人工干预的能力，计算机严格地按程序规定的步骤操作，自动控制达到用户的预期结果。

任务总结

高科技产品一般产生于军事科研应用领域，1946 年在宾夕法尼亚大学诞生的第一台通用计算机 ENIAC 也是为了当时美军研发新型炮弹的需要而研制的。随后计算机不断发展，扩展到社会的各个领域，其以运算速度快，计算精度高，有存储记忆能力、逻辑判断能力和自动控制能力等特点，给人类的生产活动和社会活动带来了重大变革。

任务巩固

1. 请你上网查找有关第一台计算机的信息和图片，更详细地了解计算机的前世今生。
2. 请你上网查找资料，了解除了本书所列的特点，计算机还有什么特点。

测试任务

请扫右侧二维码，进入任务测试环节，看看掌握了多少。

测试：计算机的产生

子任务 2　计算机的发展

任务描述

经过子任务 1 的学习，我们了解了计算机的诞生过程。对比现在的计算机，短短几十年，计算机是如何从 30 多吨的笨重家伙发展到现在的微型、高速、便携、多功能的计算机的呢？我国的计算机发展速度怎样？下面，我们来介绍计算机发展的故事。

任务分析

　　我们从计算机的发展历程、计算机的发展趋势、未来计算机的研究方向等方面来了解计算机的演变过程。计算机是随着计算机所使用的核心物理元器件技术的更新迭代而变化的,从第一代的电子管计算机到晶体管计算机再到集成电路、大规模和超大规模集成电路计算机,在短短的不足百年间,计算机的发展随着使用的物理元器件的升级经历了多个时代。

任务实现

视频:计算机的发展

1.计算机的发展历程

　　(1)第一代:电子管计算机(1946—1957 年)

　　第一代计算机采用电子管作为基本元器件。电子管如图1-3 所示。第一代计算机采用汞延迟线作为存储器,采用穿孔卡片或纸带作为输入与输出设备,采用机器语言或汇编语言来编写应用程序。第一代计算机体积大、耗电量大、速度慢、存储容量小、可靠性差、维护困难且价格高。这一代计算机主要用于科学计算,是计算工具革命性发展的开始,其所采用的二进制与存储程序、程序控制等基本技术思想,奠定了现代电子计算机的技术基础。

图 1-3　电子管

　　(2)第二代:晶体管计算机(1958—1964 年)

　　20 世纪 50 年代中期,晶体管的出现极大地促进了计算机生产技术的发展。第二代计算机用半导体器件晶体管(见图1-4)代替电子管作为计算机的基础器件,用磁芯或磁鼓作为存储器。晶体管计算机与电子管计算机相比较,具有尺寸小、重量轻、寿命长、效

图 1-4　晶体管

率高、发热少、功耗低等优点,在整体性能上比第一代计算机有了很大的提高。同时出现了程序设计语言,如 FORTRAN、COBOL、Algo160 等计算机高级语言。晶体管计算机除了用于科学计算,也开始应用在数据处理、过程控制等方面。

　　(3)第三代:中小规模集成电路计算机(1965—1970 年)

　　20 世纪 60 年代中期,随着半导体工艺的发展,把一个电路中所需的晶体管、电阻、电容和电感等元件及布线互连起来,集成在一小块半导体晶片上的集成电路技术出现了,中小规模集成电路便成了计算机的主要部件(见图1-5)。计算机的主存储器也开始采用半导体存储器,外存储器有磁盘和磁带。采用中小规模集成电路使计算机的体积更小、功耗更低、可靠性更强。在软件方面,有了标准化的程序设计语言和人机会话式的BASIC 语言,操作系统逐步完善,计算机的应用领域也进一步扩大。

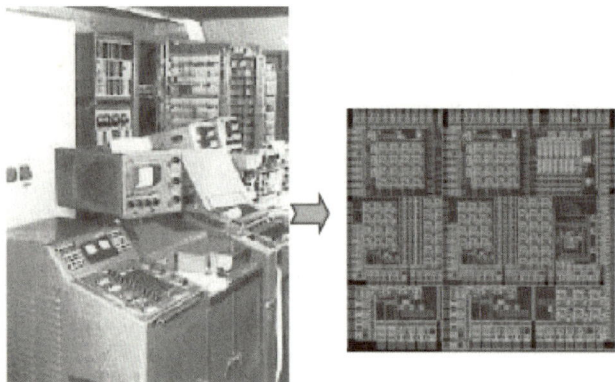

图 1-5　集成电路计算机

(4)第四代:大规模和超大规模集成电路计算机(1971年至今)

大规模、超大规模集成电路技术把更大量的晶体管集成到一个芯片上,该技术一出现就被应用到计算机技术上。图 1-6 所示为超大规模集成电路。这一代计算机,将集成度更高的大容量半导体存储器作为内存储器,计算机的体积进一步缩小,性能进一步提高,并行技术和多机系统随之发展。在软件上出现了精简指令集计算机(reduced instruction set computer,RISC),软件系统工程化、理论化,程序设计自动化。这种集成技术使得计算机的体积越来越小,常用的微型计算机(简称"微机")在社会上的应用范围进一步扩大,几乎在所有领域中都能看到计算机的"身影"。

图 1-6　超大规模集成电路

2.我国计算机的发展

1956 年,中国科学院筹建了中国第一个计算技术研究所。虽然中国的计算机技术起步晚,但是发展很快,现在我国自主研发的超级计算机无论在计算速度上还是总体量上都在世界上名列前茅。1958 年,中国科学院计算技术研究所研制成功了我国第一台小型电子管通用计算机 103 机(八一型)。1965 年,第一台大型晶体管计算机 109 乙机研制成功。1967 年研制成功的 109 丙机为我国第一代核武器的研制、定型和发展作出了重要贡献,被国防科委领导誉为功勋计算机。1974 年,清华大学等单位联合设计研制成功运算速度高达每秒 100 万次的集成电路 DJS-130 小型计算机,并投入小批量生产。1983 年,国防科技大学研制成功运算速度达每秒上亿次的银河-Ⅰ巨型计算机,这是我国高速计算机研制的一个重要里程碑。之后的银河-Ⅱ、银河-Ⅲ巨型计算机也都有不俗的表现。2002年,中国科学院计算技术研究所研制成功我国第一款通用CPU(central processing unit,中央处理器)"龙芯"芯片。之后数年,我国计算机科学飞速发展,迅速赶超其他国家。2023年6月,中国国家并行计算机工程技术研究中心研发的"神威·太湖之光"超级计算机和国防科技大学研发的"天河二号"超级计算机,运算速度已达93.01 PFlop/s(千万亿次浮点计算/秒)和61.44 PFlop/s,均位于世界前列。

3.计算机的发展趋势

当前计算机正朝着巨型化、微型化、智能化、网络化等方向发展,计算机本身的性能越来越优越,应用也越来越广泛,计算机已经成为人们在工作、学习和生活中必不可少的常用工具。计算机的发展主要有以下四个特点。

(1)多极化

计算机的应用越来越广泛,人们对巨型机、大型机的高速计算的需求在稳步增长,同时作为网络服务器的中小型机和微、小、快的个人微型机也各有各的应用领域,形成了多极化的发展趋势。

(2)智能化

智能化是指计算机具有模拟人的感觉和思维过程的能力,使计算机成为智能计算机。这也是目前正在研制的新一代计算机要实现的目标。智能化的研究包括模式识别、图像识别、自然语言的生成和理解、博弈、定理自动证明、自动程序设计、专家系统、学习系统和智能机器人等。目前智能化是最火热的研究方向之一,并且已经初见成效,我们在后续的任务中也会专门介绍人工智能技术。

(3)网络化

网络化的目的是资源共享,使网络中的软件、硬件和数据等资源能被网络上的用户共享。现在是网络普及的时代,大到世界范围的广域网,小到实验室、企业内部的局域网,从固定的有线网络到无线的移动网络都已经普及。计算机网络实现了各种资源的共享和处理,提高了资源的使用效率。网络化是计算机发展的一个重要趋势。

(4)多媒体化

多媒体就是多种媒体的综合。多媒体技术在文本、视频、图像、声音、文字等多种媒体的信息之间建立了有机联系,利用计算机技术、通信技术和大众传播技术,来综合处理多种媒体信息,并集成一个具有人机交互性的系统。多媒体真正改善了人机界面,使计算机朝着信息处理的最自然的方式发展。

4.未来计算机的研究方向

未来计算机的研究方向有很多,我们来了解一下。

(1)量子计算机

量子计算机是遵循量子力学规律进行高速数字和逻辑运算、存储及处理的量子物理设备,它是利用原子所具有的量子特性进行信息处理的一种全新概念的计算机。在量子理论中,非相互作用下,原子在任一时刻都处于两种状态,称为量子超态。原子会旋转,即同时沿上、下两个方向自旋,这正好与电子计算机所采用的二进制码的 0 与 1 完全吻合,这使得量子计算成为可能。量子计算机以处于量子状态的原子为中央处理器和内存,其运算速度可能比目前的计算机 CPU 芯片快 10 亿倍。

（2）生物计算机

生物计算机是一种仿生计算机,采用生物工程技术产生的蛋白质分子作为原材料,用生物芯片替代半导体硅片,并利用有机化合物存储数据。它具有体积小、耗电少、运算快、存储量大等特点。它的运算过程就是蛋白质分子与周围物理化学介质的相互作用过程。生物分子组成的计算机能在生化环境下,甚至在生物有机体中运行,并能以其他分子形式与外部环境交换。因此,它将在医疗诊治、遗传追踪和仿生工程中发挥重大作用。生物芯片与现在的芯片相比,体积大大减小,而效率大大提高。生物计算机完成一项运算,其速度比人的思维快 100 万倍。生物计算机具有惊人的存储容量,1 立方米的 DNA 溶液可存储 1 万亿亿的二进制数据。生物计算机消耗的能量非常小,只有电子计算机的十亿分之一。由于生物芯片的原材料是蛋白质分子,所以生物计算机既有自我修复的功能,又可直接与分子活体相连。

（3）纳米计算机

纳米计算机是用纳米技术研发的新型高性能计算机。纳米管元件尺寸在几到几十纳米范围,其质地坚固,有着极强的导电性,能代替硅芯片制造计算机。纳米是一个计量单位,1 纳米等于 10^{-9} 米,大约是氢原子直径的 10 倍。采用纳米技术生产芯片的成本很低,只要将设计好的分子合在一起,就可以制造出芯片,故大大降低了生产成本。现在的纳米技术正从微电子机械系统起步,把传感器、电动机和各种处理器都放在一个硅芯片上,从而构成一个系统。应用纳米技术研制的计算机内存芯片,其体积只有数百个原子大小。纳米计算机几乎不需要耗费任何能源,而且其性能比现在的计算机强许多倍。

（4）神经网络计算机

神经网络计算机是从人脑工作的模型中抽取计算机设计模型,用处理机模仿人脑的神经元,将信息存储在神经元之间的联络网中,模仿人的大脑的判断能力和适应能力的一种计算机。其特点是可以实现分布式联想记忆,并能在一定程度上模拟人和动物的学习功能。它是一种有知识、会学习、能推理的计算机,具有理解自然语言、声音、文字和图像的能力,并且具有说话的能力,使人机能够用自然语言直接对话。它可以利用已有的和不断学习到的知识,进行思维、联想、推理,并得出结论,且能解决复杂问题,具有汇集、记忆、检索有关知识的能力。

（5）光子计算机

光子计算机是一种用光信号进行数字运算、逻辑操作、信息存储和处理的新型计算机。光子计算机的基本组成部件是集成光路,由激光器、光学反射镜、透镜、滤波器等光学元件和设备构成。由于光子比电子速度快,光子计算机的运行速度可高达每秒一万亿次。它的存储量是现代计算机的几万倍。它还可以对语言、图形和手势进行识别与合成,而且光子计算机能量消耗小,散发热量低,是一种节能型产品。光子计算机的驱动,只需要同类规格的电子计算机驱动能量的一小部分,这不仅降低了电能消耗,也大大减少了机器散发的热量。

目前,许多国家都投入巨资进行光子计算机的研究,许多关键技术,如光存储技术、光互联技术、光电子集成电路等都已经获得突破。随着现代光学与计算机技术、微电子技术相结合,在不久的将来,光子计算机将成为人类普遍使用的工具。

任务总结

计算机发展经历了自简单到复杂、从低级到高级的不同阶段。从以上内容我们知道了计算机的电子管时代、晶体管时代、中小规模集成电路时代、大规模和超大规模集成电路时代的发展历程和我国计算机的发展进程,了解了计算机的多极化、智能化、网络化、多媒体化的主要发展特点,也了解了量子计算机、生物计算机、纳米计算机、神经网络计算机、光子计算机等未来的计算机,这些正在研制的计算机未来都有可能成为我们常用的计算机。

任务巩固

1.请你讲一讲计算机的演变历史。
2.请充分发挥想象力,给大家讲讲你认为以后计算机应该怎么发展。

测试任务

请扫右侧二维码,进入任务测试环节,看看掌握了多少。

测试:计算机的发展

子任务3　计算机的数制

任务描述

计算机的应用已经相当广泛,无论哪个领域计算机都是处理信息的工具。我们都知道,计算机是采用二进制进行运算的,我们经常能在影视作品中看到一串串跳动的0和1数字炫酷地展示计算机的运行效果。计算机为什么用二进制进行运算呢?二进制是什么?和平时常用的十进制是一样的吗?两者怎么进行转换呢?接下来,我们就来学习数制和数制的转换。

任务分析

要想知道计算机内部采用二进制来表示各种信息的原因和这些数制的表示形式，先来看看数据在计算机中的表示，了解为什么用二进制，然后认识各种数制，并进一步掌握数制的转换方法。

任务实现

1.数据在计算机中的表示

计算机中的信息类型很多，总体上可分为两大类：一类是计算机处理的对象，即数据信息；另一类是用于控制计算机工作的信息，即指令。

数据信息又可以分为数值型数据和非数值型数据两类。数据在计算机内部如何存储呢？无论何种信息，在计算机内部的形式实质上都是一致的，均是0和1组成的各种编码。对于数值，人类大脑是采用十进制（即逢十进一）的方式来处理的，但在计算机中要表示数字0～9是非常困难的，很难通过物理元器件来实现十进制数的表示，而用物理元器件来表示某一位数字是0或1就比较容易实现了，比如高电平表示1，低电平表示0，这就是二进制的表示形式。因此，在计算机中人们使用二进制的方式实现不同类型数据的存储和处理。

视频：计算机的数制

虽然计算机可以处理二进制数，但是一般二进制数据比较长，对习惯于使用十进制的我们来说读写很不方便，因此，在二进制数和十进制数之外我们引入了十六进制数和八进制数。十六进制数或八进制数，既方便程序员对数据进行处理，又可以很方便地转换为二进制数。所以引入十六进制数、八进制数作为过渡，能较好地解决人与计算机之间的沟通问题。

2.认识数制

所谓数制，即进位计数制，是人们利用符号来计数的方法，由数码、基数和位权构成。

数码：用不同的数字符号来表示一种数制的数值，这些数字符号称为"数码"，如十进制的数码为0,1,2,3,4,5,6,7,8,9。

基数（或基）：某数制所使用的数码个数称为"基数（或基）"，如十进制的基数为10，二进制的基数为2。

位权（或权）：数制中每一固定位置对应的单位制称为位权。例如，十进制数9875.4可以写成 $9 \times 10^3 + 8 \times 10^2 + 7 \times 10^1 + 5 \times 10^0 + 4 \times 10^{-1}$，小数点后第一位上的4的权值是 10^{-1}，个位数上5的权值为 10^0，十位数上7的权值为 10^1，百位数上8的权值为 10^2，千位数上9的权值为 10^3。

（1）十进制（decimal system）

十进制是人们最熟悉的一种进位计数制，它由 0，1，2，…，9 十个数码组成，即基数为 10。十进制的特点为：逢十进一，借一当十。一个十进制数各位的权是以 10 为底的幂。同一个数码在不同的位置代表不同的值。例如，2002.95 可以写成 $2002.95 = 2 \times 10^3 + 0 \times 10^2 + 0 \times 10^1 + 2 \times 10^0 + 9 \times 10^{-1} + 5 \times 10^{-2}$，任意一个十进制数都可以表示为 $A_n \times 10^n + A_{n-1} \times 10^{n-1} + \cdots + A_1 \times 10^1 + A_0 \times 10^0 + A_{-1} \times 10^{-1} + \cdots + A_{-m} \times 10^{-m}$。

（2）二进制（binary system）

二进制由 0、1 两个数码组成，即基数为 2。二进制的特点为：逢二进一，借一当二。一个二进制数各位的权是以 2 为底的幂。任意一个二进制数都可以表示为 $A_n \times 2^n + A_{n-1} \times 2^{n-1} + \cdots + A_1 \times 2^1 + A_0 \times 2^0 + A_{-1} \times 2^{-1} + \cdots + A_{-m} \times 2^{-m}$。

（3）八进制（octal system）

八进制由 0，1，2，3，4，5，6，7 八个数码组成，即基数为 8。八进制的特点为：逢八进一，借一当八。一个八进制数各位的权是以 8 为底的幂。任意一个八进制数都可以表示为 $A_n \times 8^n + A_{n-1} \times 8^{n-1} + \cdots + A_1 \times 8^1 + A_0 \times 8^0 + A_{-1} \times 8^{-1} + \cdots + A_{-m} \times 8^{-m}$。

（4）十六进制（hexadecimal system）

十六进制由 0，1，2，…，9，A，B，C，D，E，F 十六个数码组成，即基数为 16，用字母 A～F 代表数值 10～15。十六进制的特点为：逢十六进一，借一当十六。任意一个十六进制数都可以表示为 $A_n \times 16^n + A_{n-1} \times 16^{n-1} + \cdots + A_1 \times 16^1 + A_0 \times 16^0 + A_{-1} \times 16^{-1} + \cdots + A_{-m} \times 16^{-m}$。

在书写时，有以下 3 种数制表示方法：

①在数字后面加下标(2)、(8)、(10)、(16)。

②把一串数用括号括起来，再加表示这种数制的下标。

③用进位制的字母符号 B（二进制）、O（八进制）、D（十进制）、H（十六进制）来表示。

例如，十六进制数 12ABC 可表示为 12ABC$_{(16)}$、(12ABC)$_{16}$ 或 12ABCH。

表 1-1 对常用的几种数制进行了比较。

表 1-1　几种常用进位计数制的比较

十进制	二进制	八进制	十六进制
0	0	0	0
1	1	1	1
2	10	2	2
3	11	3	3
4	100	4	4
5	101	5	5

续表

十进制	二进制	八进制	十六进制
6	110	6	6
7	111	7	7
8	1000	10	8
9	1001	11	9
10	1010	12	A
11	1011	13	B
12	1100	14	C
13	1101	15	D
14	1110	16	E
15	1111	17	F
16	10000	20	10

3.数制的转换

我们知道了计算机使用二进制,人们日常生活中使用十进制,在进行人机信息交互时会使用八进制、十六进制,那么这些数制如何转换呢? 一个数值如何用不同的数制表示呢?

视频:数制的转换

(1)二进制、八进制、十六进制转换为十进制

根据数制的概念,不同的数制下每一数位上的位权不同,把二进制数、八进制数、十六进制数的每一数位的数码乘以它的位权后相加就可以得到它的十进制数值,这种方法叫"按权展开法"。每一数位的权值都是基数的 n 次幂,小数点左边第一位为 0 次幂,向左次幂逐个加 1,向右次幂逐个减 1。

例如:

$10010101.01B = 1 \times 2^7 + 0 \times 2^6 + 0 \times 2^5 + 1 \times 2^4 + 0 \times 2^3 + 1 \times 2^2 + 0 \times 2^1 + 1 \times 2^0 + 0 \times 2^{-1} + 1 \times 2^{-2} = 149.25D$

$2137.1O = 2 \times 8^3 + 1 \times 8^2 + 3 \times 8^1 + 7 \times 8^0 + 1 \times 8^{-1} = 1119.125D$

$4A3F.6H = 4 \times 16^3 + 10 \times 16^2 + 3 \times 16^1 + 15 \times 16^0 + 6 \times 16^{-1} = 19007.375D$

(2)十进制转换为二进制

十进制转换为二进制的依据是二进制数的位权为 2 的 n 次幂,分别对整数和小数部分转换,整数部分除 2 取余,小数部分乘 2 取整,转换后再合并。

对于整数部分,用十进制数除以 2,取出余数,得到的商再除以 2,以此类推,一直除到商为 0 为止,将得到的余数从后向前组合起来就是该十进制数的二进制表示方法,这种方法叫作"除二取余法"。要注意所得到的最后一位余数是所求二进制数的最高位。

如图 1-7 所示，十进制数 169D 转换为二进制数是 10101001B。

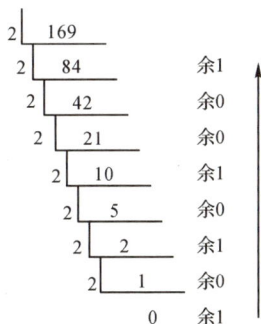

图 1-7　十进制转换为二进制（除二取余法）

对于小数部分，则连续乘以基数 2，并依次取出整数部分，直至小数部分为 0 为止，故该法称"乘二取整法"。如图 1-8 所示，十进制数 0.625D 转换为二进制数是 0.101B。

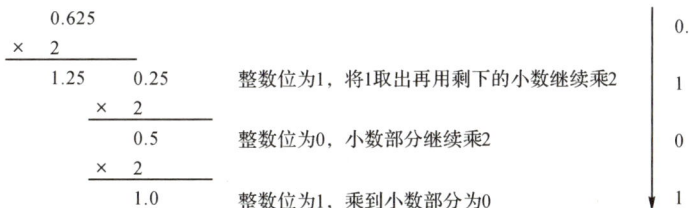

图 1-8　十进制转换为二进制（乘二取整法）

（3）十进制转换为八进制、十六进制

十进制转换成八进制、十六进制，可以采用与转换为二进制同样的方法。不同的是转换为八进制，整数部分"除八取余"，小数部分"乘八取整"；转换为十六进制，整数部分"除十六取余"，小数部分"乘十六取整"。但这种计算方法并不方便，因此如果需要将十进制转换为八进制或十六进制，可以先把十进制转换为二进制，再进行二进制和八进制、十六进制的转换，这样比较方便。

（4）二进制转换为八进制、十六进制

二进制转换为八进制和十六进制是比较方便的，因为 2 的 3 次幂是 8，3 位二进制数 000B～111B 所表示的数值范围和一位八进制数 0O～7O 完全一致，当 3 位二进制数产生进位时，111B＋1＝1000B，一位八进制数也产生进位，7O＋1＝10O。同理，2 的 4 次幂是 16，4 位二进制数 0000B～1111B 所表示的数值范围和一位十六进制数 0H～FH 完全一致，当 4 位二进制数产生进位时，1111B＋1＝10000B，一位十六进制数也产生进位，FH＋1＝10H。

基于以上原理，我们将二进制数从小数点开始向左、向右三位一分组，将每 3 位二进制数对应转换为一位八进制数，称为"以三换一"。将二进制数从小数点开始向左、向右四位一分组，将每 4 位二进制数对应一位十六进制数进行转换，称为"以四换一"。注意，这种转换同样以小数点为分界,小数部分不足位的需要补 0,转换后整数部分最前面和小数部分最后面的 0 不影响数值,可以省略。

将 10010101.01B 三位一分组:<u>010</u> <u>010</u> <u>101</u>.<u>010</u>B＝225.2O

将 10010101.01B 四位一分组:<u>1001</u> <u>0101</u>.<u>0100</u>B＝95.4H

当用二进制数表示一个信息时通常数据很长,在书写时容易出错,因此在进行程序编写需要二进制时,程序员经常会把二进制数写成八进制数或者十六进制数。

(5)八进制、十六进制转换为二进制

根据上述"以三换一"的原理,八进制数转换为二进制数,只需将八进制数的每一位写成 3 位二进制数即可,称为"以一换三"。十六进制数转换为二进制数,只需将十六进制数的每一位写成 4 位二进制数即可,称为"以一换四",同样,不足位数要补 0。

147.1O＝<u>001</u> <u>100</u> <u>111</u>.<u>001</u>B

43F.3H＝<u>0100</u> <u>0011</u> <u>1111</u>.<u>0011</u>B

Windows 操作系统自带了"计算器"功能,在计算器中,可以方便地进行二进制、八进制、十进制、十六进制的转换,如图 1-9 所示。

图 1-9 Windows 自带进制转换功能的计算器

任务总结

在本子任务中,我们学习了数制和几种数制的转换,知道了计算机为什么采用二进制。计算机要处理的信息是多种多样的,所有这些信息在计算机中都采用二进制的方式来处理和存储。而八进制和十六进制是较二进制更容易书写、表达的形式,是在进行人机交互、程序控制、寻址等方面让程序员方便书写的进制表现方法,这两种进制在计算机中非常容易转换为二进制。

1.请回顾并进行二进制、八进制、十进制、十六进制的转换。

2.请大家讨论一下,为什么计算机中采用二进制而日常生活中常用十进制来表示数据?

请扫右侧二维码,进入任务测试环节,看看掌握了多少。

测试:计算机的数制

子任务 4　计算机的信息表示

我们知道了计算机中的信息都是采用二进制表示的,但是生活中存在那么多信息,有数值、文字、图像、视频、声音等,这些信息在计算机中是怎么表示和存储的呢?接下来,我们就来了解一下信息在计算机中是如何表示和存储的。

信息在计算机中都是采用二进制来表示和存储的,采用的是编码的方式,数值、文字、声音、色彩、图像甚至视频都会在计算机中对应于一串串规定的二进制编码。比如不同的文字对应不同的编码,在计算机中用对应的编码来表示这些文字。接下来,我们要了解在计算机中对这些信息如何编码,有哪些编码格式和存储方法。

1.数据的存储

(1)数据单位

①位。位(bit)简记为 b,音译为“比特”,是计算机存储数据的最小单位,表示一个二进制位。一个二进制位只能表示 0 或 1,要想表示更大的数,就得把更多的位组合起来,每增加一位,所能表示的数就增大一倍。

②字节。字节来自英文 byte,简记为 B,音译为“拜特”,规定 1B＝8b,也就是一个字节为八位二进制数。字节是存储信息的基本单位。计算机存储器是由一个个存储单元构成的,每个存储单元的大小就是一个字节。通常,一个 ASCII 码占 1 个字节;一个汉字国标码占 2 个字节;整数占 2 个字节;实数即带有小数点的数,常用 4 个字节的浮点数

形式表示。

③其他数据单位。随着计算机处理能力越来越强,信息的存储量可用"巨量"来形容,为了适应多媒体和大数据时代的需求,存储单位也在不断发展。目前计算机存储单位除了最小单位"位"和基本单位"字节",主要还有表 1-2 所列的单位。一些网络上的小图片一般是 KB 单位级别的,一首网上下载的歌一般是 MB 单位级别的,现在的 U 盘通常是 GB 单位级别的,现在的普通微机硬盘通常是 TB 单位级别的,PB、EB、ZB 和 YB 通常是应用在服务器和大数据上的单位。

表 1-2　数据单位、中文名及换算关系

单位	中文名	换算关系
KB	千字节	1KB＝1024B
MB	兆字节	1MB＝1024KB
GB	吉字节	1GB＝1024MB
TB	太字节	1TB＝1024GB
PB	拍字节	1PB＝1024TB
EB	艾字节	1EB＝1024PB
ZB	泽字节	1ZB＝1024EB
YB	尧字节	1YB＝1024ZB

(2)字与字长

计算机一次存取、处理和传输的数据长度称为字(word),即一组二进制数作为一个整体来参加运算或处理。一个字通常由一个或多个字节构成,用来存放一条指令或一个数据。

一个字中所包含的二进制数的位数称为字长。由于字长是计算机一次所能处理的实际位数,所以字长是衡量计算机性能的一个重要指标。字长越长,一次处理的数据位数越多,精度越高,速度也越快。不同的处理器的字长是不同的,常见的微机处理器的字长有 8 位、16 位、32 位和 64 位等,目前主流的 CPU 的字长为 64 位。

(3)存储设备

用来存储信息的设备称为计算机的存储设备,如内存、硬盘、U 盘及光盘等。不论是哪一种设备,存储设备的最小单位都是"位",存储信息的单位是字节,也就是按字节组织存放数据。

(4)存储单元

表示一个数据的总长度称为计算机的存储单元。在计算机中,当一个数据作为一个整体存入或取出时,这个数据存放在一个或几个字节中,组成一个存储单元。

(5)存储容量

某个存储设备所能容纳的二进制信息量的总和称为存储设备的存储容量。存储容量用字节数来表示,目前常用的存储容量单位为 MB、GB、TB。

（6）编址与地址

对计算机存储单元编号的过程称为"编址",是以字节为单位进行的。存储单元的编号称为地址。地址号与存储单元是一一对应的,CPU 通过单元地址访问存储单元中的信息,地址所对应的存储单元中的信息是 CPU 操作的对象,即数据或指令本身。地址也用二进制编码表示,但为便于识别,程序员通常采用十六进制来表示地址编码。

2.计算机中数值的表示

计算机中的数值是用二进制来表示的,数值分为整数和实数,也有正数、负数之分。在计算机中数值有两种表示方法:一种是定点数,另一种是浮点数。通常整数用定点数(小数点位置固定)来表示,而实数用浮点数(小数点位置浮动)来表示。一般用最高位代表符号位,"0"表示正数,"1"表示负数。

定点数是指小数点的位置固定不变,要么在数的最高位前边,这是一个纯小数;要么在数的最低位后边,这是一个纯整数。有三种编码形式,分别是原码、反码和补码。直接用最高位 0 表示正数、1 表示负数,就是原码的表示方法。如果用一个 8 位二进制数表示定点整数,那么,"00010001"就表示正整数 17D,"10001001"就表示负整数－9D。反码比原码复杂一些,若是正数,反码和原码相同;若是负数,反码的最高位(符号位)仍为"1"不变,其余各位对原码取反,如－9D 写成"11110110"。原码和反码在计算机中不便于计算,因此还有一种方便计算的形式是补码。正数的补码也与原码相同,负数的补码是反码＋1,如－9D 的补码是 11110110＋1＝11110111。计算机中一般采用补码的形式来进行计算。

浮点数就是小数点位置可变,可根据需要浮动,类似科学记数法的数值表示形式。比如,10101.1B 这个数可以写成 1.01011×2^4,其中 1.01011 称为"尾数",4 称为"阶码",浮点数就是以"符号位＋阶码＋尾数"的形式来存储实数。按照 IEEE754 浮点数标准,以 32 位浮点数为例,最高一位是符号位,存"0"或"1",之后的 8 位是指数位"阶码",最后的 23 位是有效数字"尾数",如图 1-10 所示。

符号位　　　阶码　　　　　　　　　　　尾数

图 1-10　32 位浮点数结构

3.计算机中非数值数据的表示

除了数值数据,计算机还需要存储处理汉字、英文字母、标点符号等非数值数据,这类数据称为字符。但计算机能够处理的只是二进制数,这些字符在计算机中怎么表示呢? 我们也用二进制数来表示字符。按一定规则,

视频:计算机中数值的表示

视频:计算机中文字信息的表示

每一组二进制数对应一个字符,计算机中存储处理这一组二进制数就表示存储处理的是这个二进制数所对应的字符。而具体用哪些二进制数表示哪个字符,就需要用二进制的 0 和 1 按照一定的规则对各种字符进行编码。接下来,我们来学习一些常用的字符编码。

(1)ASCII 码

ASCII(American Standard Code for Information Interchange)码是美国信息交换标准码,被国际标准化组织(International Standards Organization,ISO)采纳,作为国际通用的信息交换标准代码,统一规定了英文和常用符号用哪些二进制数来表示。

ASCII 码有 7 位 ASCII 码和 8 位 ASCII 码两种,7 位 ASCII 码称为标准 ASCII 码,8 位 ASCII 码称为扩展 ASCII 码。标准 ASCII 码用一个字节(8 位)表示一个字符,并规定最高位为 0,实际只用到后 7 位,因此表示范围为 00000000B~01111111B(0~127D),一共 128 种组合,分别表示 128 个不同字符,包括大小写英文字母、数字、常用标点符号和一些控制字符。其中 0~31D 和 127D 这 33 个是控制字符或通信专用字符,其余为可显示打印的字符,如"A"的 ASCII 码为 65,"B"的 ASCII 码为 66,小写字母"a"的 ASCII 码为 97,同一个字母的 ASCII 码值中小写字母比大写字母大 32。标准 ASCII 码字符表,你可以在网上查找,这里不再列出。对于通过键盘输入的字符,计算机按照编码规则可以自动转换成二进制代码并进行存储处理,例如在键盘上输入英文字母"A",计算机实际保存的是"A"对应的 ASCII 编码 01000001B。

(2)计算机中汉字的编码

计算机处理汉字信息时也是对汉字的编码进行处理,汉字编码是指每个汉字所对应的一个字符串。由于汉字的复杂性和特殊性,计算机在处理的不同阶段会使用不同的编码。其中,用于汉字输入的有输入码,用于计算机内存储和运算的有机内码,用于输出显示和打印的有字模点阵码等。

①汉字输入码。汉字输入码是指用户直接用键盘或者其他方式输入的代表汉字的编码。汉字输入的方法有很多,按照编码原理可分成流水码、拼音码、字形码和音形码等,比如搜狗拼音是拼音码,王码五笔是字形码。现在语音输入这种自然输入法流行起来了,一般智能手机都带有语音转文字功能,比如讯飞语音。

②汉字国标码。我国 1980 年发布、1981 年 5 月 1 日开始实施的《信息交换用汉字编码字符集 基本集》(GB/T 2312—1980)规定每个汉字都有一个二进制编码,称为汉字国标码。此标准把汉字分成 94 个区,每个区有 94 个位,每一个区位对应一个汉字。在计算机中用两个连续字节来表示一个汉字字符,第一个字节为区号,第二个字节为位号,这就是区位码。区位码只是对汉字进行排位编号,不能直接作为计算机编码。将区号、位号都加上 20H,跳过 ASCII 码的控制字符区域(0~31D 是 ASCII 码的控制字符),与 ASCII 码的可显示字符编码区域相对应的就是国标码。国标码字符共收录了一级汉字 3755 个,二级汉字 3008 个,其他符号 682 个,共计 7445 个字符。

③汉字机内码。汉字机内码是指计算机系统用来处理汉字的一种编码。任何汉字输入计算机后只有转换成机内码才能在计算机内部被存储、加工、传输、处理。汉字机内码由国标码演化而来,把国标码的两个字节最高位置"1",也就是＋8080H,国际码就变成了汉字机内码,同时也解决了与西文 ASCII 码的重叠问题。

④字形码。为了能显示和打印汉字,必须先存储汉字的字形,将汉字字形码与其存储地址一一对应,以便将存储的字形码送至输出设备。目前普遍使用的汉字字形码是用点阵字形方式来表示的,称作"字模点阵码"。所谓点阵字形方式,是指把汉字像图形一样置于网状方格上,每格对应存储器中的一位,如 16×16 字模点阵码,是在横竖都是 16 格的网格上描绘一个汉字,有笔画的格对应 1,无笔画的格对应 0,如图 1-11

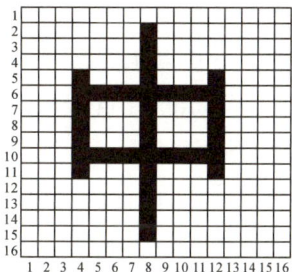

图 1-11　16×16 字模点阵码

所示。字模点阵码的点阵规模有 16×16、24×24、32×32、64×64、128×128 等,甚至有更大的 512×512 点阵。点阵规模小,则分辨率差,字形不美观,会有马赛克情况,但所需存储容量小,易于实现;点阵规模大,则分辨率高,字形美观,但所需存储容量也大。

（3）Unicode 码

Unicode 码,又称统一码、万国码,是统一的文字编码,其把所有语言都统一到一套编码里,包括字符集、编码方案等。中文汉字采用 GB/T 2312—1980 国标码进行汉字编码,类似的其他国家的语言文字也需要编码。为了统一所有文字的编码,制定了Unicode 码,它为每种语言中的每个字符设定了统一并且唯一的二进制编码,以满足跨语言、跨平台文本转换与处理的需求。Unicode 字符集从 1990 年开始研发,1994 年正式公布,网页编辑中常用的"UTF-8"就是一种 Unicode 码。

4. 其他多媒体信息的表示

（1）图像

图像在计算机中是通过二进制编码来存储的。一种是通过数学方法记录图像如直线、圆、弧线、矩形等的大小、形状,是矢量图;另一种是用像素点阵方法来记录,是位图。我们日常生活中见到的位图居多,比如一张 30 万像素的数码照片,就是用位图图像的形式保存的,也就是这幅图像由 30 万个像素点(小方格)组成。类似于汉字字模点阵码的形式,一幅位图图像也是由很多小方格组成的,每个像素就是一个图像小方格,这些小方格都有一个明确的位置和被分配的色彩数值,小方格的颜色和位置决定该图像所呈现的样子。一般情况下,像素越高,图像越细腻,显示越清晰,同时也需要更大的存储空间。

视频:计算机中多媒体信息的表示

这些像素点的色彩也是用编码来保存的。RGB 三原色色彩系统是最常用的表示颜色的方式,其中 R 对应 red(红色),G 对应 green(绿色),B 对应 blue(蓝色)。用 24 位二进制进行色彩编码,通过 RGB 三种颜色的不同比例调配来呈现不同的色彩。每 8 位二

进制值(2 位十六进制值)代表一个颜色。比如♯FF0000 是红色,♯00FF00 是绿色,♯FFFFFF是白色,♯871F78 是深紫色。

1948 年,信息论学说的奠基人香农曾经论证:不论是语音还是图像,由于信号中包含很多的冗余信息,所以当利用数字方法传输或存储时均可以对数据进行压缩。这种压缩就是编码技术,不管是图像还是音频、视频,都可以进行编码压缩,以在减少失真的前提下获得能更高效传输、存储的压缩文件。

Windows 自带的画图工具绘制的 bmp 格式的位图是没有压缩的位图图片文件,文件扩展名是.bmp。另外,还有比较常见的 JPEG 格式,这是一种有损压缩格式,没有透明度信息,比较适合用来存储相机拍的照片,文件扩展名是.jpg。还有一种 PNG 格式,是一种无损压缩格式,有透明效果,比较适合矢量图、几何图,文件扩展名是.png。扩展名为.bmp、.jpg、.png 的图片都只有一帧,而扩展名为.gif 的文件可以保存多帧图像,一些网络上的表情包、小动图都是 GIF 格式的。

(2)音频

声音在计算机中也是通过二进制数"数字化"存储的。将模拟信号的声音经过采样、量化、编码后转换为数字信号就能够在计算机中存储和处理了。模拟信号就是普通声音信息,数字信号是经过数字化后在计算机中存储起来的声音信息。QQ 音乐、MP3 等采用的就是"数字化"形式。

常见的 WAV 音频格式是微软公司发布的一种声音文件格式。WAV 直接采用脉冲编码调制,并未压缩,因此音质没有损失,但文件较大,文件扩展名为.wav。MP3 指的是 MPEG 标准中的音频部分,是一种失真率较低的有损压缩格式,相同长度的音乐文件,用 MP3 格式来储存比 WAV 文件小很多,文件扩展名为.mp3。MIDI 格式经常被玩音乐的人使用,扩展名为.mid 的文件格式由 MIDI 发展而来。MIDI 文件并不是一段录制好的声音,而是记录声音的信息,是告诉声卡如何再现音乐的一组指令。该格式的文件非常节省空间,用 MIDI 文件存 1 分钟的音乐只需用 5～10KB 的存储空间。

(3)视频

视频实际上就是连续的图像,一般一幅图像称为一帧。由于人眼的视觉暂留效应,当帧以一定的速率播放时,我们就看到动态连续的视频。连续的帧图像之间相似性极高,我们一般需要对原始的视频进行编码压缩,去除冗余以便于视频存储、传输。

AVI 格式是微软较早发布的视频格式,其把视频和音频编码混合在一起储存,文件扩展名是.avi。WMV 格式也是微软公司开发的一组数位视频编解码格式,文件扩展名为.wmv/asf。MPEG 是运动图像专家组格式,VCD、DVD 就是这种格式,是一种有损压缩格式,文件扩展名常用的有.dat(用于 VCD)、.mpg/mpeg、.3gp/3g2(用于手机)等。MOV 是 QuickTime 影片格式,是苹果(Apple)公司开发的一种音频、视频文件格式,文件扩展名为.mov。RM 格式是 RealNetworks 公司制定的音频、视频压缩规范,是一种常用的网络流媒体视频格式,RM 视频比较柔和,较 ASF 视频更清晰一些,文件扩展名为.rm/rmvb。

任务总结

　　计算机要处理的信息,如数字、文字、符号、图形、图像、音频、视频等是多种多样的,计算机无法直接理解这些信息。在这个子任务中,我们学习了计算机中的数据单位、信息存储、数据编码方式等知识。计算机需要采用一定的编码形式对信息进行存储、加工和传输,而图像、音频、视频因为冗余信息比较多,通常还需要进行编码压缩。

任务巩固

　　1.请你了解一下,目前流行的各类存储设备的存储容量和价格情况。
　　2.请你了解一下,现在的主流多媒体编码形式。

测试任务

　　请扫右侧二维码,进入任务测试环节,看看掌握了多少。

测试:计算机
的信息表示

子任务5　计算机与社会

任务描述

　　小王的电脑坏了,在电脑售后公司维修。已经几天没用电脑的她很不习惯,做作业、上网查资料和作为学生会干事写方案和工作总结等都很不方便。她深切感受到计算机已完全融入自己的生活。她知道现在是信息时代,计算机和互联网已经与日常工作、学习和生活息息相关,密不可分。因此,她很想知道计算机在现在社会中的实际应用状况。接下来,我们一起了解一下。

任务分析

　　要了解计算机在社会中的应用程度,就是要了解计算机在社会各领域的应用情况。现在的网络已然与计算机实现密切融合,随着移动网络技术的普及和发展,计算机对社会生活的各个方面都产生了巨大的影响。下面我们从计算机在社会中的各种应用来阐述具体内容。

任务实现

　　随着计算机技术的发展,计算机除了应用在科学计算、生产、金融等常规领域,还普及到了人们生活、工作、娱乐、学习的各个方面。同时,随着网

视频:计算
机与社会

络通信技术尤其是移动互联网技术的不断发展,计算机网络已广泛应用到各个领域。

1.计算机在科研领域的应用

在科研领域,人们使用计算机进行各种复杂的运算和大量数据的处理,如卫星飞行轨迹监测、天气预报数据处理等。图 1-12 显示了计算机在卫星发射和飞行轨道控制中的应用。

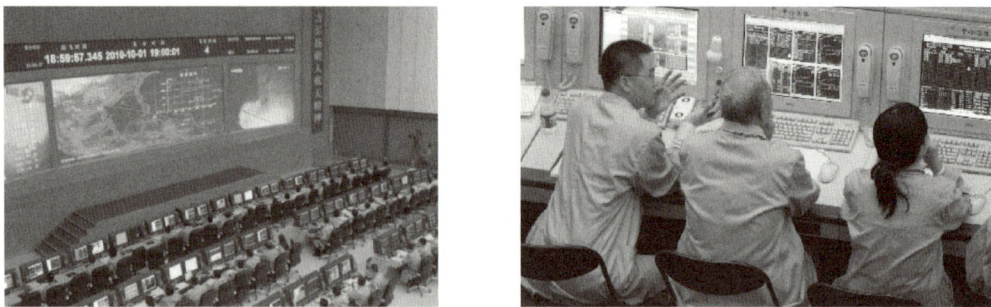

图 1-12　卫星发射现场

2.计算机在企业管理领域的应用

在管理领域中,计算机为管理人员提供了办公自动化系统。管理人员通过它能及时了解、管理工作情况,由此制订和调整工作计划,简化管理流程。在现代企业中经常会构建企业内部信息网络,覆盖企业生产经营管理的各个部门,在整个企业范围内实现硬件、软件和信息资源共享。办公自动化(office automation,OA)则是在设备、通信自动化的基础上,将计算机网络与现代化办公相结合的一种新型办公方式,它不仅可以实现办公事务的自动化处理、简化流程、节约资源,而且可以极大地提高办公的效率。移动 OA 使得办公人员可在任何时间(anytime)、任何地点(anywhere)处理与业务相关的任何事情(anything)。利用手机的移动信息化软件,建立手机与电脑互联互通的企业软件应用系统,可摆脱时间和场所局限,有效提高管理效率。

3.计算机在生产领域的应用

在工业生产领域中,计算机可实现整个工厂综合自动化,包括设计、制造、加工等过程的自动化,以及企业内部管理、市场信息处理等信息管理的全面自动化。在生产中,用计算机控制生产过程的自动化操作,如温度控制、电压电流控制等,可实现自动进料、自动加工产品以及自动包装产品等全自动化控制操作。目前许多生产、制造型企业已经应用了工业机器人,如图 1-13 所示,由计算机控制的机器人代替人类进行劳动,大大降低了人类的劳动强度,提高了生产效率与精度。

图1-13　工业机器人

4.计算机在教育领域的应用

在教育领域中,计算机辅助教学正将计算机技术与各学科教学结合起来。从教育管理、后勤服务到教师教学、学生自主学习,都能由计算机辅助进行。通过网络共享教育资源,把优秀的教学资源传播出去,可以帮助一些资源较匮乏、教育相对落后的学校和地区,在一定程度上改善教育发展不均衡的现状。计算机辅助教学包括内容丰富、形象生动有趣的在线教学资源,方便交流沟通的直播互动教学平台,能交作业、做测试的在线考评系统等。在这些教学软件平台上可共享优秀的课程资源,提高了学生的学习兴趣,提高了教学效果,使得学生的学习可以不受时间和地点的限制,随时有所提升,同时也使非学历教育的个人提升变得越来越方便。

5.计算机在金融领域的应用

在金融领域中,用计算机可以处理银行的各类信息。鉴于计算机网络的互联,各大银行可以非常方便地实现通存通兑的服务,人们可以不用现金而使用信用卡、借记卡、电子支付,甚至刷脸支付等手段进行消费。目前我国的支付宝、微信支付等电子支付形式已经无处不在,计算机把人们带入了"无现金"的时代。

移动银行(mobile banking)也称为手机银行,是利用移动通信网络和终端办理相关银行业务的简称。作为一种结合了货币电子化与移动通信的崭新服务,移动银行业务不仅可以使人们在任何时间、任何地点处理多种金融业务,而且极大地丰富了银行服务的内涵,使银行能以便利、高效而又较为安全的方式为客户提供传统和创新服务。

6.计算机在生活领域的应用

在日常生活领域,计算机正在进入家庭,给人们的生活方式带来巨大变化。计算机和网络把各种家用电器连接起来,通过声控、感控、智能手机等实现家居智能化。图1-14显示了家用机器人和智能家居的应用。

图1-14　家用机器人和智能家居

7.计算机在娱乐领域的应用

计算机和网络改变了传统电视节目的收看方式和传统广播节目的收听方式,人们可以通过智能网络电视,实现按需观看、随看随停。

通过计算机网络游戏,相隔千山万水的用户可以置身于游戏世界中,通过互联网相互博弈,这丰富了人类的精神世界。

待在家中通过直播等方式游览景点的云旅游也在逐步兴起,人们足不出户就可以饱览祖国的大好河山。故宫等具有文化历史底蕴的著名场馆还把3D模拟场馆搬入了云旅游中,可使人们学习历史,了解博大精深的中华优秀传统文化。

8.计算机在商业领域的应用

近年来,以计算机网络为依托的电子商务发展十分迅速,改变了人们传统的购物习惯。电子商务可以降低经营成本,简化交易流通过程,改善物流和现金流、商品流、信息流的环境与系统,电子商务的发展还带动了物流业的发展。我国电子商务经过十几年时间已经发展成初具规模的产业链,网商、网企、网银等专业化服务和从业人员呈几何级数增长,电子商务已成为引领现代服务业发展的新兴产业,在促进现代服务业融合、推进创业、完善商务环境等方面所起的作用越来越明显。

通过智能手机、平板电脑等移动终端的移动电子商务将互联网、移动通信技术、短距离通信技术及其他信息处理技术完美地结合,使人们可以在任何时间、任何地点进行各种商贸活动,实现随时随地、线上线下的购物与交易。

9.计算机在现代医疗领域的应用

信息技术(information technology,IT)的发展也给医疗领域带来了巨大的变革。建设信息化医院,能共享医疗信息、降低医务人员的劳动强度、优化患者的诊疗流程和提高对患者的治疗速度。在远程医学上,利用远程通信技术,可以双向传送资料(包括病例、心电图、脑电图等)、声音(包括心音、呼吸音等)、图像(包括 X 线片、CT 片、超声图像等)。开展远程医疗会诊活动,可让患者在节约大量时间和费用的同时得到专家的远程会诊咨询服务,改善医疗资源的配置,更有利于患者的治疗。使用信息技术和移动通信可实现对患者的远程移动健康监控,帮助政府、关爱机构等降低慢性病患者的治疗成本,提高患者的生活质量,也使得居家养老成为可能。

任务总结

在信息时代,计算机的应用已经渗透到社会生产和生活的各个方面。计算机技术给企业的生产和经营活动以及人们的工作和生活带来了极大的便利,企业和个人对网络信息的依赖程度也不断加深。信息需求程度相对较高的行业将成为未来社会中创造高附加值的行业,这些行业将带动相关知识产业的进步和发展,甚至带动全社会的经济结构的优化调整,推动社会经济的全面进步。

任务巩固

1.请你组建一个小组,调查和记录计算机在社会中的实际应用,并分析现阶段计算机与社会的关系。

2.请你分析计算机在未来社会中的应用情况。

测试任务

请扫右侧二维码,进入任务测试环节,看看掌握了多少。

测试:计算机与社会

任务 2　认识计算机硬件系统

子任务 1　计算机的分类

课件:认识计算机硬件系统

任务描述

小王学习了计算机的产生和变迁过程,同时也初步了解了计算机在各个领域的应用,但是她还是不太明白计算机具体有哪些类别,在某个工作场合适合使用哪种类型的计算机。我们来给她介绍一下吧。

任务分析

要了解计算机分类,应从了解个人计算机(personal computer,PC)开始,然后从个人计算机外形入手来了解计算机的分类。

任务实现

最常见的计算机就是个人计算机,它是一种微型计算机。1981年 IBM 公司研发出了第一台桌上型计算机,也就是现在所说的台式机。我们把日常的台式机(或称台式计算机、桌面电脑)、笔记本电脑、上网本、平板电脑以及超级本等都归于个人计算机的范畴。

视频:计算机的分类

从第一台个人计算机出现到现在,计算机经历了很多变化。从外形上来看,计算机有三大类:台式机、一体机和移动便携式计算机。

1.台式机

台式机(见 1-15),是将计算机主机箱与显示器分离放置的结构分离的计算机,一般需要放置在电脑桌或者专门的工作台上,因此命名为台式机。由于它有一个空间充裕的机箱,因此比其他几类个人计算机具有更好的散热性和更充裕的部件扩展空间,用户可以方便地打开主机箱,根据需要对部分部件进行升级更换。

图 1-15 台式机

2.一体机

一体机将芯片、主板与显示器等集成,外观上就像一台显示器,只要将键盘和鼠标连接到显示器上,就能使用,如图 1-16 所示。一体机还经常有电视接收、AV 输出、触控等多媒体功能。一体机的应用还延伸到了商用领域,在商场或者展台中经常能看到触摸屏一体机,如图 1-17 所示。

图 1-16 一体机

图 1-17 触摸屏一体机

相比于传统的台式机,一体机的高集成式组合使它更节省桌面空间,外观更时尚,而且由于其使用了部分笔记本电脑的原件,因此更节能环保。但是高集成度导致其配置相对较弱,有散热较差和升级有局限的弊端。

3.移动便携式计算机

移动便携式计算机是指移动性能较高的个人电脑产品。移动便携式计算机主要包括笔记本电脑、平板电脑和掌上电脑三大类。

（1）笔记本电脑

笔记本电脑也叫手提电脑或膝上型电脑,是一种小型、可携带的个人电脑,如图1-18所示。它有液晶显示器、触控板或触控点,具有轻便、定位输入的特点。笔记本电脑大体上可以分为 6 类:商务型、时尚型、多媒体应用型、上网型、学习型、特殊用途型。

图 1-18　笔记本电脑

（2）平板电脑

平板电脑是一种无须翻盖、没有键盘、小巧、功能完整的电脑,如图 1-19 所示。它的构成组件与笔记本电脑基本相同,但它不是使用键盘和鼠标输入,而是利用触控在屏幕上书写或语音输入的,移动性和便携性比笔记本电脑更胜一筹,功能却没有传统 PC 完整。

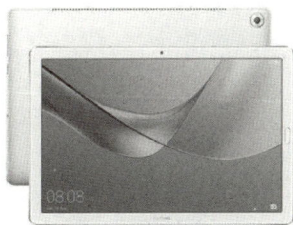

图 1-19　平板电脑

（3）掌上电脑

掌上电脑是一种运行在嵌入式操作系统和内嵌式应用软件之上的小巧、轻便、易带、实用、价廉的手持式计算设备,如图 1-20 所示。掌上电脑除了可以用来管理个人信息(如通信录、计划等),还可以上网浏览页面,收发电子邮件,当手机来用。另外,还具有录音机、词典、全球时钟对照、提醒、休闲娱乐等功能。掌上电脑的电源通常采用普通的碱性电池或可充电锂电池,其核心技术是嵌入式操作系统。

图 1-20　掌上电脑

任务总结

　　个人计算机是指一种大小、价格和性能适合个人使用的多用途计算机。台式机、笔记本电脑和平板电脑等都属于个人计算机。对于个人而言,接触的计算机主要是个人计算机,因此本子任务介绍了个人计算机的类型,有助于我们更好地认识个人计算机。

任务巩固

　　1.上网查找个人计算机的最新发展情况,并给大家介绍一下。

　　2.请你讲讲台式机、一体机、移动便携式计算机的优缺点。

测试任务

　　请扫右侧二维码,进入任务测试环节,看看掌握了多少。

测试:计算机的分类

子任务 2　计算机的硬件

任务描述

　　计算机随处可见,但大部分情况下我们都只看到其外表,并不了解其内部的硬件构成。下面我们就来学习计算机的内部结构和硬件组成。

任务分析

　　要想知道计算机的内部结构,先要知道计算机硬件系统的组成,然后从外部判别计算机的组成部件,接着认识机箱内部各个部件和外部各个设备,同时需要了解各部件的功能。

任务实现

视频:计算机
的硬件(1)

计算机的硬件系统由存储器、控制器、运算器、输入设备、输出设备五个核心部件组成。主要工作原理是存储程序和程序控制原理,在此工作原理下,各部件协同操作实现程序功能。具体执行时由输入设备接收程序和数据等信息,将数据送入内存储器,从内存储器中逐条取出指令,通过控制器的译码,按指令的要求,从存储器中取出数据,再由运算器进行指定的运算和逻辑操作等加工,然后把操作结果送到内存储器中,通过输出设备输出计算结果。

计算机系统中所使用的电子线路和物理设备,是看得见、摸得着的实体,如中央处理器(CPU)、存储器、外部设备(输入输出设备)及总线等。其中,中央处理器由控制器、运算器组成。从外观上看,计算机主要有主机箱、显示器、键盘、鼠标、音箱以及麦克风等部件,其中主机箱中配置了 CPU、主板、内存、硬盘、显示适配器、声卡、网卡以及光盘驱动器等功能部件。接下来,我们来具体看一下计算机的硬件。

1. CPU

CPU 即中央处理单元,经常被称为中央处理器,相当于人类的大脑。它像人的大脑一样,对计算机的所有部件进行控制管理,对数据进行处理,包括控制器和运算器两个部分,是计算机的核心部件。计算机的每一项工作,都是在它的指挥和干预下完成的。CPU 的性能在很大程度上反映了计算机的性能,因此 CPU 的性能指标十分重要。CPU 是一个芯片,背面有很多金属针脚,通常安装在主板上,如图 1-21 所示。

图 1-21　CPU

2. 主板

主板位于主机箱内,是计算机系统中最大的一块电路板,又称为母板或系统板。主板就是一块带有各种插口的大型印刷电路板,如图 1-22 所示。上面安装了组成计算机的主要电路系统,一般有芯片组、BIOS(basic input/output system,基本输入输出系统)芯片、I/O 控制芯片、键盘和面板控制开关接口、指示灯接插件、扩充插槽、主板及插卡的直流电源供电接插件等元件。主板上的总线

图 1-22　主板

并行地与扩展槽相连,数据、地址和各类控制信号由主板通过扩展槽送至接口板,再传送到与主机相连的外部设备上。

芯片组是主板的核心组成部分,决定了主板的功能,通常分为北桥芯片和南桥芯片。北桥芯片提供对 CPU 的类型和主频、内存的类型及最大容量、插槽等的支持。南桥芯片则提供对键盘、USB(universal serial bus,通用串行总线)、数据传输方式和高级能源管理等的支持。其中北桥芯片起着主导性作用,也称为主桥。扩展插槽是主板上用于固定扩展卡并将其连接到系统总线上的插槽,也叫扩展槽、扩充插槽。设置扩展插槽是一种添加或增强电脑特性和功能的方法。扩展插槽的种类和数量是决定一块主板好坏的重要指标。

3. 内存

内存储器简称为内存,通常安装在主板上。计算机中主要有以下几种类型的内部存储器芯片。

(1)ROM(read-only memory,只读存储器)

只能有条件地写入,但可随机读取,断电后存储在其中的数据不会丢失。它的作用是,保存不能丢失的、计算机运行时必须使用的程序和数据,如主板 BIOS、适配卡的 BIOS 等。

(2)SRAM(static random access memory,静态随机存储器)

它与 DRAM 的特性类似,只是不需要定时刷新。SRAM 的价格比 DRAM 高,但速度快,因此它往往作为缓存使用。

(3)DRAM(dynamic random access memory,动态随机存储器)

可随机地写入,也可随机地读取,断电后存储的数据即刻丢失。它暂时存储处理器需要处理的数据或处理后的结果。

我们常说的内存在狭义上是指系统主存,通常使用 DRAM 芯片,如图 1-23 所示。它是计算机处理器的工作空间,是 CPU 运行的程序和数据必须驻留于其中的一个临时存储区域。内存存储是暂时的,因为数据和程序只有在计算机通电或没有被重启时才保留在这里。

CPU 和主存(DRAM)之间一般存在较大的速度差异,主存的速度比 CPU 慢很多,在运行时就会出现 CPU"空等"的现象,造成 CPU 资源的浪费。为了解决这个问题,在 CPU 和主存之间加入一级高速缓冲存储器(Cache),其采用 SRAM,称为缓存。Cache 的速度要高于主存,但是由于价格高,所以一般容量比较小。当 CPU 想要读取主存数据的时候,会先去 Cache 中寻找,如果已经在 Cache 中,就直接访问 Cache;但是如果数据不在 Cache 中,那么 CPU 会将主存中的数据调入 Cache 中以快速读取。

图 1-23　内存条

4.硬盘

硬盘是计算机非常重要的外存储器,它的主要作用是永久地存储数据和充当虚拟内存。常见的硬盘类型有机械硬盘和固态硬盘。机械硬盘(hard disk drive,HDD)(见图 1-24)是传统硬盘,由读写磁头在转动的盘片上读写数据。固态硬盘(solid state drive,SSD)(见图 1-25)采用闪存颗粒来存储数据,读写速度比传统机械硬盘快。

视频:计算
机的硬件(2)

图 1-24　机械硬盘　　　　图 1-25　固态硬盘

绝大多数硬盘都是被密封固定在硬盘驱动器中的。硬盘的精密度高、存储容量大、存取速度快。除特殊需要外,一般的计算机都配置硬盘,有些还配置多个硬盘。系统和用户程序、数据等信息通常保存在硬盘上,处理时系统将其读入内存,需要保存时再保存到硬盘。

在工作和非工作状态下机械硬盘都不能承受冲击,因为机械硬盘采用电磁存储,在进行读写操作时,如果遭受较大的震动,就有可能造成磁头与数据区相撞击,导致盘片数据区损坏或划盘,甚至丢失机械硬盘中保存的数据。机械硬盘结构如图 1-26 所示。当需要搬动计算机或从计算机上拆卸机械硬盘时,必须先关闭计算机。固态硬盘则是半导体存储器,抗震性较强,结构如图 1-27 所示。固态硬盘的读写速度比机械硬盘快,功耗也比机械硬盘低,但同样容量的固态硬盘价格比机械硬盘高很多,虽然机械硬盘性能差些,但相对性价比高。因此,在条件允许的情况下,建议配置两块硬盘,小的固态硬盘作为系统盘用于安装操作系统,大的机械硬盘作为存储盘用于存储数据。

图 1-26　机械硬盘结构　　　　图 1-27　固态硬盘结构

5.视频适配器

视频显示是计算机"用户界面"至关重要的一部分。PC 视频系统由显卡(显示适配器)和显示器两部分组成。

(1)显卡

显卡,全称为显示接口卡,又称显示适配器,是计算机的基本配件之一,如图 1-28 所示。显卡作为电脑主机的一个重要组成部分,是电脑进行数模信号转换的设备,承担输出显示图形的任务。显卡具有图像处理能力,可协助 CPU 工作,提高整体的运行速度。对于从事专业图形设计的人来说,显卡非常重要。

图 1-28　显卡

(2)显示器

显示器,通常也被称为监视器。显示器是输出设备,是将一定的电子文件通过特定的传输设备显示到屏幕上再反射到人眼的显示工具。目前流行的为液晶显示器(liquid crystal display,LCD),如图 1-29 所示。

图 1-29　液晶显示器

6.网络适配器

网络适配器又称"网卡",计算机与外界网络是通过主机箱内插入的一块网络接口板连接的,这块网络接口板又称为通信适配器或网络适配器或网络接口卡,在网卡上插入网线即可连接局域网。很多主板已经集成网卡功能,网卡根据信号类型分为有线网卡和无线网卡,如图 1-30 所示。

图 1-30　有线网卡与 USB 无线网卡

7.声卡

声卡,也叫音频卡,是多媒体技术最基本的组成部分,是实现声波与数字信号相互转换的硬件,如图 1-31 所示。

声卡的基本功能是对来自话筒、光盘等设备的原始声音信号加以转换,将这些信号输出到耳机、扬声器、扩音机、录音机等音响设备,或通过音乐设备数字接口使乐器发出美妙的声音。

图 1-31　声卡

8.光驱

光驱是光盘驱动器的简称,最初的光驱的数据传输速率是 150KB/s,现在的光驱的数据传输速率一般都是这个速率的整数倍,称为倍速。光驱的种类比较多,在如今的消费市场中 DVD 刻录光驱是主流,如图 1-32 所示。不过随着可移动存储设备的流行,光驱已经渐渐淡出了个人计算机的市场。

9.计算机电源

计算机需接到 220V 的交流电,但实际上计算机使用的是直流电。电源(见图 1-33)的主要功能就是将电网的交流电转换为计算机电路可用的直流电。计算机的核心部件工作电压非常低,并且由于计算机工作频率非常高,因此对电源的要求比较高。

图 1-32　光驱

图 1-33　电源

10.键盘、鼠标

键盘、鼠标和扫描仪都是常用的输入设备,它们都是将原始信息转化为计算机能接受的二进制数,以便计算机能够进行处理的设备,分有线和无线两种,如图 1-34 所示。

(a)有线　　　　　　　　　　　(b)无线

图 1-34　键盘、鼠标

（1）键盘

键盘是用于操作计算机的输入设备,分为主键盘区、数字键区、功能键区和光标控制键区四个区域。

（2）鼠标

鼠标也是计算机的输入设备,是计算机显示系统纵横坐标定位的指示器,因形似老鼠而得名"鼠标"。它主要用于程序的操作、菜单的选择、制图等。

鼠标按接口类型可分为串行鼠标、PS/2 鼠标、总线鼠标、USB 鼠标（多为光电鼠标）四种,目前使用的多为 USB 鼠标。按其工作原理及其内部结构的不同,可以分为机械式鼠标、光机式鼠标和光电式鼠标。

11.音箱

音箱是功放设备,其通过音频线连接到功率放大器,再通过晶体管把声音放大,输出到喇叭上,从而使喇叭发出计算机里的声音,如图 1-35 所示。

图 1-35　音箱

12.打印机

打印机可以把电脑中的文件内容打印到纸上,它是重要的输出设备之一。目前,常用的打印机有针式打印机、喷墨打印机、激光打印机（见图 1-36）,各种类型的打印机各有特点,能满足不同的需求。

(a)针式打印机　　　　　　(b)喷墨打印机　　　　　　(c)激光打印机

图 1-36　打印机

任务总结

　　计算机的硬件系统由存储器、控制器、运算器、输入设备、输出设备五个核心部件组成。实际物理部件从外观上来看，微机由主机箱和外部设备组成，主机箱内有CPU、内存、主板、硬盘、光盘驱动器、各种扩展卡、连接线、电源等；外部设备包括输入设备和输出设备，输入设备有键盘、鼠标、摄像头、扫描仪等，输出设备有显示器、打印机、音箱等。

任务巩固

　　1.请你通过电脑市场、网络、调研等不同渠道了解目前市场上 CPU、内存、硬盘、主板及各类卡的品牌信息和发展现状。

　　2.请你谈谈我国计算机硬件发展的趋势。

测试任务

　　请扫右侧二维码，进入任务测试环节，看看掌握了多少。

测试：计算机的硬件

子任务 3　计算机部件的性能参数

任务描述

　　小王最近在网上看到一款计算机，标着"DELL/i7-10700/16G/256GSSD＋2T 2G 独显 23.8 英寸 LCD"，她不知道这是什么意思，也不知道这台计算机的性能如何。这让好学的她很想知道该如何判别一台计算机的性能。接下来，我们就来分析一下。

任务分析

　　小王看到的标识实际上是计算机各部件性能的一个简缩体现，因此首先要读懂该标识的意思，然后深入了解计算机各部件的性能参数，因为衡量一台计算机性能的优劣是根据各部件的性能参数综合确定的。我们只有熟知计算机组成部件的性能参数，才能合理配置各部件，发挥计算机各部件最佳性能，使计算机的运行达到最佳状态。

任务实现

　　我们来解读一下电脑配置标识"DELL/i7-10700/16G/256GSSD＋2T 2G 独显 23.8 英寸 LCD"的内容。"DELL"指电脑品牌为戴尔；"i7-10700"指

视频：计算机部件的性能参数

CPU 型号为英特尔(Intel)酷睿 i7-10700,即 i7 十代 CPU;"16G"为内存大小;"256GSSD +2T"指硬盘配置是 256G 固态硬盘和 2T 机械硬盘,一般固态硬盘用来安装系统软件,机械硬盘做存储盘;"2G 独显"指配备缓存 2G 的独立显卡;"23.8 英寸 LCD"指配备 23.8 英寸(1 英寸=2.54 厘米)液晶显示器。

从这个配置,我们可以看出该计算机大概的性能,具体性能如何还得看它各部件的性能参数。接下来我们来了解一下主要部件的性能参数。

1.CPU 的性能参数

速度是 CPU 的主要性能指标,速度越快表示性能越好。处理器的速度,一般指处理器核心工作时的速度,用时钟速度来表示,时钟速度以频率来衡量,因此处理器速度也就是通常所说的 CPU 频率,表述为每秒钟的周期数。说到处理器速度就要提到与之密切相关的三个概念:主频、外频与倍频。主频也就是处理器的时钟速度,现在主流的单位是 GHz(十亿赫兹),用来表示 CPU 运算、处理数据的速度。通常,主频越高,CPU 处理数据的速度就越快。外频是处理器的基准频率,是处理器与主板之间同步运行的速度,也就等同于主板速度。倍频是指 CPU 主频与外频之间的相对比例关系。在相同的外频下,倍频越高,CPU 的频率也越高。主频、外频与倍频之间的关系是:主频=外频×倍频。

目前市面上主流 CPU 有英特尔和超威半导体(AMD)两大品牌,英特尔公司主打酷睿系列,主推 i5 第 13 代如 i5-13600KF 和 i9 系列如 i9-14900K 等产品;AMD 公司则主推"Ryzen"(锐龙)系列,如 AMD Ryzen 5 5600 等产品。

i5-13600KF 关键性能指标是:主频为 3.5GHz,最高睿频为 5.1GHz,核心数量为十四核心,线程数为二十线程,三级缓存为 24MB。

2.主板的性能参数

主板,又称主机板、系统板、逻辑板、母板、底板等,是构成计算机的中心主电路板。主板的选购一般取决于下面这些参数。

①板体:指主板的面板。一般主板板体由 4 层板组成,包括主板所有电路及其上相关小型电子元件。由于主板电路复杂,ITX 型主板因其板体面积太小,所以需要通过增加层板的方式以空间换面积来达到所需的电路布局,所以 ITX 型主板比普通主板贵。

②芯片组:是主板的核心组成部分,决定了主板的功能,影响整个电脑系统性能的发挥。系统的芯片组一旦确定,整个系统的定型和选件变化范围也就随之确定了,即芯片组决定了后续计算机系统中各个部件的选型,它不能像 CPU、内存等其他部件那样进行简单的升级。

③对 CPU 的支持:主要体现在其所支持的 CPU 类型和总线频率上。在装机时最先考虑的一般都是 CPU,因此一定要选择与之对应的主板,CPU 的接口和主板 CPU 插座

接口必须吻合。在符合基本要求的前提下,主板前端总线频率越大越好。

④对内存的支持:主要体现在所支持的内存种类、内存最大容量、内存插槽数量(越多越好)和内存工作频率上。

目前主流主板板型分为四种:E-ATX 加强型、ATX 标准型、M-ATX 紧凑型、Mini-ITX 迷你型。

①E-ATX 加强型:高性能主板,芯片组都是字母 X 开头,适用于带 X 后缀的处理器,但是价格很高,不推荐普通用户使用。

②ATX 标准型:也就是大板,扩展性好,接口全,内存插槽一般是 4 个以上,有 2 个或 3 个 PCIE 接口和 M.2 接口。

③M-ATX 紧凑型:小板,主流的主板板型,内存插槽一般是 2 个或者 4 个,有 1 个 M.2 接口,扩展性虽然不高,但是可以满足大多数用户的需求。

④Mini-ITX 迷你型:迷你主板,接口数量刚好够用,适合 ITX 迷你机箱,一般适合办公或者家用,不适合做游戏主机。

3.内存的性能参数

内存是计算机中重要的部件之一,它是与 CPU 沟通的桥梁,评价内存的性能指标有以下 3 个。

①存储容量:指一根内存条可以容纳的二进制信息量。如现在常用的 DDR 内存条,其存储容量一般为 4GB、8GB、16GB,现流行品牌有金士顿、闪迪、三星、东芝、索尼等。

②存取速度(存储周期):指两次独立的存取操作之间所需的最短时间,又称为存储周期。半导体存储器的存取周期一般为 60～100ns。

③存储器的可靠性:用平均故障间隔时间来衡量,可以理解为两次故障之间的平均时间间隔。

计算机开始运行时,操作系统就会把需要运算的数据从内存调到 CPU 中进行运算,内存的运行速度和大小决定计算机整体运行的快慢程度,内存运行速度越快,容量越大,计算机性能相对越好。现在主流的内存条是 DDR SDRAM(double data rate-synchronous dynamic random access memory,双倍数据速率同步动态随机存储器),简称 DDR,目前产品是第 4 代即 DDR4。选择内存的时候在条件允许的情况下选择相对大一些的比较好。

4.硬盘的性能参数

作为计算机系统的数据存储器,容量是硬盘最主要的参数。目前机械硬盘因为性价比较高,仍是主流台式机的硬盘选择。下面是机械硬盘涉及的主要性能参数。

①硬盘的容量:主流硬盘的容量以千兆字节(GB)或百万兆字节(TB)为单位。机械硬盘的容量指标还包括硬盘的单碟容量,所谓单碟容量是指硬盘单片盘片的容量,单碟

容量越大,单位成本越低,平均访问时间也越短。

②转速:机械硬盘转速越大,其寻找文件也就越快,传输速率也越大。硬盘转速以每分钟多少转来表示,即 rpm,单位符号为转/分钟(r/min)。rpm 值越大,内部传输率就越大,访问时间就越短,硬盘的整体性能也就越好。

③平均访问时间:指磁头从起始位置到达目标磁道位置,并且从目标磁道上找到要读写的数据扇区所需的时间。平均访问时间体现了硬盘的读写速度。

④硬盘的平均寻道时间:指硬盘的磁头移动到盘面指定磁道所需的时间。这个时间当然越短越好,硬盘的平均寻道时间通常为 8～12ms。

⑤硬盘的等待时间:又叫潜伏期,是指磁头已处于要访问的磁道,等待所要访问的扇区旋转至磁头下方的时间。平均等待时间为盘片旋转一周所需时间的一半,一般应在 4ms 以下。

⑥传输速率:硬盘的数据传输速率是指硬盘读写数据的速率,单位为兆字节每秒(MB/s)。

⑦缓存:缓存是硬盘控制器上的一块内存芯片,具有较快的存取速度,它是硬盘内部存储和外界接口之间的缓冲器。当硬盘存取零碎数据时需要不断地在硬盘与内存之间交换数据,若有大缓存,则可以将那些零碎数据暂存在缓存中,减小外系统的负荷,也可提高数据的传输速率。

5.显卡的性能参数

常见的生产显示芯片的厂商主要有 Intel、AMD、NVIDIA(英伟达)等。下面是显卡的主要参数。

①显卡的核心频率:在一定程度上可以反映显卡的核心性能。

②显存:指显卡上用来存储图形图像的内存,越大越好。

③显存位宽:指显存在一个时钟周期内所能传送数据的位数,位数越大,则相同频率下所能传输的数据量越大。市场上的显卡显存位宽主要有 64 位、128 位、256 位等。

④分辨率:在屏幕上显现的像素数目,分两部分来计算,分别是水平行的点数和垂直行的点数。比如,某幅图分辨率为 800×600,就是说这幅图由 800 个水平点和 600 个垂直点组成。

6.显示器的性能参数

现在流行的是液晶显示器,下面主要介绍液晶显示器的性能参数。

①点距:一般 27 英寸液晶屏的分辨率为 1920×1080,4K 分辨率可达 3840×2160,点距就等于可视宽度/水平像素(或者可视高度/垂直像素)。

②色彩度:指液晶屏上能显示的最大色彩表现度,色彩表现度越高,图像越逼真。

③对比度:是最大亮度值(全白)与最小亮度值(全黑)的比值。

④亮度:液晶显示器背景的光亮程度。液晶显示器亮度过低,屏幕就会偏暗。

⑤响应时间:是指液晶显示器各像素点对输入信号的反应速度,此值越小越好。

⑥扫描方式:是指显像管中的电子枪对屏幕的扫描方式。

任务总结

　　在计算机系统中,计算机硬件设备是系统重要的组成部分,要想确保计算机系统稳定、安全运行,就需要采用科学的方法分析计算机硬件设备,了解计算机硬件性能对计算机使用的影响。本子任务主要介绍了 CPU、主板、内存、硬盘、显卡、显示器等计算机主要部件的性能参数,以便我们在购买计算机和选择部件时参考。

任务巩固

　　1.访问中关村在线、太平洋电脑网等专业 IT 网站,查看计算机各部件的性能参数。

　　2.在网上查找某一品牌电脑型号,查看其硬件配置,从硬件性能指标角度分析其配置的合理性。

测试任务

　　请扫右侧二维码,进入任务测试环节,看看掌握了多少。

测试:计算机部件的性能参数

子任务 4　智能移动终端

任务描述

　　近期,小王买了一部智能手机,她听说智能手机实际上也是计算机的一种,于是对智能移动终端产生了兴趣。什么是智能移动终端?为什么说智能移动终端就是微型计算机或计算机的扩展?现在有哪些流行的智能移动终端?她很想深入了解一下现在流行的智能移动终端,同时为以后购买适合自己的智能移动终端做准备。下面,我们和小王一起认识一下现在流行的智能移动终端。

任务分析

　　生活中常见的智能移动终端有智能手机、平板电脑、可穿戴设备、车载智能终端等。接下来,我们就来了解一下这些已经普及或即将普及的智能移动终端。

任务实现

　　智能移动终端是计算机技术、网络技术高度发展的结果,现在已成为人们工作和生活必不可少的工具。利用它可以随时随地访问、获得各种信息,

视频:智能移动终端

这一类设备正迅速流行。实际上,从计算机结构原理角度看,现有的多数智能移动终端可以归类到微型计算机范畴。智能移动终端拥有接入互联网的能力,通常搭载各种操作系统,可根据用户需求定制各种功能。

1. 智能手机

智能手机是指像个人电脑一样,具有独立的操作系统,可以由用户自行安装软件等第三方服务商提供的程序,可以进行功能扩充,并可以通过移动通信网络实现无线网络接入的手机的总称,如图1-37所示。手机已从功能性手机发展到以安卓(Android)、iOS操作系统为代表的智能手机,是可以在较广范围内使用的便携式智能移动终端,具有微型计算机的基本功能,现在已发展为5G手机。

智能手机也是一种计算机,因此在使用时和普通计算机一样也要注意一些常见的问题。

(1)中毒

智能手机和台式机、笔记本一样,都是基于一套联网的操作系统,有时也会中毒。因此,随时备份重要资料,安装和更新杀毒软件,是很有必要的。

(2)死机

智能手机和台式机使用的是类似的开放式操作系统,当受到非法程序干扰时智能手机也会死机,所以最好不要随意安装来源不明、非授权的软件。同时软件装得多,文档存得多,内存不够大,手机的数据读写速度就会变慢,这和计算机死机的道理相同,因此需要定期对手机进行文件和软件清理。

图 1-37　智能手机

2. 平板电脑

平板电脑(Pad)是一种小型、方便携带的个人电脑,如图1-38所示,以触摸屏为基本的输入设备。平板电脑采用触摸屏技术,用户可以在屏幕上通过触控笔或数字笔书写,也可以通过手写识别功能、语音识别功能、屏幕上的软键盘或者外接键盘将文字或图形输入计算机。它是集移动商务、移动通信和移动娱乐功能于一体,

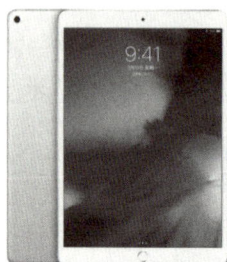

图 1-38　平板电脑

具有手写识别和无线网络通信功能的一款无须翻盖、没有键盘,却功能完整的微型 PC。

3.智能可穿戴设备

智能可穿戴设备是具备部分计算机功能、可连接手机及各类终端的便携式配件。目前主流的产品有戴在手腕上的 Watch 类(包括手表和手环等产品),如图 1-39 所示。穿在脚上的 Shoes 类(包括鞋、袜子或者脚上佩戴的产品),戴在头上的 Glass 类(包括眼镜、头盔、头带等),如图 1-40 所示,以及智能服装、书包、拐杖、配饰等各类产品。

图 1-39　智能手环和智能手表　　　　图 1-40　智能眼镜和智能头盔

可穿戴式智能移动设备人体可长期穿戴,有智能化功能,能够增强用户体验。利用这些设备,人们可以更好地感知外部与自身的信息,比如可看到计划出行的路况,实时监控心跳、血压等生理数据,能够在计算机、网络或其他人的辅助下更高效地处理信息。以前在科幻电影中看到的很多场景,现在已经可以实现。

智能可穿戴设备按应用领域可以分为自我量化与体外进化两类。在自我量化领域,最常见的应用领域是运动健身户外领域和医疗保健领域。在运动健身户外领域,以轻量化的手表、手环、配饰为主要设备,可实现运动或户外数据如心率、步频、气压、潜水深度、海拔等指标的监测,根据监测数据提供分析服务。在医疗保健领域,以专业化方案检测血压、心率等医疗体征,有医疗背心、腰带、植入式芯片等产品。在体外进化领域,这类可穿戴设备能够协助用户实现信息感知与处理能力的提升。其应用极为广泛,从休闲娱乐、信息交流到行业应用,用户均能通过拥有多样化的传感、处理、连接、显示功能的可穿戴设备来实现自身技能的增强或创新。产品以全功能智能手表、眼镜等形态为主,不用依赖智能手机或其他外部设备即可实现与用户的交互。

自 2012 年(被称作"智能可穿戴设备元年")谷歌(Google)眼镜亮相以来,各路企业纷纷进军智能可穿戴设备研发,各大智能硬件厂商纷纷推出了各式各样的可穿戴设备,智能眼镜、智能手表、智能手环、智能戒指等产品层出不穷。智能终端俨然开始与时尚挂钩,人们不再局限于追求可携带,更追求可穿戴。

4.智能车载终端

智能车载终端(又称卫星定位智能车载终端)融合了 GNSS(global navigation satellite system,全球导航卫星系统)技术、里程定位技术及汽车黑匣技术,如图 1-41

所示。

图 1-41　智能车载终端

　　智能车载终端能实现对运行车辆的动态监控管理,包括自动驾驶、车速监控、线路规划、路况提醒、车辆故障报警、超速提示、疲劳驾驶提示等,现在很多的智能车载终端还附带电话、QQ、微信、视频、音乐等通信和娱乐功能。

任务总结

　　智能移动终端已经成为互联网业务的关键入口,是互联网资源与环境资源交互的重要枢纽。除了手机、平板电脑等常用的智能移动终端,手环、眼镜等智能移动终端也进入了我们的生活。智能移动终端持续发展,其影响力将比肩收音机、电视和 PC 端,成为人类历史上第四个渗透广泛、普及迅速、影响巨大的深入人类社会生活方方面面的终端产品。在本子任务中,我们从产品形态上认识了常见的智能手机、平板电脑、智能可穿戴设备、智能车载终端等智能移动终端。

任务巩固

　　1.请你讲讲智能移动终端的发展趋势。

　　2.请思考智能移动终端的安全问题与应对策略。

测试任务

　　请扫右侧二维码,进入任务测试环节,看看掌握了多少。

测试:智能
移动终端

子任务 5　选购适合我的计算机

任务描述

　　新学期开学,小王已经是计算机应用技术专业的大一新生了,为了更好地学好专业知识与技能,她在开学初计划购置一台个人计算机。接下来,我们就来学习一下如何选购合适的计算机。

任务分析

选购计算机,首先要知道计算机的使用需求和主要用途,明确购买的预算,确定购买计算机的类型,了解计算机关键部件的性能和参数指标。其次,通过网络或市场了解不同配置、不同用途、不同性能的计算机价格行情,确定适合自己需求的计算机硬件配置清单。最后,完成计算机选购任务,并安装自己所需的系统软件和应用软件。

任务实现

1.明确使用计算机的目的

视频:选购适合我的计算机

购买计算机前,首先要明确拟购计算机的用途,这样才能确保拥有正确的选购思路。盲目追求豪华配置而不充分发挥其强大的性能实际上是一种浪费,为了省钱而购买性能低下的计算机则无法满足使用的需要。比如,主要用途是进行3D绘图等图形图像处理工作,就要考虑配置较好的显卡;如果要进行复杂的运算,就要考虑配置较大的内存。因此,确定计算机配置的正确观点是够用、好用,并且有质量保证。

2.确定购买计算机的预算

确定预算也是选购计算机的重要一步。用途不同、时期不同以及市场行情不同,预算会有所不同,因此应该根据当时的具体情况和自身需求情况确定预算。

3.选择购买品牌机还是组装机

品牌机是各大计算机厂商制造并安装好的整机,一般可以在线上线下的品牌专卖店购置。品牌机外观漂亮,经过严格的测试,有较好的售后服务,并且定价统一规范。但是品牌机与同性能的组装机相比,因有品牌服务、外观等附加因素,价格相对偏高,常见的计算机品牌有联想、华硕、苹果、惠普、戴尔等。

组装机是自己购买配件进行组装的计算机,一般都是台式机,具有配置灵活、价格相对较低、性能较为稳定、性价比高等特点。但因计算机部件是分别购置的,售后服务没有品牌机完善,并且可能会产生不兼容的问题,所以用户需要具有一定的计算机组装知识。

如果用户是计算机初学者,掌握的计算机知识有限,购买品牌机不失为一个比较合适的选择;如果用户已经掌握了一定的计算机知识,并且希望计算机可以根据自己的需要随时进行配件升级,那么组装机是更好的选择。

4.购买台式机还是笔记本电脑

很多人在购买计算机时,不知道该买笔记本电脑还是台式机,往往不经充分考虑就选择其一,在之后使用中可能会发现购买的计算机并不合适。那么,怎样决定该购买台式机还是笔记本电脑呢? 一般来说,有以下几个必须考虑的因素。

第一,应用场合。如果计算机的主要用途是移动办公,那么笔记本电脑无疑是最好的选择,可以选择轻薄、散热性较好的笔记本电脑。台式机无论如何都无法满足"动"的要求,但如果只是普通应用,台式机则是较好的选择。

第二,价格。同等性能的笔记本电脑的价格相比于台式机来说高很多,可以根据预算进行选择。有些想配置笔记本电脑的用户会因为其价格较高而放弃,虽然市场上也有价格偏低的笔记本电脑,但价格与质量、服务总是捆绑在一起的,低端笔记本电脑的性能总是无法让人满意。

第三,性能要求。相同档次的笔记本电脑与台式机相比,性能有一定差距,并且笔记本电脑的可升级性较差。对于希望不断升级计算机,以提升计算机性能的用户来说,笔记本电脑是无法实现这一点的,除非另购新机。

在充分考虑以上三点之后,就可以根据具体的情况决定是选择台式机还是笔记本电脑了。

5.关键部件下血本

计算机的核心部件CPU、内存等,决定了计算机的运行速度、稳定性。选择CPU,主要应考虑主频、外频两个参数。内存也是决定计算机运行速度的核心部件,建议选择容量大、存储速度快的内存。对于硬盘,除了选择较好品牌、容量足够的硬盘外,建议选用固态硬盘,因为固态硬盘读写速度快,可以提升计算机性能。对显示系统要求高的用户,在显卡的选择上要多花成本。另外,计算机的电源是保证计算机使用寿命和稳定性的重要因素,因此电源也要选择有质量保障的好品牌。

第二类关键部件是与用户健康有关的部件,如长期与用户打交道的显示器、键盘、鼠标等,因为它们的好坏与用户的身体健康息息相关,在计算机核心部件的技术成熟、价格大幅下降的今天,选购与自己健康相关的部件时更要注意。

6.预留升级空间

计算机更新换代越来越快,新硬件层出不穷,现在用了顶级配置的电脑,一段时间后有些部件的配置可能就落后了。所以在初次购买电脑时,就应该仔细考虑电脑的可升级性问题,根据升级的需要对选购的部件加以取舍。对于不易升级的部件在首次购买时就要尽量购买好一点的产品,而对于那些打算在升级时淘汰的部件在保证质量的同时要降低成本。计算机性能的优劣很大程度上指的是兼容性的好坏,也就是各个部件之间的协作是否顺畅,单个部件的优劣往往不能决定计算机的好坏,而且即使每个部件都是最好的,若它们之间协作能力差的话,也会导致计算机性能下降。

7. 了解行情及确定选购方案

利用中关村在线、太平洋电脑网、华军、京东、淘宝等网站,对电脑硬件、整机性能等信息进行查询,再结合自己的情况,完成选购计算机的配置表,确定选购方案。

任务总结

通过本子任务的学习,考虑到假期和以后实习携带方便等情况,在符合预算的前提下,小王选择了一款××公司出品的笔记本电脑。我们在选购计算机时,要明确用途,熟悉计算机关键部件的性能参数,了解各种品牌机、组装机的硬件配置和整体性能等,再根据计算机的性能、价格、售后服务、外观等确定计算机选购方案。

任务巩固

某公司董事长因业务发展和提高员工工作效率需要,决定给每个员工配备一台计算机。员工的日常工作是通过 E-mail(电子邮件)与客户联系业务,通过公司的专用软件发布公司的最新动态与产品的最新信息,以及收集客户的反馈资料等。请按该公司员工的工作需要列出这批计算机的详细配置清单(包括价格)。

测试任务

请扫右侧二维码,进入任务测试环节,看看掌握了多少。

测试:选购适合我的计算机

🔍 任务 3　装备软件系统

📁 子任务 1　计算机系统软件

课件:装备软件系统

任务描述

通过对计算机硬件和智能移动终端的学习,小王考虑到专业学习的需要,几经对比,选购了一台笔记本电脑。小王摩拳擦掌要给它安装相应的软件,以更高效地学习专业课程。那么,小王要安装哪些软件呢?

任务分析

软件系统是在硬件系统的基础上，为方便、有效地使用计算机而配置的工作环境。软件系统可分为系统软件和应用软件两大类。其中系统软件是软件系统的基础，而应用软件是基于系统软件实施应用的。因此，我们要先熟悉计算机系统软件知识。那么，计算机系统软件有哪些呢？关于操作系统的知识与使用，后面会详细介绍。

任务实现

系统软件由一组控制计算机系统并对其资源进行管理的程序组成，主要功能包括：启动计算机系统，并对应用程序存储、加载和执行；对文件进行排序、检索；将程序语言翻译成机器语言等。我们可以把系统软件看作用户与计算机的接口，系统软件分为操作系统、语言处理系统和各种工具软件，其中操作系统为应用程序和用户提供了控制、访问硬件的手段，而语言处理系统和各种工具软件从另一方面辅助用户使用计算机。

1.操作系统

操作系统是一组控制和管理计算机的系统程序，它专门用来管理计算机的软件、硬件资源，负责监视和控制计算机及程序处理的过程。它是计算机系统软件的核心，如图1-42所示，是用户和其他软件与计算机裸机（没有安装操作系统的计算机）之间的桥梁，是所有应用软件运行的平台，只有在操作系统的支持下，整个计算机系统才能正常运行。操作系统统一管理计算机资源，合理地组织计算机的工作流程，协调系统各部分之间、系统与用户之间以及用户与用户之间的关系。

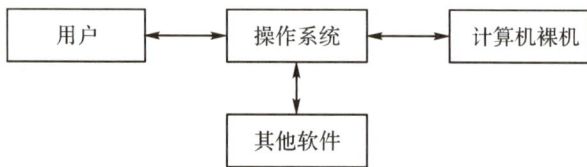

图 1-42　操作系统与用户、计算机的关系

（1）操作系统的主要功能

处理器管理：当多个程序同时运行时，解决CPU的时间分配问题。

作业管理：要求计算机完成的一个计算任务或事务处理称为一个作业。作业通常包括程序、数据和操作说明三部分。作业管理的主要任务是作业调度和作业控制。

存储器管理：为各个程序及其使用的数据分配存储空间，并保证它们互不干扰。

设备管理：根据用户提出使用设备的请求进行设备分配，还能随时接收设备的请求（称为中断），如要求输入信息。

文件管理：主要负责文件的存储、检索、共享和保护，为用户的文件操作提供方便。

（2）操作系统分类

操作系统的分类方式有多种：按功能和特性，可分为批处理操作系统、分时操作系统、实时操作系统和网络操作系统等；按同一时间支持的用户数，可分为单用户操作系统和多用户操作系统。

（3）桌面操作系统

MS-DOS：是 Intel X86 系列的 PC 上最早的操作系统，它是一个单用户、单任务操作系统，是美国微软公司的产品。

Windows：是美国微软公司产品，它是一个多用户、多任务图形窗口化操作系统，经过十几年的发展，从 Windows 3.1 发展到 Windows NT、Windows 2000、Windows XP、Windows Vista、Windows 7、Windows 8、Windows 8.1、Windows 10、Windows 11 等，其中 Windows 10 是当前微机中广泛使用的操作系统之一，界面如图 1-43 所示。

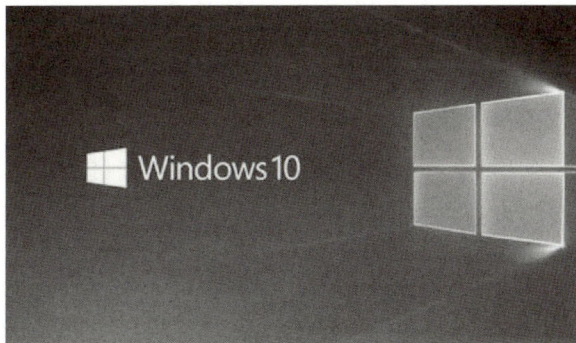

图 1-43　Windows 10 操作系统界面

Mac OS：是苹果公司为 Mac 产品系列开发的专属操作系统，其界面友好、性能优异，但由于是专属操作系统，所以发展有限。

Linux：是一个源代码公开的操作系统，它是一套免费使用和自由传播的基于 POSIX 和 UNIX 的多用户、多任务、支持多线程和多 CPU 的操作系统，是自由软件和开放源代码发展中最著名的例子，目前已被越来越多的用户采用。

（4）网络操作系统

网络操作系统也称为服务器操作系统，是向计算机提供网络通信和网络资源共享功能的操作系统。它是计算机网络中管理一台或多台主机的软硬件资源，支持网络通信、提供网络服务的程序集合，是负责管理整个网络资源和方便网络用户的软件集合。目前常用的网络操作系统主要有以下几种。

①Windows Server 系列操作系统。Windows Server 是微软公司在 2003 年 4 月 24 日推出的 Windows 的服务器操作系统，界面友好、操作简便，主要用于中小企业市场。其核心是 Microsoft Windows Server System（WSS），每个 Windows Server 都与其家用（工作站）版对应（2003 R2 除外）。Windows Server 最新的长期服务通道（long term servicing channel，LTSC)版本是 Windows Server 2019。

②Linux 操作系统。Linux 是芬兰赫尔辛基大学的学生林纳斯·托瓦兹(Linus Torvalds)在吸收了 Minix 精华的基础上开发的具有 UNIX 特征的网络操作系统。Linux 操作系统的最大特征在于其源代码完全公开，用户可根据自己的需要修改 Linux 操作系统的内核，所以 Linux 操作系统的发展非常迅猛。在国内，中文版本的 Linux 有红帽企业 Linux、红旗 Linux、CentOS 等。Linux 因它的安全性和稳定性在国内得到了用户的充分肯定，目前在中、高档服务器和政府机关的服务器中被广泛应用。

③VRP 操作系统。VRP(versatile routing platform)即通用路由平台，是华为具有完全自主知识产权的网络操作系统，是华为所有基于 IP/ATM 构架的数据通信产品操作系统平台。运行 VRP 操作系统的华为产品包括路由器、局域网交换机、ATM (asynchronous transfer mode，异步传输模式)交换机、拨号访问服务器、IP 电话网关、电信级综合业务接入平台、智能业务选择网关，以及专用硬件防火墙等。核心交换平台基于 IP 或 ATM，为多种硬件平台提供一致的网络界面、用户界面和管理界面，并提供灵活丰富的应用解决方案。VRP 以 IP/ATM 交换平台为核心，集成了路由技术、QoS (quality of service，服务质量)技术、VPN(virtual private network，虚拟专用网络)隧道技术、安全技术和数字视频/语音技术等通信要件。华为自主开发的 IP TurboEngine TM 技术使设备的报文转发速度提高了 5～10 倍，再配合分布式处理技术和 QoS 技术，使得华为网络产品在性能指标上具备国际一流水平。

④飞天(Apsara)操作系统。飞天是由阿里云自主研发、服务全球的超大规模通用云计算操作系统。它可以将遍布全球的百万级服务器连成一台超级计算机，以在线公共服务的方式提供计算能力。飞天解决了人类计算的规模、效率和安全问题。飞天的革命性作用在于将云计算的三个方向整合起来：提供足够强大的计算能力，提供通用的计算能力，提供普惠的计算能力。飞天诞生于 2009 年 2 月，为全球 200 多个国家和地区的企业、政府、机构等提供服务。飞天的核心竞争力在于以下几点：自主研发，对云计算底层技术体系有很强的把控力；调度能力方面，具备 10K(单集群 1 万台服务器)的任务分布式部署和监控；数据能力方面，具备 EB(10 亿 GB)级的大数据存储和分析能力；安全能力方面，能为中国 35％的网站提供防御措施；经过大规模实践，经受"双 11"购物狂欢节、12306 春运购票等极限并发场景挑战；具有开放性，兼容大多数生态软件和硬件，比如 Cloud Foundry、Docker、Hadoop 等。

⑤神威睿思操作系统。神威睿思是运行在"神威·太湖之光"超级计算机上的国产操作系统。神威睿思操作系统已非常成熟，主要面向高性能计算和通用计算领域。它的主要优势在于自主可控度高、安全性强，主要应用于高性能计算与安全两个领域。产品种类多，包括超级计算机和各种集群计算机系统，桌面、服务器类通用操作系统，以及网络安全防护、主机安全防护、数据安全防护、安全管理等网络安全类的定制操作系统。

2.语言处理系统(翻译程序)

人和计算机进行交流通信的语言称为计算机语言或程序设计语言。计算机语言分为机器语言、汇编语言和高级语言三类。要在计算机上运行高级语言程序就必须配备程序语言翻译程序(简称翻译程序)。翻译程序本身是一组程序,不同的高级语言有不同的翻译程序。常见的语言处理程序有 ASP、ASP. NET、VB. NET、C♯、Visual Basic、Java、C、C++、HTML、CSS、XML、DTD、XSL、SQL、JSP、PHP、Python、Go 语言、R 语言等。

3.服务性程序

服务性程序是一类用于帮助用户使用计算机的辅助性程序,它提供各种运行所需的服务。例如,编辑程序、连接装配程序、纠错程序、诊断程序等。

(1)编辑程序

编辑程序为用户提供良好的书写环境,用户可以方便地进行信息的输入、修改、移动、复制、删除等操作。

(2)连接装配程序

连接装配程序的功能是将若干个目标模块和对应的高级语言的库函数程序连接在一起,使其变成可执行的运行模块。

(3)纠错程序

纠错程序帮助用户检查程序中的错误,方便进行修正。使用纠错程序一般需要用户掌握计算机语言方面的知识。

(4)诊断程序

诊断程序主要用来帮助用户维护计算机硬件环境,它可以进行故障定位、部件检查和测试。

4.数据库管理系统

数据库是指按照一定方式存储的可共享的数据集合。数据库管理系统(database management system,DBMS)是对数据库进行加工、管理的系统软件,主要功能是建立、消除、维护数据库及对数据库中的数据进行各种操作。数据库系统主要由数据库、数据库管理系统及相应的应用程序组成。数据库系统不仅能存放大量的数据,最主要的是能迅速地对数据进行检索、修改、统计、排序、合并等操作,以便用户得到所需的信息。数据库技术是计算机技术中发展最快、应用最广的一个分支,可以说计算机应用开发大都离不开数据库。因此,了解数据库应用技术是非常有必要的。常用的数据库管理系统有 Oracle、MySQL、Microsoft SQL Server、Access 等。

(1)Oracle

Oracle 是甲骨文公司的一款关系型数据库管理系统,它的特点是处理速度快、安全级别高、支持快闪恢复、快速故障转移、网格控制等。

（2）MySQL

MySQL 是一个小型关系型数据库管理系统，MySQL 广泛应用在互联网上的中小型网站中，它的特点就是开放源码，高度非过程化，采用面向集合的操作方式，以一种语法结构提供多种使用方式，语言简洁、易学易用，经常和 PHP（page hypertext preprocessor，页面超文本预处理器）语言搭配开发中小型网站。

（3）Microsoft SQL Server

Microsoft SQL Server 是微软公司开发的一款关系型数据库管理系统，它的特点是有图形化用户界面、丰富的编程接口工具，具有很好的伸缩性，可跨界运行，支持 Web 技术。

（4）Access

Access 是微软公司开发的一款数据库管理系统，Access 的全称是 Microsoft Office Access，是微软比较有代表性的一款数据库管理系统，其特点就是存储方式单一，易于维护和管理，界面友好、易操作，集成各种向导和工具。

任务总结

系统软件是管理、监控和维护计算机资源（包括硬件和软件）、开发应用软件的软件。它主要包括操作系统、语言处理系统、服务程序、数据库管理系统等。其中操作系统是操作计算机的基础平台和应用计算机的入口，其他系统软件是计算机正常运行的重要支撑，因此系统软件是计算机运行和应用的至关重要的部分。

任务巩固

1. 在网上查找资料，了解如何下载并安装 Windows 10 操作系统。
2. 请你说说驱动程序是否属于系统软件，为什么？

测试任务

请扫右侧二维码，进入任务测试环节，看看掌握了多少。

测试：计算机系统软件

子任务2 计算机应用软件

任务描述

周末，小王与寝室同学一起去郊外玩，用手机拍了很多照片，她把手机上的照片导入电脑。看着这么多照片，她很想做个电子相册，但电脑里没有制作电子相册的软件，她不知道去哪里获取、怎么获取，同时也想搞清楚应用软件到底有哪些。下面，我们来学习计算机应用软件的一些知识与技能。

任务分析

要了解应用软件需要清楚地知道计算机应用软件的概念和分类等基本知识,掌握获取自己需要的软件的技巧和安装方法,并能熟练使用相关应用软件。

任务实现

1. 认识应用软件

与系统软件相对应,为解决计算机各类应用问题而编写的程序称为应用软件,如办公软件、信息管理软件、辅助设计软件、实时控制软件、教育与娱乐软件等。应用软件分为应用软件包和用户程序,应用软件包是利用计算机解决某类问题而设计的程序的集合,用户程序是单一应用的应用软件。

Microsoft Office 是美国微软公司开发的一套办公自动化软件包,包含字处理软件 Word、表格处理软件 Excel、文稿演示软件 PowerPoint 等。我国金山软件公司开发的 WPS Office 也是一款很好的办公软件。

CorelDRAW 是加拿大科亿尔(Corel)公司推出的集成图像应用软件包,包括矢量绘图工具 CorelDRAW、图像编辑工具 Corel Photo-Paint、3D 插图模型制作工具 CorelDRAW 3D、3D 运动编辑器 Corel Motion Studio 3D 等组件,是专业图像、视频制作者的得力工具。

QQ、微信、钉钉、迅雷、阿里旺旺、优酷客户端、软件管家、360 安全卫士等以及浏览器、杀毒软件等,都是我们常用的应用软件,可以根据需要选择安装。

2. 应用软件的获取

(1)购买安装光盘

很多商业软件在全国各地有代理商或经销商,用户可以通过实体店购买软件安装光盘或授权许可序列号进行安装。

(2)从软件开发商网站上下载

一些软件开发商为了推广软件,会将软件的测试版或正式版放在互联网上供用户下载。测试版通常会有一些功能限制,用户注册后就可以使用。而对于一些开源或免费的软件,用户可以直接下载并使用所有功能,如 360 安全卫士可以从 360 官网上下载,QQ 软件可以从腾讯官网上下载等。

(3)从第三方的软件网站上下载

在互联网中,存在很多第三方的软件网站或论坛,它们提供各种免费软件或共享软件,如华军软件园(www. onlinedown. net)、天空软件站(www. skycn. com)、太平洋软件下载(www. pconline. com. cn)、电脑之家(www. pchome. net)、驱动之家(www.

mydrivers. com)等。

(4)通过软件管家下载

软件管家内有很多软件,直接搜索所需要的软件,就可以直接下载并安装,如图1-44所示。

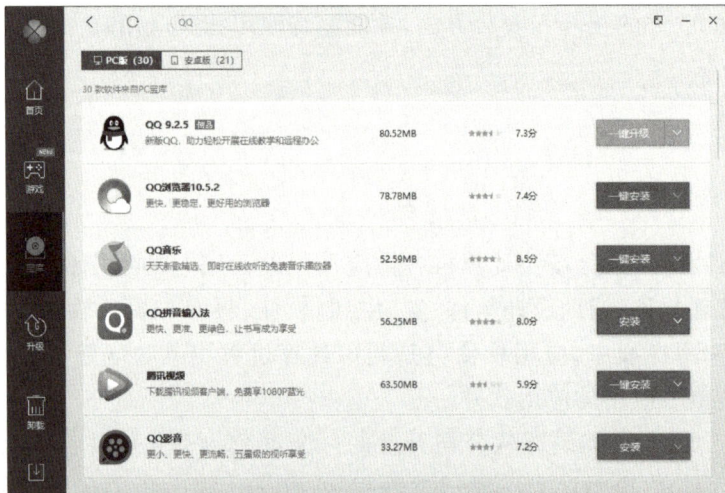

图 1-44　腾讯软件管家界面

3. 应用软件安装(以 Windows 系统为例)

(1)软件安装的过程

安装软件,是指将程序文件和文件夹添加到硬盘并将相关数据添加到注册表,以使软件正常运行。软件制作时,代码或者文件需经过高压缩,这样代码或文件变小,便于介质的传输,如刻录到光盘或者下载,还可以防止别人盗用代码等。安装时需要把高压缩的代码或者文件释放出来,还原成电脑可以读取的代码或文件,并将其写入注册表。一般下载的或者没安装的软件都稍小,安装完后会占用较大的电脑硬盘空间。

(2)安装方法

安装包中一般都有 Setup. exe 或 Install. exe 文件,双击. exe 文件就可以启动安装程序,然后程序进入安装向导,用户根据向导提示,选择对应的选项,单击"下一步",逐步进行,就可以完成安装。

任务总结

应用软件是为了某种特定的用途而被开发的软件。它可以是一个特定的程序,也可以是一组功能联系紧密、互相协作的程序的集合。对于常用的应用软件,我们都可以根据自己的需要进行下载、安装、使用。小王发现电脑中已经安装的 PowerPoint 就可以制作电子相册,但是专业性不强。她根据需求进行搜索后,选择在软件管家中下载"爱剪辑"应用软件,用这个软件来制作自己的电子相册。

任务巩固

1.请你说说你的电脑里装了哪些应用软件,从哪里可以获得这些软件的安装包,如何安装这些软件。

2.从网上下载 Windows 优化大师工具软件,安装后,对自己的计算机进行优化操作。

测试任务

请扫右侧二维码,进入任务测试环节,看看掌握了多少。

测试:计算机应用软件

子任务 3　智能移动终端软件

任务描述

小王发现购买的新手机上已经有很多软件,她也下载安装了很多 APP(应用程序)。最近她在网上看到了华为发布的手机鸿蒙操作系统(HarmonyOS),她想知道移动终端软件的具体情况,让我们来给她理一理。

任务分析

我们可以从目前流行的智能移动终端上使用的 iOS、Android 及 HarmonyOS 操作系统入手了解,并且以智能手机为典型案例,了解常用 APP 及其下载、安装。

任务实现

智能移动终端也是一种计算机,配备的软件也分为系统软件和应用软件,对应的是移动操作系统和 APP。

视频:智能移动终端软件

1.移动操作系统

移动操作系统是安装在智能移动终端上的操作系统,它具有良好的用户界面,同时拥有很强的应用扩展性,用户能方便地安装和删除应用程序。常见的移动操作系统有 Android、iOS、Symbian(塞班)、Windows Phone 等,目前的主流移动操作系统是谷歌公司的 Android 和苹果公司的 iOS 以及我国华为的 HarmonyOS。

(1)Android 系统

Android 系统是一种基于 Linux 开源代码的操作系统,界面如图 1-45 所示,主要用于移动设备,如智能手机和平板电脑,由谷歌公

图 1-45　Android 系统界面

司和开放手机联盟领导开发。Android 操作系统最初由安迪·鲁宾（Andy Rubin）开发，主要支持手机，2005 年 8 月由谷歌公司收购注资。2007 年 11 月，谷歌与 84 家硬件制造商、软件开发商及电信运营商组建开放手机联盟，共同研发改良 Android 系统。随后谷歌以 Apache 开源许可证的授权方式，发布了 Android 的源代码。第一部 Android 智能手机于 2008 年 10 月发布，之后 Android 系统的应用逐渐扩展到平板电脑及其他领域，如电视、数码相机、游戏机、智能手表等。

Android 系统的优点包括：平台开放，甚至源代码都是开放的；应用多，由于普及率高，开发者多，应用资源也多；创新多，谷歌和其他手机厂家及 ROM 开发者都不断推出新的界面设计，引入很多创新功能；界面友好，操作体验好。

Android 系统的缺点包括：系统的开放性，给了恶意程序攻击的机会，尽管底层加强了安全控制，但总体而言安全性不如 iOS；版本过多，由于系统由手机厂家定制，每次升级厂家都要研发固件，导致系统升级缓慢，新版本不能很快得到推广；效率比 iOS 低，对硬件要求高，由于应用的编译和运行机制限制，Android 系统一直存在越用越卡的情况，虽然手机硬件不断提升，但仍然存在不够用的问题。不过谷歌一直在努力消除 Android 系统的这些缺点，使 Android 系统不断得到优化。

（2）iOS 系统

iOS 智能手机操作系统的原名为 iPhone OS，其核心与 macOS 系统的核心一样，都源自 Apple Darwin。它主要是给 iPhone、iPad、iPod touch 使用。iOS 系统由两部分组成：操作系统和能在 iPhone、iPad、iPod touch 设备上运行原生程序的技术。从 iPhone OS 2.0 开始，通过审核的第三方应用程序已经能够通过苹果的 App Store 进行发布和下载。

iOS 系统界面如图 1-46 所示。主要应用程序有信息、日历、照片、相机、股市、地图、天气、时间、计算器、备忘录、系统设置、iTunes Store、App Store 等。

图 1-46　iOS 系统界面

iOS 的优点包括：系统专用于 iPhone 手机，软件与硬件高度整合；系统优化好，效率高，运行流畅，操作体验好；系统稳定，安全性高。由于所有应用程序均来自 App Store，须经过严格审查才能上架，所以一般不会出现恶意应用。

iOS 的缺点包括：管理文件不方便，过于依赖 App Store，用户所受限制多，可玩性低。

（3）HarmonyOS

2019 年 8 月 9 日，华为正式发布了自主研发的操作系统"鸿蒙（HarmonyOS）"，该系统是第一款基于微内核的全场景分布式操作系统，能够同时满足全场景流畅体验、架构级可信安全、跨终端无缝协同以及一次开发多终端部署的要求。HarmonyOS 率先部署在智慧屏、智能车载终端、智能可穿戴设备等智能终端上，着力构建一个跨终端的融合共享生态,重塑安全可靠的运行环境。未来会有越来越多的智能设备使用开源的 HarmonyOS。

HarmonyOS 将手机、电脑、平板、电视、汽车、智能可穿戴设备等统一成一个操作系统。且该系统是面向下一代技术而设计的,能兼容全部 Android 应用和所有 Web 应用。若 Android 应用重新编译,在 HarmonyOS 上,运行性能提升将超过 60%。

2021 年 6 月 2 日,华为正式发布 HarmonyOS 2 和多款搭载 HarmonyOS 2 的新产品。同日,华为宣布将持续向华为手机、平板、智慧屏等智能终端推送升级 HarmonyOS 2。

2. APP

(1)什么是 APP

APP 是 application 的缩写,一般指智能手机的应用程序。官方提供的可下载应用程序的应用商店有苹果的 App Store、谷歌的 Google Play Store、微软的 Marketplace 等。苹果的 iOS 系统中,APP 格式有 ipa、pxl、deb;谷歌的 Android 系统中,APP 格式为 apk。APP 通常分为个人用户 APP 与企业级 APP,个人用户 APP 是面向个人用户开发的,而企业级 APP 则是面向企业用户开发的。

App Store 模式的意义在于为第三方软件的提供者提供了既方便又高效的软件销售平台,适应了手机用户对个性化软件的需求,从而使得手机软件业开始进入一个高速、良性发展的轨道。目前各手机厂商都模仿苹果公司建立了自己的应用市场。

(2)智能手机 APP 下载渠道

一般通过手机自带的应用商店或手机论坛等搜索下载热门 APP。

①若你的手机自带应用商店,则可以通过应用商店中的热门推荐,查看当前较为热门的 APP;也可以按照分类或者用名称搜索,选择自己需要的 APP。

②通过手机浏览器搜索需要的 APP,并下载安装。

③通过第三方助手类 APP 下载。

④通过电脑下载 apk 格式的安装包,然后传输到手机中安装。

任务总结

应用于智能移动终端上的目前流行的操作系统主要有 Android、iOS、HarmonyOS 等,它们各有特色。iOS 主要用于苹果公司开发的手机、平板等移动设备,Android 和 HarmonyOS 应用于手机、移动电脑、平板、电视、汽车、智能穿戴等移动设备。通过本子任务的学习,我们了解了智能移动终端的操作系统和 APP 的基本知识,以及 APP 的下载、安装等。

1. 请介绍一下你自己的手机操作系统是什么系统,并说明优缺点。

2. 请讲讲你的手机操作系统是如何进行安全防护的。

测试任务

请扫右侧二维码,进入任务测试环节,看看掌握了多少。

测试:智能移动终端软件

子任务 4　开源软件和国产软件

任务描述

这几天,小王在计算机专业的同学那里看到了 Linux 系统,知道这是一款开源操作系统。而且通过前面的学习,小王知道 Android 也是基于 Linux 的开源软件,还有很多国产软件也是开源软件。所以他想搞清楚什么是开源软件,同时也想了解国产软件的情况。我们和她一起深入学习一下吧。

任务分析

首先要弄清楚开源软件的概念,知道开源软件的优点和典型的开源软件,然后从国产典型操作系统和部分实用应用软件入手了解国产软件,为日后多使用国产软件打好基础。

任务实现

视频:开源软件和国产软件

1. 开源软件

开源软件就是把软件程序与源代码文件一起打包提供给用户,用户既可以不受限制地使用该软件的全部功能,也可以根据自己的需求修改源代码,甚至编制成衍生产品再次发布出去。它在软件开发中发挥着重要作用,如 Linux 操作系统、MySQL 数据库管理系统和 Java、Perl、PHP、Python 编程语言等都是开源软件的代表。开源软件是免费的,许多高性能和高可靠性的产品都是基于开源软件开发的。

开源软件有如下优点:

(1)可靠。由于软件源代码已发布,因此软件具有一定的可靠性。用户也可以持续检查恶意程序和漏洞,即使发现漏洞,开源软件也能快速修改。

(2)稳定性高。由于软件提供商的情况不稳定,专有软件可能会终止服务或终止支持。但是,开源软件则只要用户在,就可以继续维护、使用,适合长期使用的用户。

(3)成本低。开源软件许可是免费的,这不仅可以降低初始成本,还可以降低更换成本,也因此在软件开发中广泛应用。

常见的开源软件如表 1-3 所示。

表 1-3　常见开源软件

软　件	说　明
Linux	Linux 是一款开源的操作系统,是开源软件的经典之作、代表之作、巅峰之作
Apache	最流行的 Web 服务终端软件之一
MySQL	最流行的适合中小型网站的关系型数据库之一
Firefox(火狐)	在 Chrome 推出之前,Firefox 几乎是速度最快的浏览器,直到现在也是 Web 开发人员的调试利器
OpenOffice	一套跨平台的办公软件套件,类似于 Microsoft Office
GCC	是由 GNU 开发的编程语言翻译器,可作为 C/C++ 等语言的编译器
Java、PHP、Python	开源的编程语言

2.国产软件

近年来,我国充分认识到国产基础软件的重要性。在国家的大力倡导下,很多 IT 企业开始投入软件的研发当中,国产软件在政府扶持下迅猛发展。

(1)国产操作系统

长期以来,操作系统为国外厂商所控制的状况已成为我国软件产业发展的严重障碍,政府和产业界都迫切寻求一种新的、我国能够掌握核心技术的操作系统。这对保护我国信息系统的安全,促进民族软件产业的发展具有重要的战略意义。特别是近几年,全球网络安全事件频发,网络信息安全和自主可控已经升级为国家战略。虽然民间仍然使用国外大公司如微软、苹果、谷歌的操作系统,但政府部门对操作系统的国产替代已经进行了数年。另外,一些重要行业包括税务、金融、石油、航空航天、电信、电力、交通、医疗等,为了满足安全需要,也在逐渐舍去 Windows,而采用国产操作系统。下面介绍一下我们国产的操作系统。

①中标麒麟操作系统。中标麒麟操作系统是由国防科技大学、中软公司、联想公司、浪潮集团和民族恒星公司共同开发的具有中国自主知识产权的服务器操作系统,界面如图 1-47 所示,有桌面版、通用版、高级版和安全版等三个版本。它主要为政府、国防、涉密领域服务,具有高安全等级,是构筑自主可控软件生态系统的基础。中标麒麟是由原中标 Linux 和银河麒麟合并而成的,拥有服务器操作系统、桌面操作系统和涉密虚拟化软件等系列产品,适用于龙芯、申威、兆芯等国产主流芯片平台。经过不断升级,目前中标麒麟高级服务器操作系统 V6.0、V7.0 已经能够兼容腾讯云 TStack,能够便捷管理服务器。该系统集成了普华 Office 办公软件、PDF 阅读器、浏览器、图形图像处理工具、

翻译工具、王码五笔、搜狗输入法和音视频播放器等,同时也能兼容 WPS、瑞星杀毒等国产软件,既可办公也可娱乐之用,已经具有较为完备的生态系统。

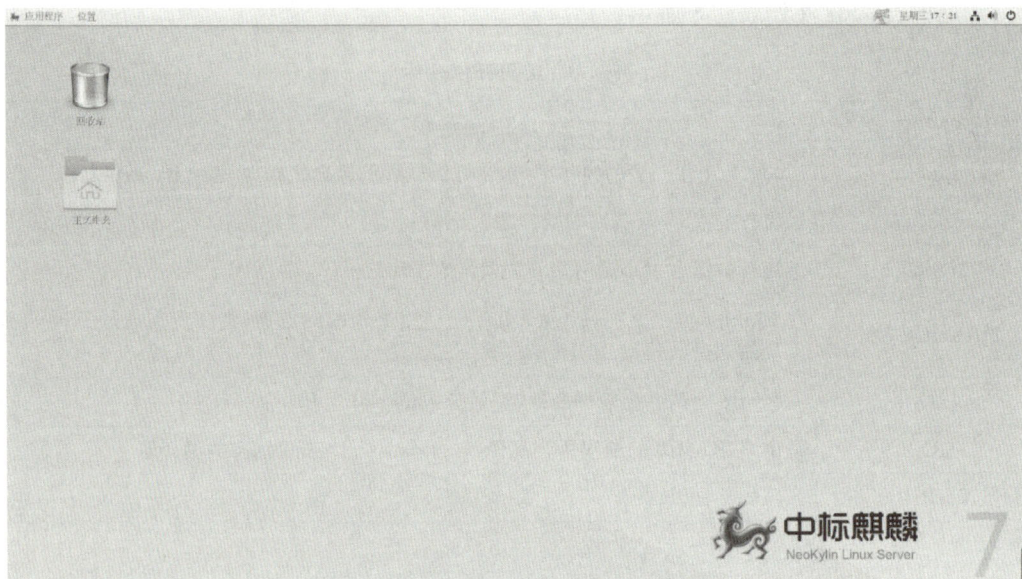

图 1-47　中标麒麟操作系统界面(桌面版)

②统信操作系统 UOS。统信操作系统是一款基于 Linux 的操作系统,它由中国的统信软件技术有限公司开发。UOS 旨在为个人电脑、服务器、工业设备等提供全方位的操作系统解决方案。UOS 的开发集成了国内外的开源技术资源,目的是建立一个安全、可靠、易于使用并且具有自主知识产权的操作系统。目前已经覆盖很多党政机关和大型国有单位,界面如图 1-48 所示。

图 1-48　统信 UOS 操作系统界面

③中科方德操作系统。中科方德操作系统是由中国科学院软件研究所和中科方德软件有限公司共同开发的一款基于 Linux 的操作系统。它着眼于安全性、稳定性和高效性，致力于为政府、企业和科研机构提供可靠的计算平台，界面如图 1-49 所示。

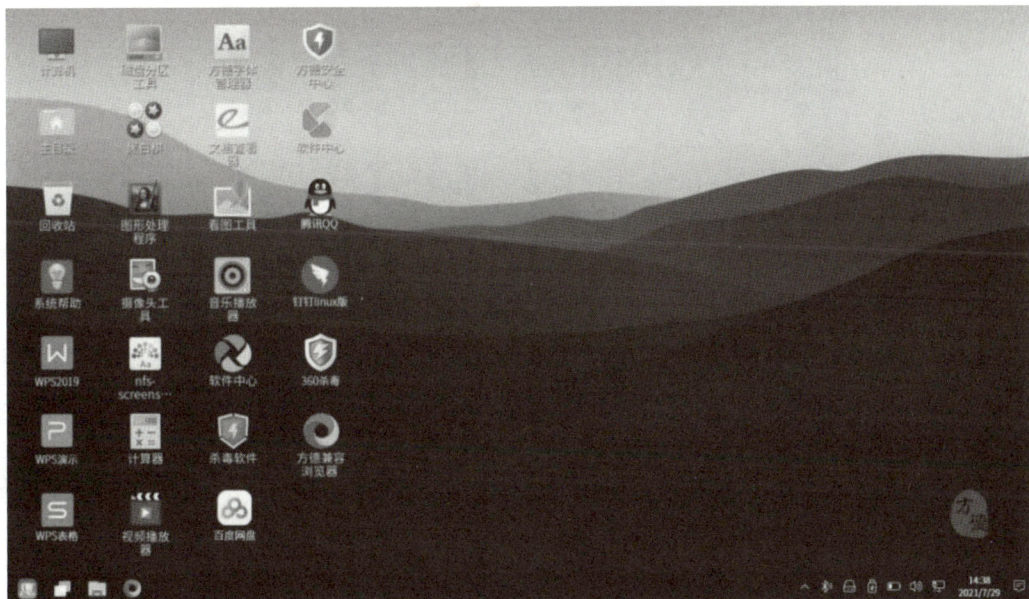

图 1-49　中科方德操作系统界面

（2）国产应用软件

①金山 WPS。WPS Office 是由北京金山办公软件股份有限公司自主研发的一款办公软件套装，可以实现办公软件最常用的文字、表格、演示等多种功能，包括"WPS 文字""WPS 表格""WPS 演示""轻办公"四大组件。WPS Office 具有内存占用低、运行速度快，具有强大插件平台支持，免费提供海量在线存储空间和文档模板，支持阅读和输出 PDF 文件，全面兼容微软 Microsoft Office 格式等特点，覆盖 Windows、Linux、Android、iOS、MacOS 等多个平台。

②中标普华 Office。中标普华 Office 是中标软件有限公司开发的可以同时运行于 Windows 和 Linux 平台的办公软件产品，涵盖微软产品常用功能，可满足日常办公需要，如图 1-50 所示。有普通版、教育版、藏文版三个版本。中标普华 Office 软件的安装和使用非常简单，且与微软办公软件具有相似的页面布局和界面风格，界面便于用户在安装后快速上手操作。中标普华 Office 采用先进的软件架构，包含文字处理、电子表格、演示文稿、绘图制作、数据库等五大模块，功能强大，基本涵盖 Microsoft Office 产品的各项功能，易学易用，能全面满足日常办公需要。

图 1-50　中标普华 Office 界面

③亿图图示。亿图图示是一款国产综合类绘图工具,软件操作比较简单,很容易上手,其界面如图 1-51 所示。它支持导出 Word、PowerPoint、Excel、PDF、图片等多种格式文件,提供云功能,可以将文件保存到免费云盘,可实现团队云协作办公。另外,亿图图示有近千种模板和素材供用户直接使用,涵盖 210 种绘图类型,如流程图、架构图、工业设计、图文混排等。

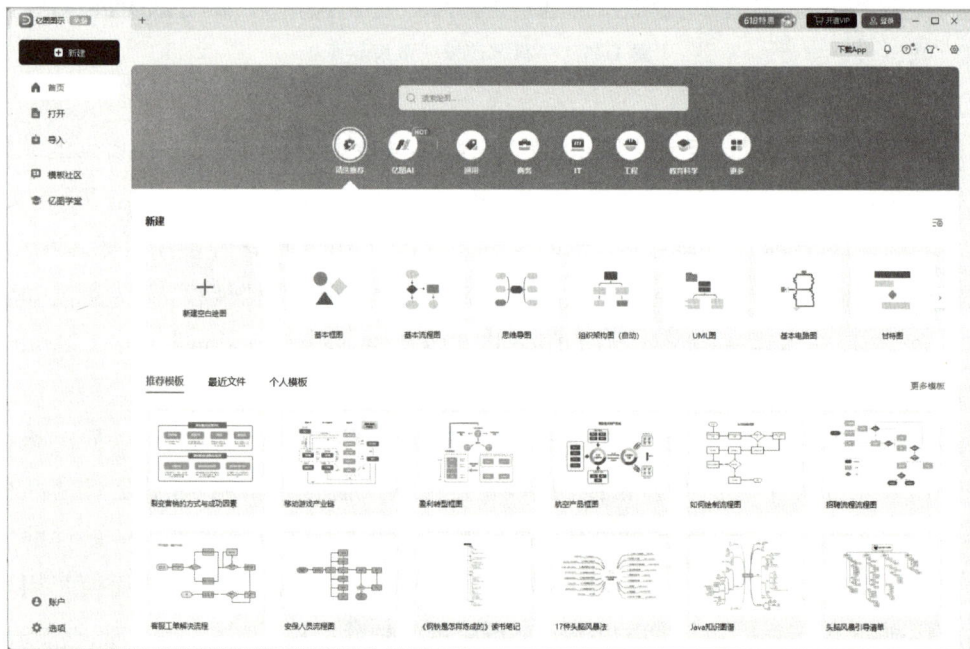

图 1-51　亿图图示界面

④钉钉。钉钉是阿里巴巴集团专为中国企业打造的免费沟通和协同的多端平台,具有在线会议、直播、文档协同编辑、考勤、审批等功能,提供 PC 版、Web 版和手机版,支持手机和电脑间文件互传。钉钉还增加了"通义千问"人工智能小助理功能,可"随时随地,答你所问",如图 1-52 所示。

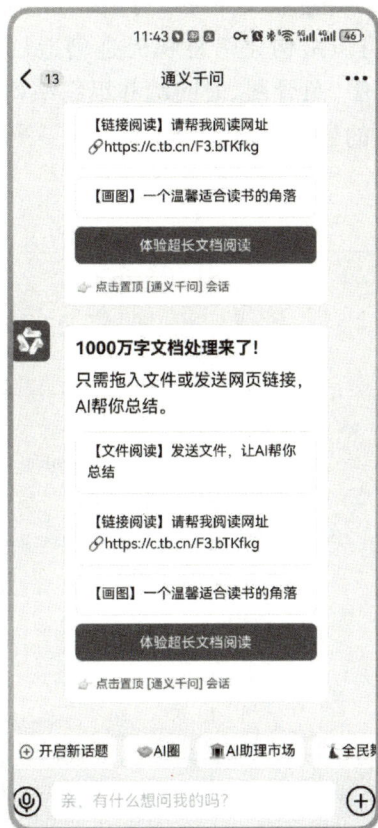

图 1-52　钉钉"通义千问"功能界面

⑤有道云笔记。有道云笔记是网易推出的笔记软件，如图 1-53 所示。其注重用户体验，用户的任何想法用一段语音、几笔涂鸦就能被记录下来。用户可利用标签给内容分类，还能邀请其他人协同编辑。

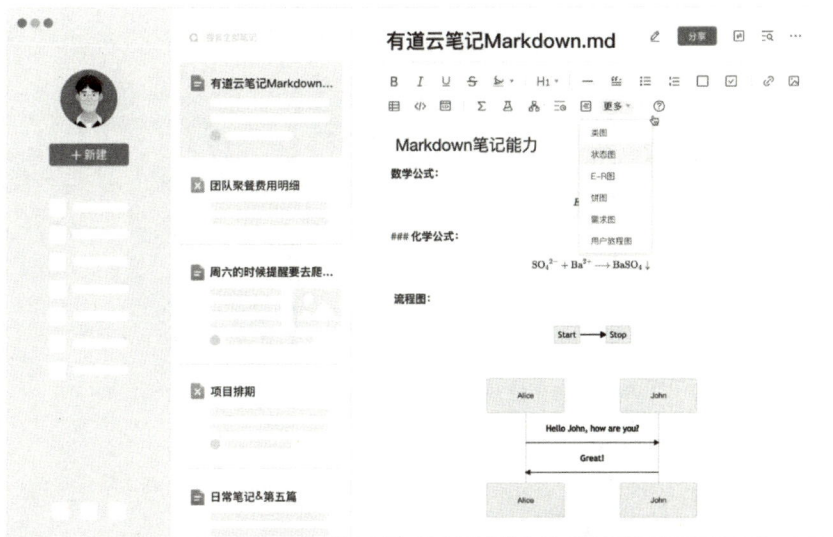

图 1-53　有道云笔记界面

⑥XMind。XMind 是由深圳爱思软件技术有限公司开发的一款开源思维导图和脑图软件，广泛用于捕捉思想、组织结构化信息和促进创造性思维，如图 1-54 所示。它支持多种图表类型，包括思维导图、鱼骨图、时间轴和组织结构图等，是个人和团队规划、脑力激荡、项目管理和信息整理的强大工具。

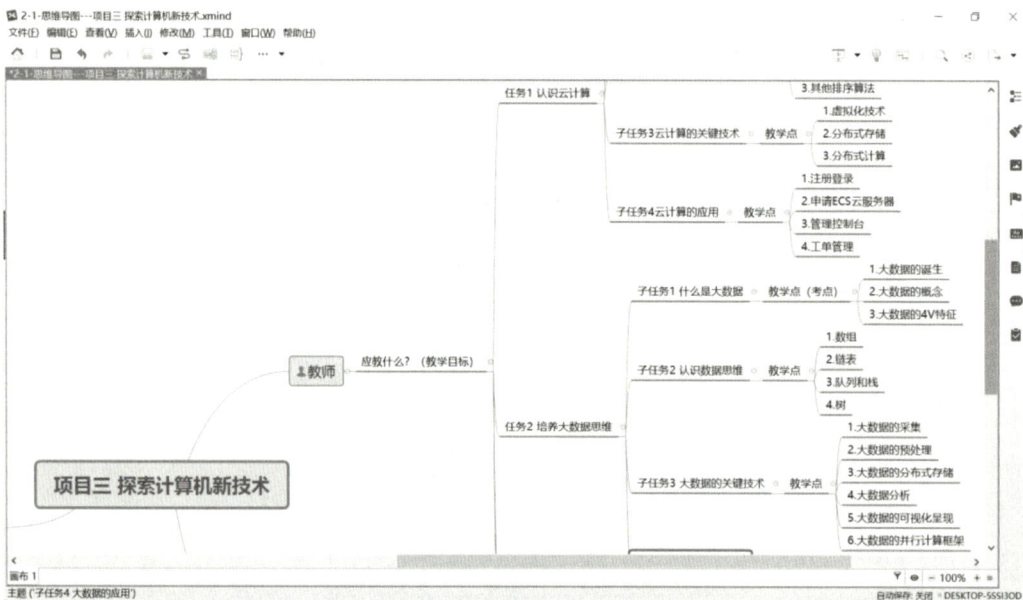

图 1-54　XMind 软件界面

⑦语雀。语雀（Yuque）是由蚂蚁集团（前身为蚂蚁金服，阿里巴巴集团的关联公司）推出的一个专业的云端知识管理平台。它旨在为用户提供一个协作式的工作空间，以便于文档和知识的共享，从而提高团队效率和项目管理能力，如图 1-55 所示。语雀具有文档编辑、知识库结构化以及团队协作等多种功能。

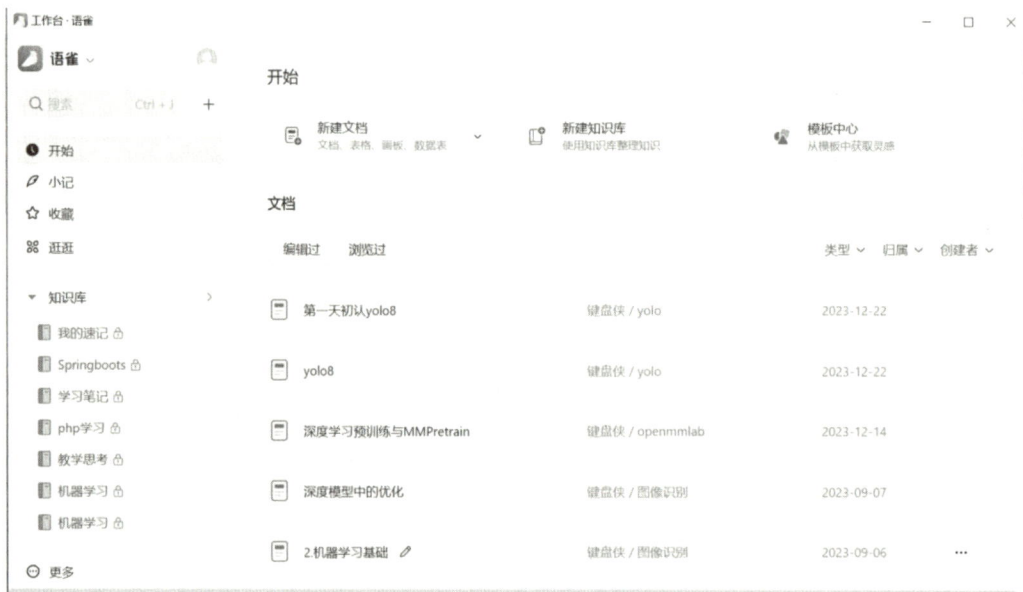

图 1-55　语雀软件界面

⑧Foxmail。Foxmail 是腾讯旗下的一款电子邮箱软件,通过和 U 盘的授权捆绑形成了安全邮、随身邮等一系列产品,其界面如图 1-56 所示。这款邮箱软件使用多种技术对邮件进行判别和整理,能够准确地分辨出垃圾邮件,并自动分拣到垃圾邮件箱中,能够有效地减少垃圾邮件。

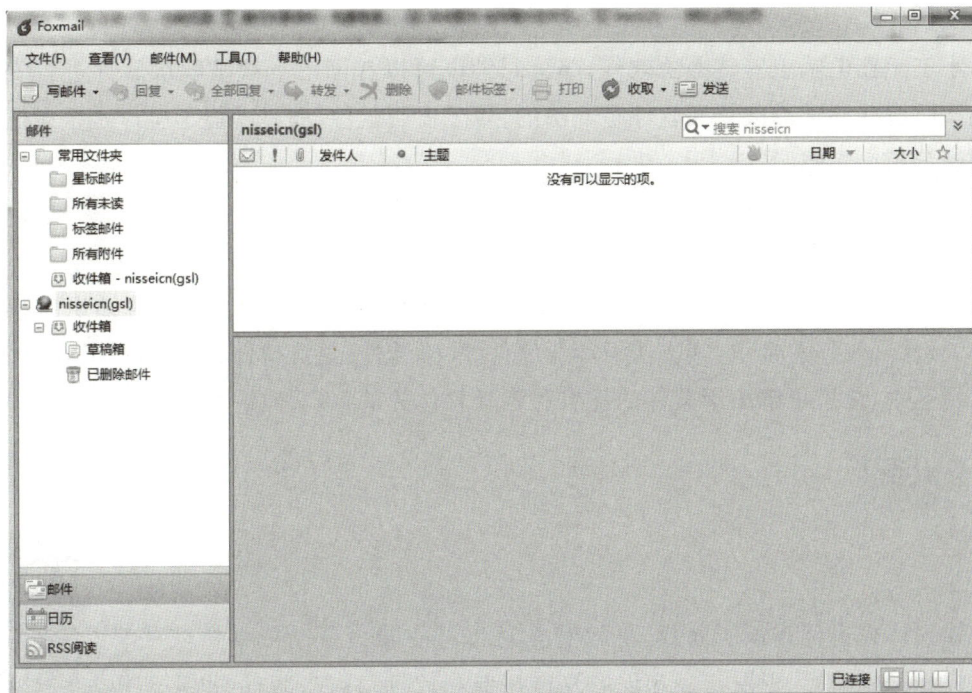

图 1-56　Foxmail 软件界面

任务总结

　　开源软件即开放源代码的软件,其源代码可以被公众使用,用户可根据自己的需求修改源代码,甚至编制成衍生产品再次发布出去,具有可靠、低成本等优点。随着我国软件行业的大力发展,操作系统如中标麒麟、统信等,应用软件如金山 WPS、钉钉等国产软件呈现出快速发展的态势。

任务巩固

　　1.上网查询资料,说说什么是开源软件,并举例说出你认识的开源软件有哪些。
　　2.通过查询资料,结合自己的日常应用,请你对国产软件做出评价,同时说说你的计算机里装了哪些国产软件。

测试任务

　　请扫右侧二维码,进入任务测试环节,看看掌握了多少。

测试:开源软件和国产软件

📁 子任务 5 知识产权与软件著作权

任务描述

小王想在电脑上安装办公软件,部分同学说可以在网上下载破解版软件进行安装,但她又听有些同学说破解版软件是非法的,属于盗版软件,而且功能不全。她很疑惑,我们帮她分析一下吧。

任务分析

小王的疑惑实际上是知识产权与软件著作权问题。我们首先要了解知识产权、著作权、软件著作权等常识,其次认识商业软件、共享软件、免费软件、试用软件等不同形式软件的区别,最后了解正版软件的优势和盗版软件的危害,从而解其困惑。

任务实现

1. 知识产权

知识产权也称知识所属权,是权利人对自己的智力劳动成果所依法享有的权利,是一种无形财产。知识产权包括专利权、商标权、版权(也称著作权)、商业秘密专有权等,其中,专利权与商标权又统称为"工业产权"。随着科技的进步,知识产权的外延不断扩大。

视频:知识产权与软件著作权

软件知识产权是计算机软件研发人员对自己的研发成果依法享有的权利。由于软件属于高新科技范畴,目前国际上对软件知识产权的保护法律还不够健全,大多数国家都是通过著作权法来保护软件知识产权的,与硬件密切相关的软件设计原理还可以申请专利保护。

知识产权具有 3 个特点:①专有性。除权利人同意或法律规定外,权利人以外的任何人不得享有或使用该项权利。这表明权利人独占或垄断的专有权利受严格保护,不受他人侵犯。②地域性。即除签有国际公约或双边互惠协定外,经一国法律所保护的某项权利只在该国范围内发生法律效力。③时间性。即法律对各项权利的保护都规定了一定的有效期,各国法律对保护期限的长短可能一致,也可能不完全相同,只有参加国际协定或进行国际申请,某项权利才有统一的保护期限。

世界知识产权组织在 2000 年召开的第三十五届成员大会上通过决议,决定从 2001 年起,将每年的 4 月 26 日定为"世界知识产权日"。设立世界知识产权日旨在全世界范围内树立尊重知识、崇尚科学和保护知识产权的意识,营造鼓励知识创新和保护知识产权的法律环境。

2.著作权与软件著作权

（1）著作权

著作权是著作人（自然人或法人）依法对科学研究、文学艺术诸方面的著述和创作等所享有的权利，又称版权。著作权受国家法律的保护，若著作权受到侵犯，作者可以通过诉讼程序请求排除妨害、恢复人身荣誉、赔偿财产损失。

我国于 1990 年 9 月颁布了《中华人民共和国著作权法》，1991 年 6 月 1 日起施行。同年 5 月 30 日，国家版权局发布了国务院批准的《中华人民共和国著作权法实施条例》；6 月 4 日，国务院发布《计算机软件保护条例》，保护计算机软件著作权，并于同年 10 月 1 日起施行。2020 年 11 月 11 日第十三届全国人民代表大会常务委员会第二十三次会议第三次修正我国著作权法。在此之前，《中华人民共和国民法通则》对著作权及其保护，已有了原则性规定。为实现著作权的国际保护，我国于 1992 年加入了《保护文学和艺术作品伯尔尼公约》。

著作权的内容包括：①发表权，即决定作品是否公之于众的权利。②署名权，即表明作者身份，在作品上署名的权利。③修改权，即修改或者授权他人修改作品的权利。④保护作品完整权，即保护作品不受歪曲、篡改的权利。⑤使用权和获得报酬权，即以复制、表演、播放、展览、发行、摄制电影和电视、录像或者改编、翻译、注释、编辑等方式使用作品的权利，以及许可他人以上述方式使用作品，并由此获得报酬的权利。

侵害著作权的法律责任，分为民事责任和行政处罚责任两种。其中，民事责任包括停止侵害、消除影响、公开赔礼道歉、赔偿损失等；行政处罚责任则是由国家著作权行政管理部门没收非法所得、罚款等。

（2）软件著作权

软件著作权是指软件的开发者或者其他权利人依据有关著作权法律的规定，对于软件作品所享有的各项专有权利。受保护的软件必须由开发者独立开发，即必须具备原创性，同时，必须固定在某种有形物体上而非存在于开发者的头脑中，经过登记后，软件著作权人享有发表权、开发者身份权、使用权、使用许可权和获得报酬权。

软件著作权自软件开发完成之日起产生。自然人的软件著作权，其保护期为自然人终生及其死亡后 50 年，截止于自然人死亡后第 50 年的 12 月 31 日。若软件是合作开发的，则著作权保护期截止于合作者中最后死亡的自然人死亡后第 50 年的 12 月 31 日。法人或者其他组织的软件著作权，保护期为 50 年，截止于软件首次发表后第 50 年的 12 月 31 日。

3.常见软件形式与软件升级

（1）商业软件

商业软件是可作为商品进行交易的软件。这种软件是有版权的，必须购买，不允许非法拷贝。

（2）共享软件

共享软件是不开放源代码，以"先使用后付费"的方式销售的享有版权的软件。根据共享软件作者的授权，用户可以从各种渠道免费得到它，也可以对它自由传播。用户可以先使用或试用共享软件，满意后再向作者付费以解除共享软件的某些限制。

（3）免费软件

免费软件是指用户可以无限制免费使用的软件，但可能无法享用某些高级功能，或者在使用中会有广告。

免费软件的种类主要有：

①绿色软件：免安装、无广告、无病毒的软件，绿色软件多数是免费的。

②广告软件：附带宣传广告的软件，将广告作为其盈利方式。

③附带软件：指一些公司的宣传光盘所附带的阅读/多媒体软件，如 Adobe Reader、Flash Player 或游戏光盘中附带的 DirectX。

④开放源代码软件：一般指对公众开放源代码的软件，它对于任何人都是免费且不加限制的，任何人都可以修改它。

（4）试用软件

试用软件通常是指官方的只作为演示使用的软件，是商业软件的试用版本，也叫作DEMO(demonstration，演示)版。试用软件具有一定的功能，但它的功能通常限定在有限的时间内使用，或者启动软件的次数是有限的。

（5）升级软件

升级软件是指官方为了修补软件的漏洞或者增加新的功能而释出的补丁包，它通常不能独立于原软件运行，一般是免费下载的。

4. 正版软件

获得厂家授权，合法使用的软件，叫正版软件。正版软件也可以是间接授权的，如品牌电脑随机安装的软件(操作系统、杀毒软件及其他应用软件)，是如微软、金山等公司授权给电脑厂家使用，再通过电脑厂家授权给用户合法使用的。

正版软件的优势有：

①软件的完整性与安全性有保证。

②无病毒，质量有保证，生产过程中一般经过多层次的病毒检测，可免受恶意程序侵扰。

③运行稳定，可避免系统崩溃、数据丢失。

④用户可享受厂家的产品技术支持和服务，可以进行产品更新，下载增值软件，使软件处于最新、最佳状态。

⑤规避法律风险，受到知识产权条例的保护。

5.盗版软件

任何未经软件著作权人许可,擅自对软件进行复制、传播的行为,或以其他方式超出许可范围传播、销售和使用软件的行为,都是软件盗版行为。盗版是侵犯受相关知识产权法保护的软件著作权人财产权的行为。

软件盗版行为主要有:

(1)最终用户软件盗版

主要形式有:未经软件许可协议许可,在一台或多台计算机上运行他人软件;软件拷贝不是以存档为目的,而是进行再次安装和分发;不具有可进行升级的合法版本,但利用升级机会;利用取得的教育用或其他限制使用的非零售版软件,其许可协议规定不能向单位出售或由单位使用。

(2)盗版软件光盘

模仿享有版权的软件作品,并进行非法复制和销售。

(3)互联网在线软件盗版

在互联网的站点上刊登广告,出售仿冒软件;将未经授权的软件上传到网络上,供网络用户从网上下载。用户下载并使用这类软件也属于违法行为。

盗版软件的主要危害有:

①破坏电子出版物市场秩序,危害正版软件市场的发育和发展,损害合法经营,妨碍文化市场的发展和创新。

②质量低劣,容易造成系统性能降低,不能稳定运行,甚至存在电脑信息被窃取的风险。

③用户得不到合理的售后服务。盗版软件是从非法渠道获得的,用户若发现质量或其他方面的问题,只能自认上当,得不到正版软件经营单位良好的售后服务,遭受损失也无法获得补偿。

④提供盗版软件的网站充斥恶意代码,是病毒大范围蔓延传播的原因之一。从当前市场销售的盗版软件看,携带恶性病毒的软件时有出现,可以说盗版软件是电脑病毒的重要来源和传播者,盗版软件自我标榜的"绝无病毒"是不可信的。

⑤使用盗版软件属于违法行为,存在遭受版权起诉的风险。

任务总结

　　知识产权是权利人对其智力劳动产生的成果所依法享有的权利。它是法律赋予著作者、发明者或成果拥有者的在一定期限内享有的独占权利。著作权是产权的一种,受国家法律保护。我们在使用计算机时,要注意遵守软件著作权法,提高计算机软件著作权的保护意识,知道各类软件的使用权限,了解正版软件的优势和盗版软件的危害,大力提倡使用正版软件。

任务巩固

1.查询资料,讲讲我国的知识产权保护现状。

2.请你讲讲共享软件、试用软件、免费软件的区别。

3.请你给大家讲讲使用盗版软件会带来什么后果。

测试任务

请扫右侧二维码,进入任务测试环节,看看掌握了多少。

测试:知识
产权与软件
著作权

项目 **2** 遨游互联网

自 20 世纪 60 年代末互联网诞生以来,互联网已成为人类生产生活不可缺失的组成部分。互联网已成为影响我们学习生活的重要因素,交流用的 QQ、钉钉等,学习用的智慧职教、超星等,购物用的淘宝、京东等,这些应用无不依赖互联网。当然在我们深度依赖互联网的同时,电信诈骗等网络安全问题也日益凸显,并向政治、经济、文化、社会、生态、国防等领域传导渗透,对国家安全的战略性和全局性影响日益凸显。新时代以来,党中央愈发重视网络信息化事业的健康发展。党的二十大报告指出,要加快建设网络强国。[①] 近年来,我国系统推进 5G、千兆光网、数据中心建设发展和传统基础设施改造升级,全面布局算力基础设施,全国一体化大数据中心体系完成总体布局设计,物联网、工业互联网、车联网等领域加速发展。到 2022 年 6 月,我国已累计建成开通 5G 基站 185.4 万个,5G 移动电话用户数达 4.55 亿,建成全球规模最大 5G 网络。网络信息产业的快速发展为我国加快建设网络强国奠定了重要基础。

本项目思维导图及介绍视频

在本项目的学习中,我们将先了解互联网的发展历史,学习互联网的通信机制和互联网的接入,同时也将学习网络安全问题和常见网络应用。更重要的是,在当今万物互联的时代,我们将进一步了解什么是物联网,它究竟是怎么工作的。

任务 1　了解互联网

子任务 1　互联网的诞生

课件:遨游互联网

任务描述

互联网已经覆盖全球,并全面融入人们的生活,世界上很多毫不相干的人都可通过

---

① 习近平. 高举中国特色社会主义伟大旗帜 为全面建设社会主义现代化国家而团结奋斗:在中国共产党第二十次全国代表大会上的报告[N].人民日报,2022-10-26(01).

互联网联系在一起(见图 2-1)。进入大学后,大家有了自己的电脑、手机、平板,可通过互联网学习、交流、购物、娱乐……互联网已经融入人们生活的方方面面,如果哪天不能上网,就感觉生活缺少点什么。小王同学很好奇,这么神奇的互联网是如何诞生的? 又是如何发展起来的? 现在主要有哪些应用?

图 2-1　互联网示意

任务分析

互联网已经深入人类的诸多领域,而且不断改变着人们的生活方式。本子任务将从互联网的诞生,计算机网络的发展、分类、主要功能、组成及服务等方面来进行介绍。

任务实现

视频:互联网的诞生(1)

1.互联网诞生

1969 年,为提高军队联合作战能力,美国国防部重金资助的研究部门"高级研究项目局"(Advanced Research Projects Agency,ARPA),联合它的合约商夏威夷大学、英国国家物理实验室、基克拉泽斯群岛计算机网络中心、施乐公司等建立了一个称为"阿帕网"(Advanced Research Project Agency Network,ARPANET)的计算机网络。最初的阿帕网只有 4 个结点,分布在 4 所大学的 4 台大型计算机上,以使这些单位互相共享资源。阿帕网是互联网的前身。

由于网络上通信规则和数据格式不统一,因此网络之间传送数据遇到了较大困难。1974 年,阿帕网的罗伯特·卡恩(Robert Kahn)研究员和温顿·瑟夫(Vinton Cerf)研究员草拟了一套计算机如何连接的通用程序规则,即设计了通过网络连接计算机进行对话的相对简单且灵活的方案。这些通信方案经过反复的调整和测试,成了如今通用的互联网协议。

2.计算机网络发展

从 20 世纪 60 年代末产生计算机网络到如今,计算机网络已经走过了 50 多年的发展历程,一般来说可以分为以下四个阶段。

(1)第一阶段,面向终端的计算机网络阶段

20 世纪 60 年代初到 60 年代中期,为计算机网络发展的萌芽阶段。此时一台具有自主处理功能的计算机连接多个地理上处于分散位置的终端组成了一个网络,而这些终端是没有自主处理能力的。其主要特征是增加了系统的计算能力,实现了资源共享。

(2)第二阶段,由多台具有自主计算能力的计算机组成的计算机网络阶段

20 世纪 60 年代中期到 70 年代中期,由具有自主处理能力的多台计算机组成的独立的网络系统出现,它呈现出多处理中心的特点。

这个时期,多个公司推出自己研制的网络和相应的软硬件产品,如 IBM 公司的 SNA、Digital 公司的 DNA,但因为没有统一的标准,不同公司的产品之间难以实现互联。

这个时期出现了一些标志性的局域网络(local area network,LAN),是局域网络的重要发展阶段。如 1974 年,英国剑桥大学的计算机研究所推出了剑桥环局域网(Cambridge Ring LAN);1976 年,美国施乐公司的帕洛阿尔托(Palo Alto)研究中心采用夏威夷大学 ALOHA 无线电网络系统的基本原理,成功地开发了以太网(Ethernet),并使之发展成为第一个总线竞争式的局域网络。这些环网和以太网对后来局域网络的发展起到了重要的支撑作用。而且,这种新型计算机体系结构的局域网开始进入产业部门。

这个时期形成了计算机网络的基本概念,即以共享资源为目的,具有独立功能的计算机互联起来的集合体。

(3)第三阶段,互联互通阶段

20 世纪 70 年代中期到 80 年代末,是计算机网络互联互通阶段。1984 年,国际标准化组织正式发布了一个 OSI 七层参考模型,即"开放系统互连参考模型"(open system interconnection reference model,OSI-RM,OSI 参考模型)。该模型制定了标准的网络体系模型,实现了计算机主机之间、计算机局域网之间的互联,出现了计算机局域网及其互联产品的集成,使得局域网与各类主机互联,局域网与局域网互联,以及局域网与广域网互联的技术趋向成熟,从而大大加速了计算机网络的发展。

(4)第四阶段,高速网络阶段

从 20 世纪 80 年代末至今,是计算机网络飞速发展的阶段,计算机的发展已经完全与网络融为一体,计算机网络真正进入社会各行各业,走进平民百姓的生活。

(5)当前阶段,智能互联网络阶段。

随着人工智能、物联网、5G/6G 通信技术以及边缘计算的广泛应用,计算机网络进

入了高度的技术集成与智能化的智能互联网络阶段。本阶段网络技术快速发展,这些新技术在实现高效、智能化的数据处理和资源共享方面的能力突出,支持自动驾驶、远程医疗、智能城市等先进应用。

从计算机网络的发展过程可以看出,计算机网络是随着社会对信息共享和信息传递日益增强的需求发展起来的,是计算机技术与通信技术相互渗透、密切结合的产物。

3.计算机网络分类

根据不同的分类标准,计算机网络可分成不同的种类。下面是常用的几种分类方法。

(1)按网络的覆盖范围与规模分类

计算机网络可分为局域网、城域网和广域网。

①局域网(local area network,LAN)。局域网往往用于某一群体,比如一个公司、一个部门、某一幢楼、某一学校等。局域网一般不对外提供公共服务,具有管理方便、安全性和保密性高的特点。

②城域网(metropolitan area network,MAN)。城域网覆盖范围往往是一个城市,借助通信光纤,将多个局域网联通到公用城市网络,形成大型网络,使得不仅局域网内的资源可以共享,而且局域网之间的资源可以共享。比较典型的是有线电视网,通过接入点将光纤拉进小区甚至到家庭用户,用户不仅能收看电视节目,还能共享网上资源。

③广域网(wide area network,WAN)。广域网的网络覆盖范围更大,可以是一个国家或多个国家,甚至整个世界。跨地区、跨城市、跨国家的网络都是广域网,互联网是全球最大的广域网。

④个人区域网(personal area network,PAN)。个人区域网连接用户直接区域内的电子设备。PAN 的大小从几厘米到几米不等。最常见的 PAN 应用示例之一是蓝牙耳机和智能手机之间的连接。还可以连接笔记本电脑、平板电脑、打印机、键盘和其他计算机设备。PAN 连接可以是有线的,也可以是无线的。有线连接方式包括 USB 和 FireWire;无线连接方式包括蓝牙、WiFi、IrDA 和 Zigbee。

(2)按网络的拓扑结构分类

计算机网络可分为星型网络、总线型网络、环型网络、树型网络、网状网络和混合网络。

网络的拓扑结构,简单地说,就是网络连接的形状。把连接在网上的每台计算机看作一个节点,把连接计算机之间的通信线路看作连线,抽象出的计算机网络的几何排列形式就是拓扑结构。

①星型网络。星型网络由一台中央节点和周围的从节点组成。中央节点和从节点可以直接通信,而从节点间必须经过中央节点转接才能通信。

视频:互联网的诞生(2)

星型网络的优点是可扩性好,很容易在网络中增加新的节点;可靠性高,非中心节点上的计算机及其接口出现故障,不会影响其他计算机的互联,整个网络也不会受到影响;故障诊断和隔离容易,网络容易管理和维护;传输速率高;每个节点独占一条线路,消除了信息阻塞的情况。缺点是布线、安装工作量大;中心节点的故障会引起整个网络瘫痪。

②总线型网络。总线型网络采用一条公共总线作为传输介质,每台计算机用一根支线路连接到这根总线上,所有节点之间的地位是平等的。总线型网络的优点是布线简单,便于扩充和维护。缺点是当计算机站点较多时,容易造成信息阻塞,传递不畅。如有两个以上的节点同时发送数据,则可能会造成冲突,就像公路上的两车相撞一样,所以需要一种避免相撞的介质访问控制方法(如 CSMA/CD)。

③环型网络。环型网络是指网络中的各节点头尾相接,形成一个环状,每个节点地位平等。环型网络的优点是线缆用量少,初始安装容易,管理简单。缺点是只要一个节点出现故障,就会影响整个网络的运行。

④树型网络。树型网络结构的形状像一棵倒置的树。各节点发送信号到根节点,根节点收到信号后,重新广播发送到整个网络上的各个节点。树型网络的优点是可以进行集中式管理。缺点是对根节点的依赖性大,网络可靠性比较差。

⑤网状网络。网状网络各节点之间的连接路径有多条。网状网络的优点是可靠性高。缺点是控制复杂,布线成本比较高。

⑥混合网络。混合网络指由上述两种或两种以上的网络混合而成的网络。一般应用在较大型的网络中,如中国教育网的主干网节点间采用网状结构,地区间采用星型结构,校园网采用星型、树型结构,实验室采用总线型或星型结构。

(3)按照传输介质分类

计算机网络可以分为有线网络和无线网络。

①有线网络。有线网络采用的传输介质主要为同轴电缆、双绞线或光纤等有形介质。用同轴电缆组网是较早的一种组网方式,它具有成本低、安装方便的优点;但是其传输率低,抗干扰能力差,故障率高,传输距离短,目前已淡出市场。用双绞线组网是现在常见的组网方式。它具有安装方便、故障率低的优点;缺点是传输率较低,抗干扰能力较差,且传输距离较短,主要用来组建局域网。光纤的传输介质为光导纤维。用光纤组网的优点是传输率高,传输距离长,抗干扰能力强,且不易受到电子监听;但是成本相对较高,安装技术要求也高。光纤以前一般用于网络的主干部分,但是随着计算机网络技术的发展和网络带宽需求的急剧增加,现在光纤到户、光纤到楼越来越普遍,大大提高了网络通信效率。

②无线网络。无线网络采用红外线、微波、无线电波、卫星通信等作为传输介质,抛弃了有线的束缚,联网非常方便,现在使用越来越广泛。

局域网一般采用一种传输介质,要么是有线局域网,要么是无线局域网;城域网和广域网组网时,可以用几种传输介质搭配使用。

另外,计算机网络按交换方式分类,可以分为电路交换网、分组交换网和报文交换网三种,现在一般都采用效率最高的分组交换网;按用途分类,可分为教育网、科研网、企业网、商业网等。

4.计算机网络的主要功能

计算机网络的主要功能有三个,即资源共享、数据通信、分布式处理。

(1)资源共享

计算机网络的"资源"包括网络中所有软硬件和数据。"共享"主要指网络中的所有用户能够部分或全部地使用这些资源。例如,一所大学的师生可以共享该校图书馆中的所有电子图书资料,一个办公室的同事可以共享一台打印机,一个单位的所有用户可以共享办公系统及其数据……

(2)数据通信

数据通信是计算机网络最基本的功能,其使计算机与终端、计算机与计算机之间能够快速地传送各种信息,如文字、图片、音乐、视频等。

(3)分布式处理

分布式处理能均衡各计算机的负载,提高问题处理的实时性。当计算机网络中的一台计算机正在处理某项工作时,可将新任务交给其他空闲的计算机来完成。一些大型的综合性任务,计算机网络可以将其分成多个子任务,并让网络上不同的计算机处理这些子任务,这样多台计算机协同工作、并行处理,形成高性能的计算机分布式系统。

5.计算机网络组成

组建一个计算机网络,需要以下几步:

第一,要把两台或两台以上的计算机相互连接起来,这样才有可能让它们彼此之间交换信息或者实现资源共享。

第二,计算机之间是通过某种传输介质连在一起的。这种传输介质也就是我们平时所说的传输线路,比如眼睛能够看到的双绞线、光纤等有线传输介质,还有眼睛看不到的无线电波等无线传输介质。

第三,除了计算机和传输介质,还需要网络设备,比如经常用到的路由器、实验室的交换机等。

有了这些硬件设备,就能够直接通信了吗?显然还是不够的。

因为彼此通信的是计算机,在通信之前还必须制定一些规则。相互通信的所有设备都要按照事先制定的规则来执行任务,这些规则的集合就是网络协议。

综上所述,我们可以把计算机网络定义为:将处在不同地理位置上的、具有独立功能的多台计算机及其外部设备,通过通信线路连接,在网络软件的管理和协调下,实现资源共享和信息传递的计算机系统。

在逻辑上,我们可以把一个计算机网络分成网络硬件和网络软件两部分。

(1)网络硬件

网络硬件主要包括计算机及其外部设备等。计算机分服务器和工作站两种,服务器是整个网络系统的核心,它通过运行网络操作系统,为网络提供通信控制、管理和共享资源服务。工作站是接入网络的计算机,又称客户机、客户端或节点。外围设备指连接服务器与工作站的一些传输介质和连接设备。连接设备包括集线器、网卡、路由器、交换机等,其中网卡为计算机网络的必备部件。

(2)网络软件

网络软件分为网络操作系统、网络管理软件、网络通信协议和网络应用软件四类。网络操作系统运行在网络硬件上,为网络用户提供共享资源管理服务,是网络软件的核心,其他应用软件必须借助其支持才能运行。目前常用的网络操作系统有 Windows Server、UNIX、Linux 等。网络管理软件指能够完成网络管理功能的网络管理系统。网络通信协议指网络中通信各方事先约定的通信规则。两台计算机在通信时,必须使用相同的通信协议。网络通信协议有很多种,如 TCP/IP 协议、IPX/SPX 协议等,其中 TCP/IP 协议是目前应用最广的通信协议。网络应用软件是指能够为网络用户提供各种服务的软件,如浏览软件、传输软件等。

6.互联网的服务

随着网络技术的不断提升,当今的互联网已经是一个具世界规模的巨大的信息和服务资源库,而且为人们提供了各种各样简单、快捷的通信与信息检索手段。互联网的基本服务可以归纳为以下几个方面。

(1)远程登录服务

远程登录服务是互联网提供的基本信息服务之一。它可以让用户的计算机登录互联网的另一台计算机上,然后使用这台计算机上的资源,如磁盘上的文件、数据、配置的打印机等。

(2)文件传输服务

文件传输服务(file transfer protocal,FTP)是一种实时的联机服务,允许用户通过计算机网络传送文件,传送的文件类型多样,如声音、图像、文本、压缩文件、可执行文件等。

(3)电子邮件服务

电子邮件服务是现在常用的互联网服务,用户通过互联网向其他用户发送信件、信息等,相比于传统的邮寄信件,其更加快速、廉价。

(4)即时通信服务

即时通信(instant messaging,IM)是指能够即时发送和接收互联网消息的服务。当前微软、腾讯、阿里巴巴等公司都提供即时通信业务,如腾讯的 QQ、微信,阿里巴巴的钉钉等。用户在手机、平板或电脑上安装这些软件,就可以通过这些软件与其他人联系。

（5）信息搜索工具

信息搜索工具是指从互联网上存储的数据中找出用户所需要的相关信息的工具。它包括三个方面的内容：了解用户的需求信息；检索信息的技术或方法；找到满足用户需求的信息。信息检索的基础是信息的存储，存储的信息包括文档、图片、视频和音频等各类数据。首先将这些原始信息按照计算机语言的格式存储在网络数据库中，当用户输入所需信息发出查询请求后，信息搜索工具在数据库中搜索相关的信息。同时，通过信息搜索工具制定的匹配机制计算出各信息的相似度，并按从大到小的顺序将相关信息转换输出。国内常用的信息搜索工具包括百度、中国知网、万方数据、维普期刊等。

（6）信息定制

信息定制也是用户从互联网获取信息的方式之一。用户可通过在线浏览、邮件订阅甚至手机短信等多种方式，到定制网站或订阅网站上关注信息源，获取、接收相关信息的最新动态结果。信息定制一般有以下三种类型：RSS 订阅、邮箱订阅、定制网站。

①RSS 订阅。用户通过 RSS 网站或 RSS 阅读器客户端进行订阅，重点面向博客和新闻网站。订阅对象网页必须含有 RSS 输出，无关键词过滤功能，只能在线浏览。代表网站包括有道订阅等。

②邮箱订阅。用户通过电子邮箱附带的阅读器进行订阅，使用非常方便。邮箱订阅只能订阅含有 RSS 输出的网页。代表网站有 QQ 邮箱订阅等。

③定制网站。用户可以订阅各类网页（包括无 RSS 的普通网页）、关键词等，可进行关键词过滤，接收方式有在线浏览、邮箱或手机接收等。代表网站有学习强国等。

（7）社会化网络服务

社会化网络服务是在互联网中建立一个个社交圈，类似小型的社会或者在线的社区。这些社交圈的成员或是拥有共同兴趣的人，或是有共同目的的人，成员彼此之间发生真实存在的社会交际活动。社会化网络服务最具价值表现的是为企业提供网络营销服务，具体体现在新媒体价值和圈子营销价值上。

①新媒体价值。网络广告是互联网公司重要的盈利模式。传统的互联网服务提供商追捧的关键词是流量和点击率，但传统互联网广告不能锁定目标受众人群，缺乏有效点击率，因而出现了伪流量、无效点击甚至恶意点击的现象。而新媒体具有创新价值，它针对人们的需求，有效地提高了信息传播的效率。对于社会化网络，如社区网站，因为成员的特性及其提供服务的内容，正好符合市场对精准化传播的需求，为新媒体的发展创造了条件。

②圈子营销价值。所谓"圈子"，是指有相同兴趣、相同爱好或者为了某个特定目的而汇聚在一起的人所形成的群体。我国目前的社会化网络服务表现出了很强的圈子特性，如线上阅读圈豆瓣读书、QQ 阅读，音乐方面的百度音乐吧，影评方面的豆瓣电影等。因为圈子成员的特征越相似，平台提供者越能促进成员间的关系，成员对平台也越忠诚，因此会形成一种良性循环，即平台和成员互相促进，网络广告的社会化效应就会越来越大。

任务总结

　　阿帕网的诞生使得全世界的计算机互联成为可能,网络协议的制定使得互联网通信更加顺畅。互联网从最初的单一军事用途起源,逐步应用到文件传输服务、电子邮件服务、即时通信、信息搜索、信息定制、社会化网络服务等各领域,极大地提升了人类生活质量。

任务巩固

　　1.结合 QQ、微信的应用,请你谈谈互联网对于我们生活的意义。
　　2.根据生活中互联网的不同规模,可将互联网分为哪几类?

测试任务

　　请扫右侧二维码,进入任务测试环节,看看掌握了多少。

测试:互联网的诞生

子任务2　网络通信机制

任务描述

　　进入大学后,小王与同学、朋友、家人等的联系,大部分是通过网络实现的。小王比较好奇,大家隔这么远,自己在电脑或手机上输入内容后,怎么就飞快地传输到对方的终端上,而且内容还保持不变呢? 接下来,我们来了解互联网上不同用户之间是如何交换信息的。

任务分析

　　现阶段,年轻人的社交方式主要通过网络实现,如 QQ、微信等。但不同的终端之间要进行网络通信,首先要遵守互联网的网络协议,然后按照网络的分层模型从一端,一层一层传递到另一端。本子任务将从网络协议、网络的分层模型、局域网的特点与分类等方面帮助小王初步认识网络通信机制。

任务实现

视频:网络通信机制

1.网络协议的定义和三要素

(1)网络协议的定义
网络协议指的是计算机网络中互相通信的对等实体之间进行信息交换时所必须遵

守的规则的集合。例如,网络中一个 PC 端的用户和一个手机端的用户进行通信,由于这两个数据终端所用字符集不一定相同,因此用户所输入的信息可能彼此不认识。为了能进行通信,规定发送的用户终端只有将自己的字符集中的字符先变换为标准字符集的字符,信息才能进入网络传送,到达目的终端之后,再变换为接收终端字符集的字符。当然,对于不同系统的终端,除了变换字符集字符外,还需转换其他内容,如显示格式、行长、行数等。

(2)网络协议的三要素

网络协议由以下三个要素组成:

①语义。语义对控制信息每个部分的意义进行解释。它规定了需要发出何种控制信息、完成何种动作与做出怎样的响应。

②语法。语法是用户数据与控制信息的结构与格式,以及数据出现的顺序。

③时序。时序是对事件发生顺序的详细说明。

人们形象地把这三个要素描述为:语义表示要做什么,语法表示要怎么做,时序表示做的顺序。

2.网络的分层模型及各层的功能

20 世纪 70 年代,随着通信技术的发展,不同结构的计算机网络互联已成为人们迫切需要解决的问题。而计算机网络是一个极其复杂的系统,为了使不同计算机厂家生产的计算机能够相互通信,以便在更大的范围内建立计算机网络,1978 年,国际标准化组织提出了"开放系统互连参考模型",即著名的 OSI-RM。它将计算机网络体系结构的通信协议划分为七层,如图 2-2 所示,自下而上分别为物理层、数据链路层、网络层、传输层、会话层、表示层、应用层。

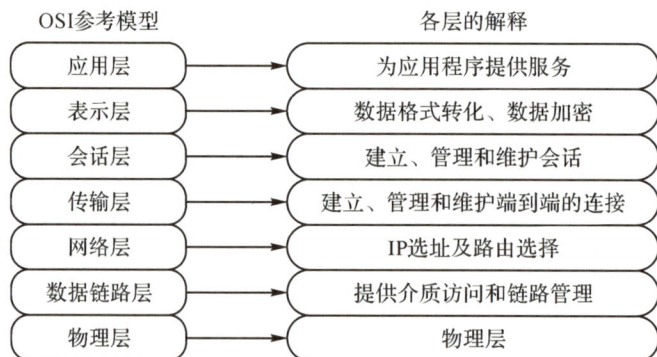

OSI参考模型	各层的解释
应用层	为应用程序提供服务
表示层	数据格式转化、数据加密
会话层	建立、管理和维护会话
传输层	建立、管理和维护端到端的连接
网络层	IP选址及路由选择
数据链路层	提供介质访问和链路管理
物理层	物理层

图 2-2 OSI 参考模型

网络分层模型最主要的思想是把网络互联整个复杂的问题分成若干个部分进行处理,每一层解决不同的网络通信异质性问题,每个层次向上一层次提供服务,向下一层次请求服务;分层模型降低了协议设计的复杂性,因为各层相对独立,不必关心其他层的具体实现,只需知道上下层接口。

(1)物理层

物理层是OSI参考模型的最底层。该层由连接不同节点的电缆与设备构成,即网络通信的数据传输介质。其功能是为数据链路层提供物理连接,把0、1组成的数据帧变成高、低电压信号传输出去,并监控数据出错率,以便实现数据流的透明传输。

(2)数据链路层

数据链路层是OSI参考模型的第二层。其主要功能为把传输的数据组装成帧,即把一个大数据分成一个个数据帧,如101010101010011,以方便物理层传输。

(3)网络层

网络层是OSI参考模型的第三层。其主要功能是为数据在节点之间传输选择最佳路径,同时控制发送端流量,进行拥塞控制和传输纠错,保证传输层数据正确等。

(4)传输层

传输层是OSI参考模型的第四层。传输层向会话层屏蔽了下层数据通信的细节,其主要功能是向用户提供可靠的端到端服务,处理数据包顺序和数据包错误,以及其他一些关键传输问题。

(5)会话层

会话层是OSI参考模型的第五层。其主要功能是为两个节点之间的传输提供链接、添加校验点。在大文件传输时,若链接失效,则重新连接并同步数据,仅仅重传最后一个同步点之后的数据。

(6)表示层

表示层是OSI参考模型的第六层。其主要功能是在两个通信系统中处理交换信息的表示方式,即把人类语言变成机器语言,包括数据格式的转换、数据的加密与解密、数据的压缩与恢复等。

(7)应用层

应用层是OSI参考模型的最高层。其主要功能是为应用软件提供服务,如提供文件类的服务、数据库类的服务、电子邮件及其他网络软件服务等。

虽然OSI参考模型被国际所公认,但迄今为止尚无一个网络能全部符合上述七层协议。常见的协议有TCP/IP协议、IPX/SPX协议、NetBEUI协议等。互联网上的计算机使用的是TCP/IP协议。

3.局域网的特点

局域网是将分散在一栋大楼、一个部门或某一区域内等有限地理范围内的多台计算机,使用网络软件,通过传输介质连接起来的通信网络,可实现计算机之间的资源共享、数据传输、信息交换和各种综合信息服务,如文件管理、应用软件共享、打印机共享等。

局域网一般具有以下特点：

①覆盖的地理范围较小，在一个相对独立的局部范围内联网，如一个学校或一个企业。

②采用专门铺设的传输介质进行联网，带宽一般为10～100Mb/s，高速局域网甚至达到1000Mb/s以上。

③通信延迟时间短，可靠性较高，误码率 P_e 通常为 10^{-7}～10^{-12}。

④可以使用多种传输介质，如同轴电缆、双绞线和光缆等。

⑤网络相对封闭，可以由一个办公室内的两台计算机组成，也可以由一个企业内成百上千台计算机组成。

⑥网络的布局相对比较规则。一般在单个局域网内部不存在交换节点与路由选择问题。

4.局域网的分类

决定局域网的主要技术要素有三个，分别为网络拓扑结构、传输介质与访问传输介质的控制方法，这三个技术要素也决定了局域网的常用分类方法。

(1)按网络拓扑结构分类

按网络采用的拓扑结构来分类，局域网分为星型局域网、环型局域网、总线型局域网、混合型局域网等类型，这也是局域网最常用的分类方法。

(2)按传输介质分类

按网络使用的传输介质分类，局域网分为无线局域网和有线局域网两种。

如果计算机组网使用的传输介质为双绞线、同轴电缆、光缆，就构成了有线局域网。

无线局域网是计算机网络与无线通信技术发展的产物。无线局域网不采用传统的电缆线等连接方式，但能够实现传统有线局域网的所有功能。无线局域网的传输介质为红外线或者无线电波，现在通常使用无线电波。

近年来，出现便携式宽带无线装置 MiFi(mobile WiFi)，其大小相当于一张信用卡，集调制解调器、路由器和接入点三者功能于一身，内置调制解调器可接入一个无线信号，内部路由器可在多个用户和无线设备间共享这一连接。无论在家里，还是在火车上、海滩或游泳池等，都可以使用 MiFi 创建一个无线网络，让手机、平板电脑、笔记本电脑、多媒体播放器等 WiFi 设备连接上网。所以，MiFi 有时也被称为个人"热点"。有些 MiFi 设备支持10个或更多的设备连接到单一的"热点"。目前，中国电信、中国移动、中国联通三大运营商均有专门的 MiFi 套餐，方便用户户外办公或娱乐。用户室内不方便装宽带的，也可以使用这种方式上网。如出境随身 WiFi，就是一种 MiFi。图2-3为中国移动的 MiFi 日租卡。

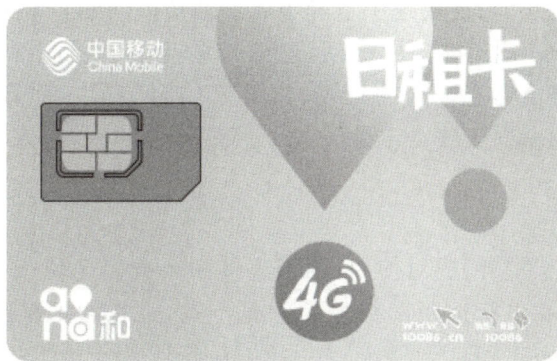

图 2-3 中国移动 MiFi 日租卡

（3）按访问传输介质的控制方法分类

传输介质提供了计算机互联进行信息传输的通道。一般情况下，局域网的同一条传输介质上会连接多台计算机，如环型局域网、总线型局域网等。计算机在网络上使用同一条传输介质，但是一条传输介质在某一时刻只能被一台计算机所使用，那么怎么确定在这一时刻哪台计算机能使用或访问传输介质呢？这就需要一个共同遵守的方法或原则来控制、协调，防止各计算机对传输介质同时访问，这种方法或原则就是传输协议或传输介质访问控制方法。

目前，局域网常用的访问传输介质的控制方法包括以太（Ethernet）方法、令牌环（Token Ring）方法、异步传输模式（ATM）方法等，因此局域网又分为以太网、令牌环网、ATM 网等。

5.无线局域网及其常用设备

无线局域网（wireless local area network，WLAN）指应用无线通信技术将计算机设备连接起来，构成可以互相通信和实现资源共享的网络体系。无线局域网的特点是，不使用通信电缆将计算机与网络连接起来，而是通过无线的方式连接，从而使网络的构建和终端的移动更加灵活。无线局域网解除了网线的束缚。人们通过无线局域网可以灵活自由、随时随地上网，大大提高了网络访问的便利性。现在无线局域网使用越来越广泛，每个办公室、家庭都可以组建自己的无线局域网，在信号允许的范围内可实现手机、平板、电脑等多个设备同时无线上网和移动办公。

无线局域网的常用设备有无线网卡、无线天线、无线网桥、无线接入点、无线网关和无线路由器等。

（1）无线网卡

无线网卡，即采用无线信号进行网络连接的网卡，类似于以太网中的网卡，但是无线网卡连接的是无线局域网。无线网卡根据接口类型，可分为三种，即 PCMCIA 无线网卡、PCI 无线网卡和 USB 无线网卡。现在市场上使用的大多是 USB 无线网卡。

（2）无线天线

无线天线对所接收或发送的信号进行增益（放大），防止当计算机与其他无线设备相距较远时,出现信号减弱、传输速率下降等无法通信的问题。常见的无线天线有两种:一种是室内天线,体积小,使用方便,灵活,但信号增益小,传输距离短,一般附着在其他网络设备上,如无线路由器上竖起的天线,如图 2-4 所示;另一种是室外天线,有锅状的定向天线,还有棒状的全向天线。室外天线一般是单独的设备,体积较大,信号增益大,传输距离远。

(3)无线网桥

无线网桥通常用于室外,成对使用,用于连接两个或多个位于不同建筑内的独立的网络段。无线网桥能够进行远距离数据的无线传输,是在数据链路层实现无线局域网互联的存储转发设备。

(4)无线接入点

无线接入点主要起到接入作用,其作用是把有线网络转换为无线网络。一般用于室内连接外部网络(如广域网),可以单独使用。

(5)无线网关

无线网关是指集成了简单路由功能的无线接入点,即无线网关可以直接连接外部网络,实现无线接入点功能,同时具有简单的路由功能。

(6)无线路由器

无线路由器就是天线、无线接入点、路由功能和交换机的集合体,它的功能强大,支持有线无线组成同一子网,直接通过调制解调器(Modem)连接外网。一般支持动态主机配置协议(dynamic host configuration protocol,DHCP)、域名系统(domain name system,DNS)、网络地址转换(network address translation,NAT)服务,具有虚拟专用网络(virtual private network,VPN)、防火墙等功能。支持局域网用户的网络连接共享,可实现家庭无线的互联网连接共享和小区宽带的无线共享接入等。普通用户创建无线办公局域网或家庭无线局域网只需要购买一台无线路由器即可,它本身具备无线接入点、无线路由甚至交换机的功能。图 2-4 是华为公司生产的千兆无线路由器 AX3 PRO,外观小巧,功能强大。

图 2-4　华为无线路由器 AX3 PRO

任务总结

　　小王与异地的同学通过网络进行沟通的首要条件是两者的终端必须遵守网络协议。发送端的信息通过网络的分层模型一层一层地传递到发送端的物理层,再通过有线或无线网络连接到互联网上,通过互联网到达接收方的物理层,然后由接收方的物理层按照网络分层模型再一层一层地传递到接收方的应用层,到达小王同学的终端,完成一次信息的传递。

任务巩固

　　1.结合自己的实训机房,分析机房采用的拓扑结构。
　　2.结合自己的生活,举例说明无线局域网的连接方式。

测试任务

　　请扫右侧二维码,进入任务测试环节,看看掌握了多少。

测试:网络
通信机制

子任务3　互联网的接入

任务描述

　　步入美好的大学生活后,小王购置了一台新电脑。但小王不知道电脑如何在学校寝室连上互联网。接下来,我们来介绍个人电脑如何正确接入互联网。

任务分析

　　接入互联网是个人融入互联网生活的前提。本子任务分析了中国移动、中国电信、中国联通这三大运营商在网络访问性能方面的优劣,介绍了路由器的配置、电脑IP设置,帮助小王完成个人电脑接入互联网的任务。

任务实现

视频:互联
网的接入

1.TCP/IP协议

　　我们已经知道,网络上的计算机相互通信需要遵守一组网络协议。如果访问互联网,则必须在网络协议中添加TCP/IP协议。TCP/IP协议分为四个层次。

　　①应用层:是TCP/IP协议的第一层,直接为应用进程提供服务。OSI参考模型中,应用层、表示层、会话层,这三个层次提供的服务相似,所以在TCP/IP协议中,它们被合

并为应用层这一个层次。

②传输层:提供了节点间的数据传送、应用程序之间的通信服务,主要功能是数据格式化、数据确认和丢失重传等。

③网络层:在 TCP/IP 协议中,网络层可以进行网络连接的建立、终止及 IP 地址的查询等操作。

④网络接口层:接收 IP 数据报并进行传输,从网络上接收物理帧,提取 IP 数据报并转交给下一层,对实际的网络传输媒介进行管理,定义如何使用实际网络(如 Ethernet、Serial Line 等)来传送数据。

只有四层体系结构的 TCP/IP 协议,与有七层体系结构的 OSI 参考模型相比简单了不少,也正是这样,TCP/IP 协议在实际的应用中效率更高,成本更低。

TCP/IP 协议是一个协议组,它主要由以下协议组成。

①TCP 协议:传输控制协议,提供用户之间的可靠数据包传递服务。

②IP 协议:网际协议,提供节点之间的分组投递服务。

③UDP 协议:用户数据报协议,定义了端口,同一个主机上的每个应用程序都需要指定唯一的端口号,并且规定网络中传输的数据包必须加上端口信息,当数据报到达主机以后,就可以根据端口号找到对应的应用程序了。

④ICMP 协议:互联网控制报文协议,主要用于主机与路由器之间,控制信息传递。这一协议可控制网络是否通畅、主机是否可达、路由是否可用等。一旦出现差错,数据包会利用主机进行即时发送,并自动返回描述错误的信息。

⑤ARP 协议:地址解析协议,用于 IP 地址到物理网具体地址的转换。

2.选择合适的网络运营商

互联网是一个集各部门、各领域的信息资源于一体的,供网络用户共享信息的资源网。家庭用户或单位用户要接入互联网,可通过某种通信线路连接到互联网服务提供商(internet service provider,ISP),由其提供互联网的入网连接和信息服务。互联网接入是通过特定的信息采集与共享的传输通道,完成用户与 IP 广域网的高带宽、高速度的物理连接的。

目前,中国三大运营商指的是中国移动、中国电信、中国联通。三大运营商接入互联网主要采用光纤宽带接入,各互联网用户可结合当地的网络情况,参考三大运营商的性价比,并适当借鉴其开展的优惠活动而做出入网选择。

(1)中国电信

中国电信主要经营国内、国际各类固定电信网络设施,包括本地无线环路,基于电信网络的语音、数据、图像及多媒体通信与信息服务,国际电信业务对外结算、海外通信市场等业务。

(2)中国移动

中国移动主要经营移动话音、数据、IP 电话和多媒体业务,并具有计算机互联网国际联网单位经营权和国际通信出入口局业务经营权。

（3）中国联通

中国联通主要经营移动电话（包括 GSM 和 CDMA）、长途电话、本地电话、数据通信（包括因特网业务和 IP 电话）、电信增值业务、无线寻呼等业务。

3.路由选择与配置

（1）认识路由器

路由器（router）是互联网络的枢纽"交通警察"，用于局域网、广域网，它会以最佳路径按先后顺序发送信号。路由器工作在 OSI 参考模型的第三层（网络层），可以得到更多的协议信息，可以做出更加智能的转发决策。不做任何设置时，路由器就是一个交换机，对其进行设置以后，其可以有很多功能，比如路由、拨号、防火墙、DHCP 服务器等功能。路由器工作在第三层网络层，虽然也可以分割广播域，但是各子广播域之间是不能通信交流的。路由器仅仅转发特定地址的数据包，不传送、不支持路由协议的数据包传送和未知目标网络数据包的传送，从而可以防止广播风暴。

路由器品牌很多，知名度、普及率比较高的如 TP-LINK、D-LINK、小米、FAST、TOTOL 等，企业用得比较多的像 CISCO、NETGEAR、华为、中兴等，都比较实用。选购路由器时除了考虑性价比外，建议多从以下几个方面考虑。

①网络标准。现行的网络标准通常采用 802.11ac/b/g/n 的方式标注，一般来说，主要看后缀字母。其中，ac 表示支持 5G 频段，b 或 g 表示支持 2.4G 频段，n 表示支持 2.4G 和 5G 频段。

②有线传输频率。有线传输频率一般分解成 WAN 口的速率和 LAN 口的速率。WAN 口是网络输入口，LAN 口是网线输出口，一般用来连接网络设备。购买无线路由器时，建议首先考虑千兆端口，WAN 口和 LAN 口的速率要尽量保持一致。

③无线传输速率。一般来说，2.4G 的 WiFi 单根天线带宽约为 150Mb/s，5G 天线单根带宽约为 433Mb/s。以 1200M 双频路由器为例，它应该拥有至少 4 根天线，即 2 根 2.4G 的天线（300Mb/s）+2 根 5.0G 的天线（867Mb/s）≈1200Mb/s。TP-LINK 路由器结构如图 2-5 所示。

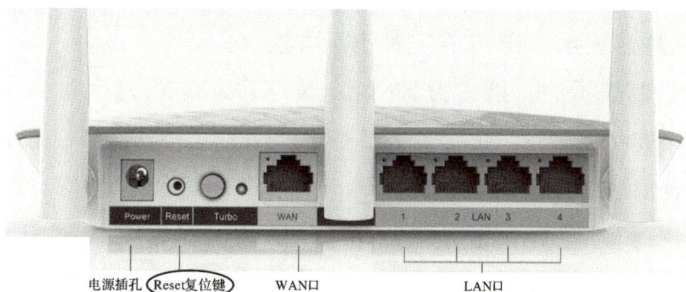

电源插孔　Reset复位键　WAN口　　　LAN口

图 2-5　TP-LINK 路由器结构

（2）路由器配置

路由器已走进千家万户,是家庭中必不可少的网络设备,路由接入宽带如图 2-6 所示。

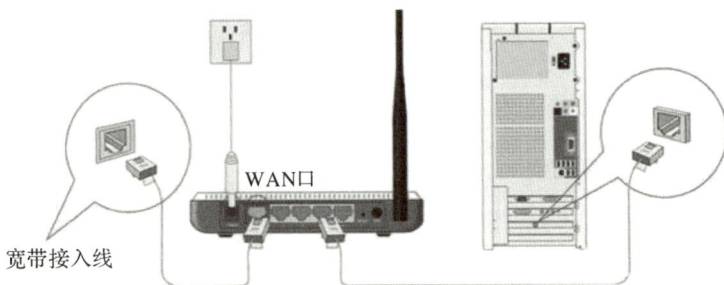

图 2-6　路由接入宽带

4.个人电脑上网设置

网络运营商和路由器确定好之后,根据自己电脑的操作系统设置 IP 或完成无线连接即可接入互联网进行上网操作。

（1）设置 WiFi 名称和密码

打开 WiFi 设置,在基本设置中可以修改 WiFi 名称,在无线安全设置中可设置密码。

（2）IP 地址

互联网上的每台计算机都必须指定一个全世界唯一的地址,称为 IP 地址。如果把个人电脑比作电话,那么 IP 地址就相当于电话号码,而互联网中的路由器,就相当于电信局的程控式交换机。

IP 地址目前有两个版本,分别是 IPv4 和 IPv6。

IPv4 是一个 32 位的二进制数,分为 4 个字节,每个字节都可转换成十进制数,字节间用“.”来分隔,即通常用“点分十进制”表示成(a. b. c. d)的形式,其中 a、b、c、d 都是 0～255 的十进制整数,例如 IP 地址（100.4.5.6）,实际上是 32 位二进制数 01100100.00000100.00000101.00000110。

IPv6 的地址长度为 128 位,是 IPv4 地址长度的 4 倍。于是 IPv4 点分十进制格式不再适用,采用十六进制表示。IPv6 有三种表示方法。

①冒分十六进制表示法。格式为 X:X:X:X:X:X:X:X,其中每个 X 表示地址中的 16 位,以 4 位十六进制数表示,如 2409:8a28:e013:d050:806e:d67e:ca9e:1237。

②0 位压缩表示法。在某些情况下,IPv6 地址中间可能有很长一段 0,可以把连续的一段 0 压缩为“::”。但为保证地址解析的唯一性,地址中“::”只能出现一次,如 fe80::9cc7:4bc8:9a8a。

③内嵌 IPv4 地址表示法。为了实现 IPv4 与 IPv6 互通,IPv4 地址可嵌入 IPv6 地址

中,此时地址常表示为 X:X:X:X:X:X:d. d. d. d,前 96 位采用冒分十六进制表示,而最后 32 位地址则使用 IPv4 的点分十进制表示,如::192. 168. 1. 1。

正是有了这种唯一的地址,才保证了用户在联网操作时,能够高效而且方便地从千千万万台计算机中选出自己所需的对象。设置电脑 IP 可以使电脑更快速、更稳定地联网。

（3）域名

在国际互联网上计算机数量庞大,每一台主机都有唯一的 IP 地址,各主机间要进行信息传递就必须知道对方的 IP 地址。由于 IP 地址不方便记忆,为了方便用户使用,将每个 IP 地址映射为一个名字(字符串),称为域名。一个域名对应一个 IP 地址,但一个 IP 地址可以对应多个域名。

一个完整的域名由两个或两个以上部分组成,各部分之间用“.”来分隔,例如,www. zjiet. edu. cn,www. taobao. com。

在一个完整的域名中,最后一个“.”的右边部分称为顶级域名或一级域名。常用的顶级域名分为两类,一类是国家和地区顶级域名,有 200 多个国家和地区都按照 ISO 3166 国家代码分配了顶级域名,例如中国是 cn,美国是 us,日本是 jp 等;另一类是国际顶级域名,例如表示商业机构的 com,表示网络提供商的 net,表示非营利组织的 org 等。

域名便于人们记忆,但计算机只认识 IP 地址,它们之间的转换工作称为域名解析。域名解析由专门的域名服务器(domain name system,DNS)来完成,它使域名和 IP 地址相互映射,整个过程是自动进行的。这样,人们就能够方便地访问互联网,而不用去记被机器直接读取的 IP 地址数值串。

互联网访问的方式是:输入域名—域名服务器将域名解析成 IP 地址—访问 IP 地址—根据绑定域名找到目录—到达访问目的地。

（4）URL

URL(uniform resource locator)就是“统一资源定位器”,它用来指出某一项信息所在位置和存取方式。如果我们要上网访问某个网站,在 IE 或其他浏览器的地址栏中所输入的就是 URL。

URL 是互联网上用来指定一个位置(site)或某一个网页的标准方式,它的语法结构如下:协议名称://主机名称[:端口地址存放目录文件名称]。例如:http://www. zjiet. edu. cn/99/list. htm 是 URL,其中 http 是协议名称,www. zjiet. edu. cn 是域名,其 IP 地址为 183. 129. 134. 118。通过录入 URL,即 http://www. zjiet. edu. cn/99/list. htm,让浏览器知道你要访问 www. zjiet. edu. cn(域名),电脑就会把 www. zjiet. edu. cn(域名)解析成 183. 129. 134. 118（IP 地址）,然后与 183. 129. 134. 118 建立连接,告诉 183. 129. 134. 118 你要浏览 www. zjiet. edu. cn/99/list. htm 网页。

任务总结

　　本子任务比较了中国电信、中国移动、中国联通三大运营商,阐述了路由的选择配置和 IP 地址、域名的概念,为个人计算机接入互联网提供了较为全面的理论指导,并提出了具体可行的实际操作。

任务巩固

　　1.阐述生活中不同家庭通过三大运营商实现宽带入户的常用方式有哪些区别。
　　2.举例说明路由配置过程。
　　3.举例说明 IP 地址对于网络的意义。

测试任务

　　请扫右侧二维码,进入任务测试环节,看看掌握了多少。

测试:互联网的接入

子任务4　网络安全管理

任务描述

　　小王同学刚接入网络的电脑最近出现开机缓慢,程序打开异常,甚至电脑反复重启的现象,她为此感到很苦恼。接下来,我们来认识一下网络安全管理,以便更安全顺畅地遨游网络。

任务分析

　　如图 2-7 所示,先测试一下,你能从这张图中看出什么? 图 2-7 中上层是 Internet层,里面有电脑、手机、云等图形,表示互联网中有资源;中层是 Hacking 层,表示非法入侵,里面有木马、黑客、病毒等图形;下层是 Security 层,表示安全,里面有钥匙、锁、救护包等图形。这个图的大概意思是,互联网中资源很多,但是也有黑客、病毒和木马,它们会危害计算机信息的安全,所以必须重视网络安全,有效地保护网络。这不,小王同学上网没几天,就发现电脑运行速度变慢,出现很多异常,有的同学说是"中毒"了,还有同学说是被黑客"入侵"了,小王有点"懵"……网络快捷方便,但是要有网络安全意识。小王同学的电脑应该是上网过程中防护不够周全而被攻击了。因此我们需要了解什么是网络安全、网络攻击、网络安全防范机制,掌握电脑防火墙设置,熟悉常用杀毒软件,阻止有害信息入侵。学习了这些内容,就可以保护好自己的电脑,更好地享受网络生活。

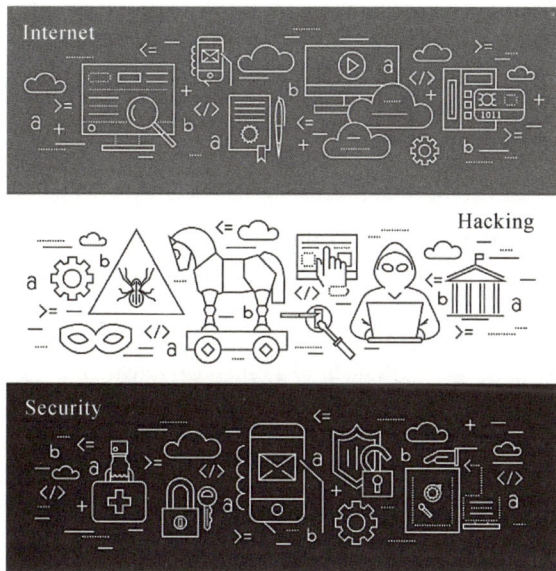

图 2-7　网络安全示意

任务实现

视频：网络
安全管理

1. 什么是网络安全

互联网的快速发展给我们的生活带来了很多便利,5G 网络的来临,更是带我们进入了一个万物互联的时代。然而在网络快速发展的同时,网络安全威胁也越来越严重。如果系统不与外界联系,既不向外界提供服务,又不接收外界提供的服务,处于一种与外界完全隔离的状态,是没有什么安全威胁的。但是,系统一旦接入外部网络,在提供或获取外网服务的同时,也将自己原本内部封闭的网络变成了一个向外开放的网络环境,各种安全问题也会随之产生。

网络安全是指连接到网络上的硬件、软件及其系统中的数据受到保护,不因偶然的或者恶意的入侵或攻击行为而遭到破坏、更改、泄露,系统可连续正常地运行,其中,信息安全是网络安全最主要的方面。

2. 信息安全的基本属性及模型

信息安全是指保护信息财产,以防止未经授权者对信息的恶意修改、破坏以及泄漏而导致信息无法处理,不完整、不可靠。信息安全具有以下基本属性:

(1)保密性(confidentiality)

保密性是指网络信息不被泄露给非授权的用户、实体或过程,即信息只被授权用户使用。

(2)完整性(integrity)

完整性是指保证信息从真实的发信者传送到真实的收信者,传送过程中没有被非

法用户添加、删除、替换等。

（3）可用性（availability）

可用性是指保证信息和信息系统随时为授权者提供服务，保证合法用户对信息和资源的使用不会被不合理拒绝。

（4）可控性（controllability）

可控性是指出于国家和机构的利益和社会管理的需要，保证管理者能够对信息实施必要的控制管理，以对抗社会犯罪和外敌侵犯。

（5）不可否认性（non-repudiation）

不可否认性又称抗抵赖性，是指由于某种机制的存在，人们不能否认自己发送信息的行为和信息的内容。

信息安全管理模型是对信息安全管理的一个抽象描述，它是企业建立安全管理体系的基础。在对安全理论、安全技术、安全标准研究的基础上，由不同的组织提出相应的信息安全管理模型。这里仅简单介绍两种模型，即 PDRR 模型和 PPDR 模型。模型的侧重点不同，信息安全管理方式就不同，达到的安全效果也不相同。

（1）PDRR 模型

PDRR 是指保护（protection）、检测（detection）、响应（response）、恢复（restore），是美国国防部提出的安全模型。它概括了网络安全的整个环节，即保护、检测、响应、恢复，这 4 个部分构成一个动态的信息安全周期。

从 20 世纪 90 年代开始，网络安全研究的思想发生了变化，从不惜一切代价把入侵者阻挡在系统之外的防御思想，转变为保护、检测、响应、恢复相结合的思想，强调网络系统在受到攻击的情况下，信息系统的稳定运行能力。PDRR 信息安全模型就是这时提出来的。

PDRR 模型把信息的安全保护作为基础，将保护视为活动过程，采用检测手段发现安全漏洞并及时更正；同时采用应急响应措施对付入侵；在系统被入侵后，要采取相应的措施将系统恢复到正常状态，这样可以使信息的安全得到全方位的保障。该模型强调的是自动故障恢复能力。

（2）PPDR 模型

PPDR 是指安全策略（policy）、保护（protection）、检测（detection）、响应（response），是美国国际互联网安全系统公司提出的可适应网络安全模型。其基本思想是：以安全策略为核心，通过一致性检查、流量统计、异常分析、模式匹配以及基于应用、目标、主机、网络的入侵检查等方法进行安全漏洞检测。检测使系统从静态防护转化为动态防护，为系统快速响应提供了依据。PPDR 模型是在整体的安全策略的控制和指导下，综合运用防护工具（如数字签名、身份认证、防火墙、加密等）的同时，利用检测工具（如入侵检测、攻击性检测、漏洞评估等）了解和评估系统的安全状态，通过适当响应将系统调整到一个比较安全的状态。保护、检测和响应组成了一个完整的、动态的安全循环。

3. 网络攻击介绍

（1）什么是网络攻击

网络攻击是指利用网络信息系统存在的漏洞和安全缺陷对系统和资源进行攻击。对于计算机和计算机网络来说，信息被破坏、揭露、修改，使软件或服务失去功能，在没有得到授权的情况下偷取或访问任何一台计算机的数据等，都被视为计算机网络攻击。

（2）网络攻击常见表现

网络攻击的规模和复杂性逐年上升，造成的影响越来越大。发起网络攻击的难度却越来越小，攻击软件越来越智能化，使得互联网行业的运维人员心力交瘁。但是有攻就有防，在防的前提下，我们首先需要了解网络攻击的表现形式。

①网上交友诈骗。一些网络用户因为工作繁忙或者情感脆弱、容易受伤，常常会在网上跟一些陌生人交流，若不幸遇到骗子就会被骗子慢慢带入角色，然后骗子就会以见面为诱饵，用各种悲惨的故事或理由骗取受害者的金钱，而受害者会因为被感情蒙蔽而轻易给其转钱。

②邮件、短信钓鱼诈骗，是指通过大量发送声称来自银行、运营商或其他知名机构的欺骗性垃圾邮件或者短信链接，引诱用户点击，以此来获取用户的银行信息、账户密码、信用卡信息、电子邮件账户信息等，然后实施盗财等非法行为。

③计算机病毒攻击。电脑在正常运行时，却突然"瘫痪"了，或者莫名其妙地自动重启了，或者突然不受控制地不断打开不同的网页；花了好几天编制的文档，再次打开时出现异常或数据丢失；可用的内存空间或硬盘空间突然变小了；文件不能被正常辨认或被删除了；等等。出现这些意想不到的情况时，表明你的电脑可能"中毒"了。这个"毒"就是计算机病毒。

计算机病毒是人为设计的程序，是编制者在计算机程序中插入的一组计算机指令或者程序代码，这些指令或代码能够破坏计算机功能或者数据，影响计算机正常使用，并且能够自我复制。一般病毒会通过电子邮件或链接传播，用户在不知情的情况下点击这些携带病毒的邮件或链接，就会导致电脑中的系统文件和共享这台电脑的网络都受到病毒的感染而不能正常运行。

4. 网络安全防范机制

随着网络攻击事件越来越多，人们对网络安全的防范意识不断增强，网络安全防护的策略也变得多样化。网络安全防范最重要的是做好网络基础设施设备保护，对电脑和服务器做定期清理查杀，不要随意点击来历不明的电子邮件、链接等。网络安全防范机制内容包括：

①保护网络物理设备安全。

②保护应用安全，主要针对特定应用如 Web 服务器、网络支付专用软件系统等所建

立安全防护措施,这些措施独立于网络的任何其他安全防护措施。

③保护网络信息传播安全,即信息传播后果的安全,包括信息过滤等。它侧重于防止和控制由非法、有害的信息进行传播所产生的后果,避免公用网络上大量自由传播的信息失控。最常用的、专业级别较高的是通过对路由器接口应用访问控制列表(access control list,ACL)来过滤数据包。

5.防火墙的应用

一个网络接到了互联网上,就可以访问外部网络并与之通信,同时外部网络中的计算机也同样可以访问该网络并与之交互,因此就存在网络的入侵威胁。那么应该怎样做才能保证网络安全呢?

古代人们通常在房屋之间砌起一道砖墙,当发生火灾时它能够防止火势从一个房屋蔓延到另一个房屋,这是现实中的防火墙。随着现代信息安全技术的发展,借鉴古代"墙"的作用,在用户的网络和外部网络之间插入一套安全防范系统,建立起一道安全屏障,起到阻断外来威胁和入侵的作用,类似于一个扼守本网络安全和审计的关卡,这个屏障叫作"防火墙"。

防火墙技术是建立在现代通信网络技术和信息安全技术基础上的应用性安全技术。它是一个软件或硬件加上一组安全策略的集合系统,在内部网和外部网之间、专用网与公共网之间进行访问控制,阻止非法的信息访问和传递。防火墙主要由服务访问规则、验证工具、包过滤和应用网关4个部分组成,其作用是检查内部网络和外部网络之间的交互信息,并根据一定的规则设置阻止或许可这些信息包通过,保护内部网络免受非法用户侵入,实现网络安全。

Windows防火墙能够尽量保护电脑不被入侵,但是有时也会限制一些程序的功能。Windows 10系统自身带有防火墙功能,用户可以选择开启或关闭。

6.计算机病毒的防范

计算机病毒是通过媒体进行传播的。目前最常见的传播途径是计算机网络,如通过电子邮件、网上下载文件等传播,另外移动硬盘、U盘、光盘等也是计算机病毒传播的重要途径。日常使用个人电脑时,要做好病毒的防范工作。

(1)计算机病毒的防范方法

①使用新的计算机软件前,先对其进行计算机病毒的检测处理,再使用。

②不打开来历不明的电子邮件或链接等,不使用来历不明的程序与数据。

③定期做好备份工作。对重要的数据应保证有多重备份,甚至异地备份。

④对系统文件、重要可执行文件和数据进行写保护。

⑤尽可能专机专用,若是多人共用计算机的环境,则建立上机登记制度,做到有问题尽早发现,有病毒及时追查、清除。

⑥对外来的 U 盘、移动硬盘等设备,先杀毒再使用。

⑦安装杀毒软件,并定期更新杀毒软件,对电脑进行杀毒。

(2)常用的杀毒软件

杀毒软件,也称反病毒软件或防毒软件,可以发现并清除计算机病毒和恶意软件。杀毒软件通常集成监控、识别、扫描、清除、升级、防御等功能,有的杀毒软件还带有数据恢复、黑客入侵防范、网络流量控制等功能,是计算机防御系统(如防火墙、杀毒软件、木马和恶意软件的查杀程序、入侵检测系统等)的重要组成部分。目前常用的国内杀毒软件有火绒安全、百度杀毒、360 杀毒、金山毒霸、瑞星杀毒等,常用的国外杀毒软件有诺顿(Norton)、小红伞(Avira)、卡巴斯基(Kaspersky)、迈克菲(McAfee)等。

7.数字证书的应用

随着计算机网络技术的发展,电子商务的发展越来越快,它不仅作为一种新的贸易形式在企业中广泛开展,而且在人们生活和生产中的应用也越来越广泛,如使用手机银行进行转账、使用淘宝等网上平台进行购物已经成为一种常态。网上购物的顾客能够很方便地获得卖家或企业的信息,反之亦然。这样增加了对敏感信息或有价值的数据滥用的风险。须在网上建立一种信任机制,既可以保证互联网上电子交易和支付的安全性、保密性,又可以防范交易和支付过程中的欺诈行为。这种信任机制首先要求参与电子商务的买方和卖方都必须拥有合法身份,并且能在网上得到方便的验证。这就诞生了数字证书和数字签名,其相当于企业或客户在互联网上的身份证,可以随时随地在网上证明身份。

公钥基础设施(public key infrastructure,PKI)是数字证书、数字签名的基本架构,其利用一对密钥实施加密和解密,即公钥和私钥。私钥是保密不外传的,公钥是可以公开的。

数字证书、数字签名的基本工作原理是:首先,发送方在发送信息前,需要与接收方联系,同时利用公钥加密信息,信息在进行传输的过程中一直处于密文状态。接收方收到的也是加密的信息,确保了信息传输的一致性。若信息被窃取或截取,也必须利用接收方的私钥才可解读数据,从而保证无法中途更改数据,同时保障了信息的完整性和安全性。其次,利用数字证书进行数字签名,类似于加密过程。数据在实施加密后,只有接收方才可打开或更改数据信息,加上自己的签名后传输至发送方。接收方的私钥具备唯一性和私密性,这也保证了数字签名的真实性和可靠性,从另一方面保障了信息的安全性。

数字证书有很多版本,主要有 X.509V3(1997)、X.509V4(1997)、X.509V1(1988)等。比较常用的版本是 X.509V3(1997),其由国际电信联盟制定,内容包括证书序列号、证书有效期和公开密钥等信息。只要获得了数字证书,无论哪一个版本,用户都可以将其应用于网络安全中。

数字证书、数字签名因具有安全性、唯一性、便利性的特征,在现有的电子商务活动中得到了广泛应用。

在电子商务系统中,所有数字证书都由一个权威机构——CA（Certificate Authority,证书授权中心）发行。

任务总结

本子任务主要介绍了网络信息安全知识,帮助网络用户初步认识什么是网络安全、网络攻击及其防范机制,并学会防火墙的设置运用,了解常用杀毒软件,从而在享受网络学习生活的同时,维护好电脑系统数据的安全与稳定。

任务巩固

1. 请你结合平时的网络生活,浅谈上网过程中经常遇见的网络攻击。
2. 举例说明防火墙的作用。
3. 请结合金山毒霸、360杀毒等软件分析杀毒软件的基本使用过程。

测试任务

请扫右侧二维码,进入任务测试环节,看看掌握了多少。

测试：网络
安全管理

子任务 5　移动网络技术

任务描述

随着可持续生活方式的兴起,越来越多的人开始关注环保和节能减排。某校的教师组织学生进行了一项实地考察活动,目的是研究和记录各社区内的环保实践和可持续发展项目。小王和他的小组成员决定分工协作,利用移动网络技术来同步实现跨区域考察。接下来,我们来认识一下移动网络技术的发展史,并了解一些技术细节,帮助小王利用移动网络技术来完成这项任务吧。

任务分析

台式电脑只能在固定场所上网,而可以随时随地上网的移动网络技术使我们对线上生活有了不同的体验。本任务对移动网络的概念和移动互联技术的发展过程进行分析,让小王了解、学习移动网络的相关技术,并认识到移动网络技术的高速发展对人们生活的重要意义。

任务实现

1.什么是移动网络

移动网络(mobile web),广义上讲,指的是基于浏览器的网络服务(如万维网、WAP和i-Mode)使用移动设备(如手机、掌上电脑或其他便携式工具)连接到公共网络,实现互联网访问的方式。狭义上讲,移动网络仅指中国移动的网络,包括中国移动的 GSM、TD-SCDMA 等。更狭隘地讲,是中国移动提供的手机上网的网络服务。

随着手机本身的便携性和智能化的不断提升,很多原来只在电脑上实现的应用都被移植到手机端,手机用户群的规模也渐渐超过了传统的电脑用户群。互联网和移动通信已经成为当今世界发展最快、市场潜力最大、前景最诱人的两大业务,它们的增长速度令人难以想象。根据《2023 年通信业统计公报》和《数字中国发展报告(2023 年)》,截至 2023 年,中国互联网用户数已达 10.92 亿人,中国移动电话用户总数已达 17.27亿户。

2.移动互联技术变迁

自从 20 世纪 80 年代初引入 1G 技术以来,大约每 10 年就有一种新的无线移动通信技术发布,它们具有不同的速度和功能,相对上一代产品都是一次飞跃提升。

第一代移动通信技术,即 1G,20 世纪 80 年代开始出现,只提供模拟语音的蜂窝电话。网络标准有 NMT、NMT、TACS、JTAGS 等,基本上欧美的发达国家都有自己的标准。

20 世纪 90 年代初出现 2G,其技术可分为两种:一种是基于 TDMA 发展起来的,以GSM 为代表的技术;另一种是基于 CDMA 规格所发展出来的 CDMA One,是复用(multiplexing)形式的一种。2G 与 1G 不同,2G 用数字传输取代了模拟蜂窝网络,提高了电话寻找网络的效率。从 2G 开始,移动通话慢慢普及,手机用户数量越来越多。

1998 年出现的 3G 是第三代移动通信技术,是指支持高速数据传输的蜂窝移动通信技术。3G 网络在 2G 的基础上发展了高带宽的"移动宽带"3G 蜂窝技术。3G 提高了语音通话安全性,传输速度相对较快,一般在几百 Kb/s。3G 有 CDMA2000、WCDMA、TD-SCDMA 三种技术标准。3G 带动 QQ、微信畅聊,促进了手机淘宝和其他购物网站的诞生,掀起了线上商业的浪潮。

2008 年出现的 4G 是第四代移动通信技术,它集 3G 与 WLAN 于一体,网速大约是3G 的 20 倍,可以满足游戏、高清移动电视、视频会议、3D 电视以及其他需要高速的需求,让移动互联网发生了质变,也改变了人们生活的多个方面。4G 网络的带宽可达100Mb/s。对于低移动性通信,如呼叫者静止或行走时速度更快,能够满足几乎所有用户对无线服务的要求。

2019年5G出现,其带宽比4G高很多倍,最高可达10Gb/s,且延时低,有很强的向下兼容能力,因此5G在动态视频远距离传输时的优势是很明显的。现在用5G手机可以控制家中的空调和冰箱,应用于车联网无人驾驶、远程医疗手术、超清视频传输、虚拟现实、远程教育、智慧城市等。5G商用已经基本成型,逐渐成为物联网的中枢,不久的将来,5G应用将迎来爆发。

第六代移动通信技术,即6G,这是一个概念性的无线网络移动通信技术,起步于2019年底。6G网络通过整合卫星通信到6G移动通信,达到网络信号全球无缝覆盖,实现万物互联。在5G及以前的时代,偏远的乡村因布线等成本高,没有网络信号。但在6G时代,网络信号能够抵达任何一个偏远的地方,让偏远的地方能够享受互联网带来的好处。如患者能够通过远程医疗享受大医院医生的诊断服务,孩子们能够通过远程教育享受大城市的优质教育。此外,在全球卫星系统与地面网络的联动支持下,6G还能够帮助人类预测天气,快速应对自然灾害。

任务总结

伴随着智能手机的普及和各种应用的推出,"互联网+"从传统的桌面PC走向手机、平板等移动设备,移动网络已经与人们的生活融为一体,极大地方便了人们的生活、工作、学习,使人们的生活习惯发生了翻天覆地的变化。越来越多的新技术被研发出来并运用到移动互联网中,为移动互联网的发展创造出新的活力和生命力。只有更好地了解移动网络,并熟悉其移动互联技术的发展过程和发展趋势,才能让网络技术更好地为我们的日常生活服务。

任务巩固

1.影响移动网络性能的关键因素有哪些?

2.小王同学原有手机丢失,打算购买华为手机。因最近刚好华为推出5G手机,小王犹豫到底买4G还是5G的手机,请从5G技术方面帮她分析并做出合适的选择。

3.华为的5G技术日渐成熟,并逐步走向国际,处于世界领先水平。请你结合生活实际,谈谈5G对我们的日常生活有哪些影响。

测试任务

请扫右侧二维码,进入任务测试环节,看看掌握了多少。

测试:移动网络技术

子任务 6　HTML5 技术

任务描述

　　大三的小王同学正准备做毕业设计，其父母做服装生意，因此小王同学希望设计一款用于宣传自家服装品牌的手机 APP。指导老师建议她采用 HTML5 技术来进行毕业设计。由于以前没有学习过 HTML5 技术，小王同学非常着急。下面，我们来帮助小王完成这一任务吧。

任务分析

　　相比于基于 HTML4 的网页，HTML5 新技术带来的界面和交互效果都更胜一筹，具有模拟、动画、互动和产品展示等新功能，给用户带来不一般的炫酷场景。接下来，从 HTML5 的概念、发展历程、新特性及其应用场景方面为小王同学等编程爱好者展示这个新一代互联网的核心技术。

任务实现

视频：HTML5 技术

　　图 2-8 是 3D 地球旋转动画，地球外观非常逼真，海洋、陆地、白云都像是真的一样，地球还可以自己缓慢地旋转和移动，呈现出 3D 立体的视觉效果。图 2-9 是互动拍立得的照片。这些生动的效果说明 HTML5 技术的功能强大，并且其应用市场的前景广阔。

图 2-8　3D 地球

图 2-9　互动拍立得照片

1. 什么是 HTML5

HTML 的全称是 hypertext markup language, 即超文本标记语言, 它是万维网的核心语言、互联网上应用最广泛的标记语言。HTML5 是 HTML 最新的修订版本。HTML5 是指包括 HTML、CSS 和 JavaScript 在内的一套技术组合, 主要作用是减少网页浏览器对于 Adobe Flash、Microsoft SilverLight 与 Oracle JavaFX 等插件的需求, 并且提供更多能有效加强网络应用的标准集。

2. HTML 的发展历程

HTML 诞生于 1990 年。从 1990 年到 1995 年, HTML 经历了多次修订与扩展。1997 年, 随着万维网联盟(World Wide Web consortium, W3C)的创建, HTML4 成为互联网标准, 并广泛应用于互联网应用的开发。1998 年, W3C 成员决定停止发展 HTML, 而开始研究基于 XML 的等价物 XHTML。

2003 年, XForms(一项定位于下一代 Web 表单的技术)的发布重新激起了人们对 HTML 演化的兴趣, 而不是像从前那样寻求新的替代品。这时人们发现 XML 作为 Web 技术的部署只局限于全新的技术(如 RSS 和 Atom), 而不是取代已经部署的技术(如 HTML)。2004 年, 在 W3C 研讨会上, W3C 的工作人员和成员投票决定继续开发基于 XML 的替代品。2007 年, W3C 组建了一个工作组, 专门与网页超文本应用技术工作组(Web Hypertext Application Technology Working Group, WHATWG)合作开发 HTML5 规范。Safari、Mozilla 和 Opera 允许 W3C 在 W3C 版权下发布规范, 同时保留 WHATWG 网站上限制较少的许可版本。2008 年, HTML5 首个版本发布。HTML5 技术结合了 HTML4.01 的相关标准并革新, 符合现代网络发展要求。

2012 年, HTML5 形成了稳定的版本, W3C 建立了一个新的编辑团队, 并为下一个 HTML 版本准备工作草案。

3. HTML5 的新特性

HTML5 有如下新特性:
①音频、视频自由嵌入, 多媒体形式更灵活。
②4Canvas 绘图提升了移动平台的绘图能力。使用 Canvas API 可以简单绘制热点图, 并收集用户体验资料, 支持图片的移动、旋转、缩放等常规编辑操作。
③有地理位置定位功能, 让定位和导航不再专属于导航软件, 对于地图也不用下载非常大的地图包, 更灵活。
④具有调用手机摄像头和手机相册、通信录等功能。
⑤交互方式丰富, 提升了拖拽、撤销历史操作、文本选择等互动能力。
⑥开发成本和维护成本更低, 性能更佳。

⑦可离线缓存。可以在关闭浏览器后再次打开时恢复数据,以减少网络流量。

4. HTML5 的典型应用场景

①企业宣传:好的页面能帮助企业快速聚集人气,高效提升客户订单。

②商业营销:利用 HTML5 特性,使用大转盘、刮刮卡、满减满增等提高客户黏性,从而达到营销目的。

③报名预约:可进行旅游线路报名、教育课程报名、餐厅预约等多种表单权预设,也可以自己创建新的预约流程,自由选择。

任务总结

　　强大的兼容性使 HTML5 具备代码可高度复用、服务发布更方便快捷等优势,从而使其成为开发界的热点。本子任务主要介绍了 HTML5 的概念、发展、新特性及典型应用场景,让用户更好地领略新一代互联网技术标准的魅力,体会 HTML5 带来的优秀的 Web 功能,从而更好地利用 HTML5 技术开发出更具吸引力的应用。

任务巩固

1. 小王是学习国际商务专业的,由于对编程技术感兴趣,公选课想选修"HTML5 CSS3 入门"课程,但又不知如何着手学习这门课。请你给出某个基于 HTML5 应用场景的实例,为她提供学习指导。

2. 举例说明 HTML5 技术有哪些新的技术特性。

3. 举例说明 HTML5 技术可带来哪些用户体验的提升。

测试任务

请扫右侧二维码,进入任务测试环节,看看掌握了多少。

测试:HTML5
技术

任务 2　认识物联网

子任务 1　互联网和物联网

任务描述

有一天小王在互联网上遨游时看到了如图 2-10 所示的一张海报。这引起了她的极

课件:认识
物联网

大兴趣,什么是"Internet of Things"呢？经过搜索才知道,就是"物联网"。小王平时也听到过人们议论物联网,说物联网是一个比互联网更加神奇的世界,因此她非常好奇。接下来,我们就来帮助小王同学认识物联网及其原理,并了解互联网和物联网的关系。

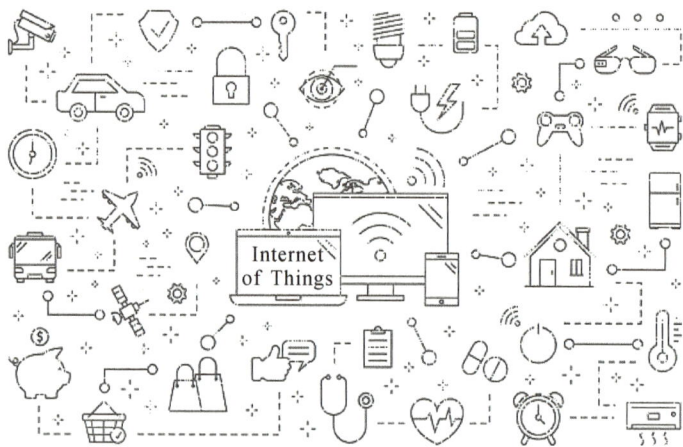

图 2-10 物联网海报

任务分析

随着传感器、智能控制器等的应用普及,互联网和人与物、物与物相关联的物联网渐渐风生水起。生活中,互联网和物联网交叉应用,将两者有区分地联系在一起,有助于我们更高效地使用网络。为此,本子任务对互联网、物联网概念进行区分,并结合物联网原理、互联网和物联网的区别和联系来帮助小王同学逐步认识物联网。

任务实现

1.什么是互联网

互联网是指将计算机网络互相连接在一起的方法,又可称作"网络互联",以此为基础发展出全球性互联网络,如图 2-11 所示。

视频:互联网和物联网

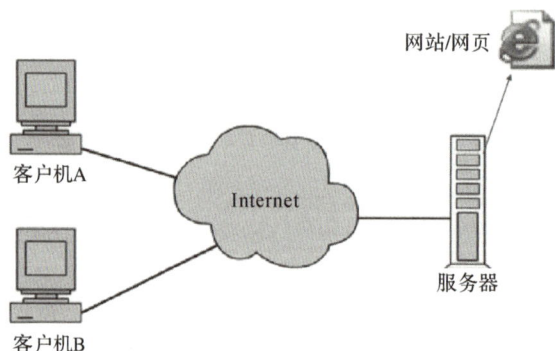

图 2-11 互联网示意

2.什么是物联网

"一卡通走遍校园",如食堂吃饭、校医务室看病、图书馆借阅、学校超市购物、向体育器材室借还体育用品、通过机房门禁等,仅凭一卡通刷卡即可完成。这个神奇的一卡通到底使用了何种技术而具有如此多的功能?答案是:物联网技术。

物联网(IoT),可以理解为物物相连的互联网,是指通过射频识别、激光扫描仪、全球定位系统、传感器等信息感知设备,按约定协议,把物体与物体通过互联网相连,并通过信息传播媒介进行信息交换和通信,以实现智能化识别、管理事务的一种网络,如图2-12所示。

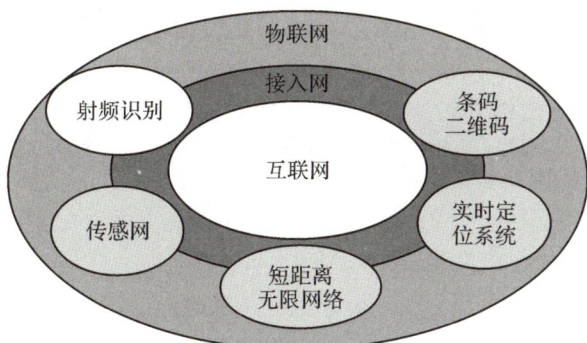

图 2-12　物联网

3.物联网的原理

物联网的架构可分为三层,分别是感知层、网络层和应用层,如图2-13所示。感知层由各种传感器构成,包括摄像头、二维码标签、温度传感器、射频识别、全球定位系统等感知终端。感知层主要动能是识别物体、采集信息。网络层由互联网、物联网网关等组成,是整个物联网的中枢,负责传递和处理感知层获取的信息。应用层是物联网和用户的接口,它与行业需求结合,实现物联网的智能应用。如果将物联网比作人体,感知层就相当于鼻、耳、眼、口、皮肤等感觉器官,用来感知外界和收集信息;网络层相当于神经系统,用来传递信息;应用层相当于大脑,在接收到信息后进行分析、处理和反馈。

物联网应用中有两项关键技术:传感器技术和嵌入式技术。传感器是一种检测装置,能感受到被测量的信息,例如烟花厂的温湿度传感器能感受到空气中的温度和湿度,并将检测到的信息传输给控制器。而这个控制器则应用了嵌入式技术,将信息处理程序嵌入芯片中,实现传感数据的快速处理。若烟花厂的温度和湿度达到了一定值,控制器就会自动发出蜂鸣警告,并通过网络通知相关负责人。

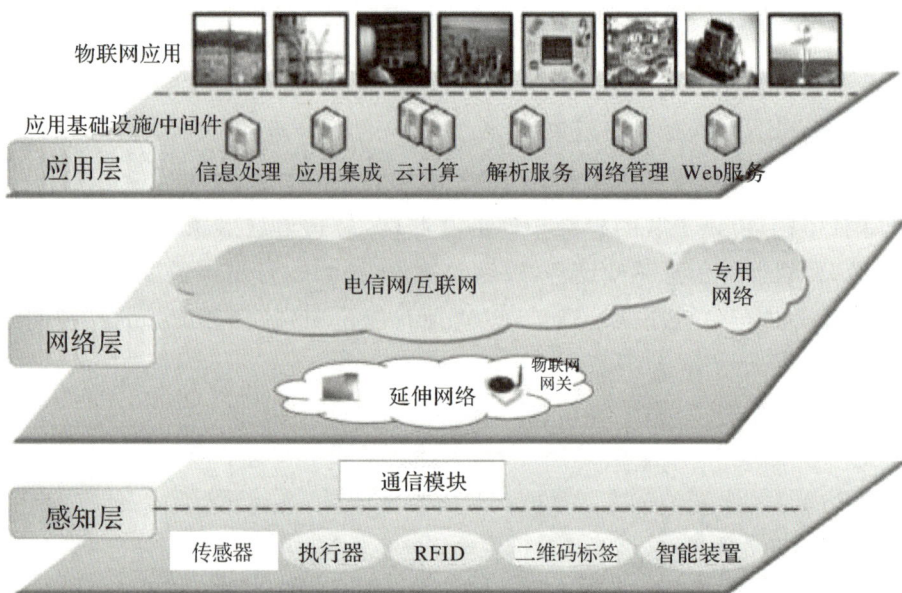

图 2-13　物联网架构

4.互联网和物联网的关系

物联网是一种建立在互联网上的泛在网络。物联网技术的重要基础和核心仍然是互联网,通过各种有线和无线网络与互联网融合,将物体的信息实时准确地传递出去。可以说,互联网是物联网的基础,物联网是互联网的延伸。物联网和互联网主要有以下区别。

（1）连接对象不同

互联网主要连接的是计算机和移动设备,而操作计算机、手机或者平板电脑等设备的是人类用户。互联网的产生是为了实现人与人通过网络完成信息交换。在新的时代,"互联网"一词更多指代的是互联网上的内容如自媒体、短视频、电子商务等新业态和新模式。而物联网连接的是各种具有感知和执行能力的物体。物联网是为物而生的,目的是管理物品,让物品自主地交换信息,为产业和行业转型赋能,间接地服务于人。例如,汽车联网可以实现汽车无人驾驶或者智能驾驶,实时监控车辆运行状态,降低交通事故发生率等。

（2）网络组成不同

物联网的组成包括传感器、全球定位系统、激光扫描器等信息感知设备,不同的设备采用不同的通信方式,如串口数据通信、移动通信、短距离通信等,当然互联网也是设备之间的通信方式之一。而互联网网络主要使用 TCP/IP 协议进行通信,其中有交换机、路由器等网络设备,各种不同的连接链路,种类繁多的服务器和数不尽的计算机及终端。

（3）涉及技术不同

物联网运用的技术主要包括传感器技术、互联网、无线技术、嵌入式技术、软硬件技术，几乎涵盖了信息通信技术的所有领域。而互联网只是物联网的一个技术方向，如搜索引擎技术、Web 网站技术、APP 开发技术等。物联网和互联网的应用都会涉及云计算和大数据等技术领域。互联网技术的发展也会促进物联网技术的发展，两者是相辅相成的。

任务总结

物联网是互联网的应用拓展，物联网因为其"连接一切"的特点，具有很多互联网所没有的新特性。了解什么是物联网、物联网的原理、物联网和互联网的关系等，有利于进一步利用物联网工具和技术，享受更多物联网服务。

任务巩固

1. 请结合生活中的实际网络应用案例，谈谈互联网与物联网的区别和联系。
2. 物联网的关键技术有哪些？
3. 结合国家"十四五"规划谈谈物联网的发展前景。

测试任务

请扫右侧二维码，进入任务测试环节，看看掌握了多少。

测试：互联
网和物联网

子任务 2　物联网的传感技术

任务描述

随着物联网技术逐渐深入千家万户，家用冰箱变得像手机一样能联网，而且能自动显示"冰激凌 3 盒""牛奶喝完啦"等信息。可是随着时间的推移，小王家的智能冰箱却老是失灵，而维修人员检测更换传感器后冰箱又像往常一样灵敏智能了。小王对智能冰箱失灵的原因很好奇。接下来，我们来帮助小王解开物联网传感技术之谜。

任务分析

小王家智能冰箱失灵的主要原因可能是传感器损坏。本子任务将对传感器的概念和种类、无线传感器网络等进行介绍，帮助小王认识了解传感器是使其了解物联网传感技术的关键环节。

任务实现

视频:物联网的传感技术

物联网技术的应用已经深入人们的实际生活,智能门禁(见图 2-14)、智能照明(见图 2-15)、语音控制(见图 2-16)、烟雾报警器(见图 2-17)等无处不在。

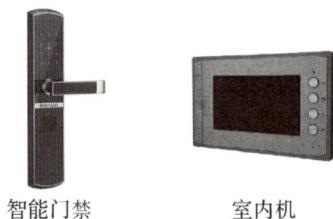

智能门禁   室内机

图 2-14　智能门禁

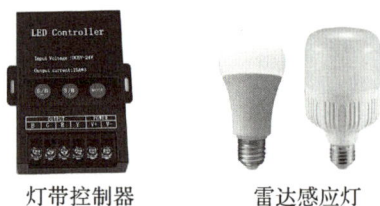

灯带控制器   雷达感应灯

图 2-15　智能照明

小白机器人   天猫精灵

图 2-16　语音控制

图 2-17　烟雾报警器

物联网的产业链包括传感器和芯片、设备、网络运营和服务、软件应用开发与系统集成等。传感器作为物联网"金字塔"的塔座,它将是物联网产业链中需求量最大、应用最广泛的核心元件。

1.什么是传感器

人们从外界获取信息必须借助感觉器官,而物联网的传感器相当于人类感觉器官的延伸。物联网用传感器来监控工业生产过程中的活动,使设备处于正常工作状态,从而提高产品的质量。

传感器(sensor)是一种检测装置,能感受到被测量的信息,把自然界中的各种物理量、化学量、生物量转化为可测量的电信号或其他形式的信息并输出,以满足信息的显示、记录、处理、传输、存储和控制等要求。传感器一般由敏感元件、转换元件和变换电路三部分组成。

例如,烟雾报警器通过内部的粉尘传感器对空气中烟雾的浓度进行检测,从而对火灾进行预警。生活中,我们所看到的烟雾是飘浮在空气中的微小固体颗粒,这些固体颗粒对红外光具有反射作用,浓度越高,反射光就越强。当嵌入烟雾报警器中的传感器检测到固体颗粒浓度超过设定值时,电路就会产生报警信号,启动现场报警设备。若是联网设备,则还可以利用无线通信模块进行远程火灾报警,并将相关的位置信息发送到报警平台。

2.传感器分类

传感器是物联网架构中感知层的核心元件,属于物联网的神经末梢,构建物联网需要各类传感器的大规模部署和应用。不同的应用需要使用不同的传感器,使用范围包括智能家居、智能医疗、智能工业、智能安防、智能运输等。

传感器按其用途进行分类,可分为压力敏和力敏传感器、热敏传感器、速度传感器、加速度传感器、位置传感器、温度传感器、湿度传感器、能耗传感器、气体传感器、液位传感器、射线辐射传感器等。

传感器按其工作原理进行分类,可分为电学式传感器、磁学式传感器、光电式传感器、电势型传感器、电荷传感器、半导体传感器、谐振式传感器、电化学式传感器等。

传感器按其感知功能进行分类,可分为热敏元件、声敏元件、气敏元件、湿敏元件、力敏元件、磁敏元件、射线敏感元件、光敏元件、色敏元件和味敏元件等。

温度传感器(见图2-18),是指由对温度变化极为敏感的材料进行温度值测定,能感受温度并将其转换成可输出信号的传感器。温度传感器较常应用于智慧手环、智慧家庭感测控制装置、机器、汽车以及气象、建筑等领域。

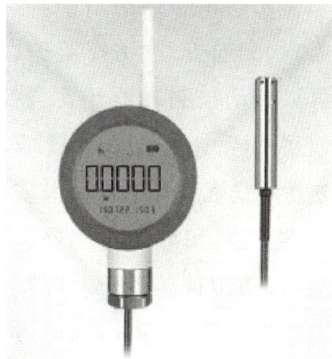

图2-18　温度传感器

3.无线传感器网络技术

无线传感器网络技术是传统传感技术和网络通信技术的融合,即在无线网络节点上安装采集各种物理量的传感器,使之成为兼有感知能力和通信能力的智能节点。它是物联网感知层和网络层的主要实现技术,是物联网的核心支撑技术之一。

无线传感器网络(wireless sensor network,WSN),简称无线传感网,是由部署在监测区域内大量低成本的传感器节点(sensor node)组成,通过无线通信方式形成的一种多跳自组织的网络系统。其目的是对监测区域的对象实现数据感知、采集和处理,并将数据传输给观察者。因此,构成无线传感器网络的三个要素分别是传感器、感知对象和观察者。

无线传感器网络系统通常包括传感器节点、汇聚节点(sink node)和管理节点(manager node),如图2-19所示。无线传感器网络利用传感器节点来监测节点周围的环境,收集相关的数据,然后通过无线收发装置采用多跳路由的方式将数据发送给汇聚节点,再通过汇聚节点将数据传送到用户端,从而完成对目标区域的监测。

例如,在森林防火的环境监测应用中,在森林中部署一定数量的监测传感器,以采集森林区域内大气相对湿度、空气温度等数据,然后将采集的数据通过无线网络传送到数据监控中心,监控中心的计算机对数据进行分析处理,判断是否有发生火灾的可能,为相关部门进行相应的防护和灭火提供依据。

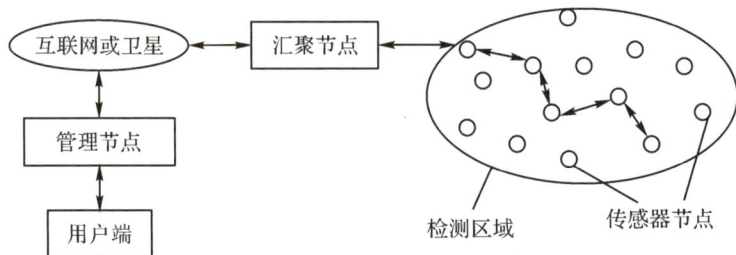

图 2-19　无线传感器网络结构

    无线传感器网络已广泛应用于军事和民用领域,而且前景广阔,如物流管理、环境监测、交通管理、医疗监护、空间探索等。在智能家居和智能办公环境方面,利用传感器,可以自动控制电器开关、窗帘起降,提供生活便利性的同时节约能源。在生物学研究中,使用 GPS 跟踪候鸟的迁徙,通过传感器监控动物栖息地环境等,可以有效地保护动物。在医疗方面,在患者身上安置传感器,医生可远程随时了解病情,提高医治效果。在交通管理方面,可以用传感器监测道路拥塞情况,实现高效的道路交通运输管理。在环境监测中,使用传感器监测降雨量和河水水位的变化,可以实现洪水预报;使用传感器对城市空气污染进行监控,可以监测大气成分的变化。

任务总结

    通过本子任务的学习,小王认识到她家的智能冰箱也是物联网传感器技术在智能家居领域的应用的体现。小王还发现家中的照明、遮阳、空调、影音娱乐、安防等设备都使用了物联网传感器技术,小王感受到了智能化生活的便捷。物联网的应用已经深入生活的方方面面,认识传感器、了解各类传感器的作用尤其是深入了解无线传感器,对于我们畅游物联网有着重要意义。

任务巩固

1.传感器种类繁多、结构不一,请结合温度传感器阐述其结构和工作原理。

2.举例说明传感器在物联网中的重要意义。

测试任务

请扫右侧二维码,进入任务测试环节,看看掌握了多少。

测试:物联网
的传感技术

📁 子任务3 物联网典型应用

任务描述

随着物联网技术的不断进步和完善,物联网的应用已经深入社会生活的各个领域。虽然常说我们正生活在一个物联网时代,但小王同学对于生活中的物联网应用知之甚少。接下来,我们来了解物联网在各行业领域的典型应用。

任务分析

随着物联网技术的发展,人们的生活方式发生了翻天覆地的变化。我们坐在家里,通过电脑和手机就可以看到世界各地的风景。物联网应用不但改变了我们的生活,也使我们的生活变得更加便捷。了解物联网的典型应用有助于进一步认识、使用、完善物联网。

任务实现

物联网技术在智能电网、智慧物流、智慧家居、智慧交通、智慧农业、环境保护、智慧医疗、智慧城市、公共安全等领域有非常关键和重要的应用。物联网技术在各个行业中的应用,对于进一步获取及时有效的信息,提高企业竞争力,降低人力成本,获取更大的经济效益具有重要作用。我们来看看物联网在各行各业中的应用吧。

视频:物联网典型应用

1. 智慧城市

党的二十大报告指出,要"实施城市更新行动,加强城市基础设施建设,打造宜居、韧性、智慧城市"[①],而物联网技术的快速发展则为智慧城市建设提供了新的契机,为此相关部门在全国范围内大力推进智慧城市建设。

为解决智慧城市视频监控系统建设存在的建设进度不统一、规模不一致等问题,某企业开发了基于视频分析挖掘的智慧城市管理平台(见图2-20),其以公安实战应用为主,兼顾其他部门资源共享,解决了视频语义结构化与要素提取、视频大数据处理、云存储等关键问题,从视频监控信息共享、信息检索、立体化防控三个方面推动智慧城市建设。

平台采用面向服务的体系结构,将不同异构平台业务子系统中的各功能组件(称为

---

① 习近平. 高举中国特色社会主义伟大旗帜 为全面建设社会主义现代化国家而团结奋斗:在中国共产党第二十次全国代表大会上的报告[N].人民日报,2022-10-26(01).

服务)分为接入层、网络层、支撑层、管理层、应用层五层,完成前端视频采集、中端网络传输、后端云存储、平台信息共享、视频监控信息管理的综合应用。

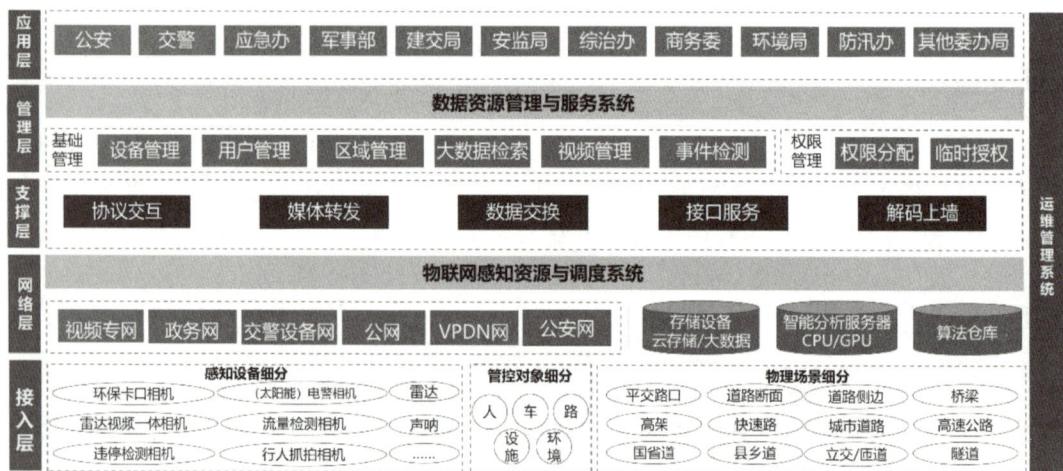

图 2-20 基于视频分析挖掘的智慧城市管理平台架构

企业针对系统核心环节展开技术创新,研发了包括前端、云储存系统、数据共享系统在内的完整技术实施方案,解决了平台开发的关键问题。从而在治安管控、案件侦破、交通管理方面助力智慧城市建设,使人民群众安居乐业。

在治安管控方面,平台能够实时掌控重点场所的特定区域,对人员、车辆等活动目标进行实时采集并转化为结构化语义信息。一旦发生案件或事件,平台可通过结构化语义快速定位关键目标,提高响应速度和处理效率。同时,针对治安案件多发地带,平台还能对人员、车辆进行视频追踪,有助于现行抓获,从而保障人民群众的生命财产安全。

在案件侦破方面,平台提供了快捷方便的录像查找分析功能,使公安机关能够克服传统走访信息不确定的弊端,快速锁定犯罪分子并提供有效证据。当有初步线索时,平台还能对嫌疑人员和车辆进行追踪分析,通过图像监控系统便捷、灵活地进行人员和车辆的行动轨迹分析追踪,为案件的侦破提供有力支持。

在交通管理方面,平台能够实时统计分析道路或易堵路口路段的车流量,帮助指挥人员及时掌握交通流量情况,发现交通堵塞的苗头隐患并进行及时处置和疏导。此外,平台还能快速准确查找交通事故嫌疑人的行车去向和案发现场的图像资料,为交通逃逸事故的侦破提供线索和证据,协助交通部门破获案件。

2. 智慧农业

党的二十大报告指出,全面推进乡村振兴需要强化农业科技和装备支撑[①]。各地纷

---

① 习近平. 高举中国特色社会主义伟大旗帜 为全面建设社会主义现代化国家而团结奋斗:在中国共产党第二十次全国代表大会上的报告[N].人民日报,2022-10-26(01).

纷鼓励加快农业科技创新,提升农业生产智能化、精细化水平,确保农业生产安全、农产品质量安全和农业生态安全。

某企业积极响应党的号召,针对我国农业长期存在的依赖人力、智能化和精细化不足等问题,创新性地提出了基于物联网的农业有害生物智能监测防控预警系统。通过建立农业有害生物监测、预警和绿色防控系统,实现对农作物植株信息、生物环境信息、苗情、墒情、虫情等关键信息的实时采集、存储和分析。这不仅大大提高了农业生产的信息化、自动化、标准化和规范化水平,更为果蔬、水稻等农作物的有害生物监测、预测和预警提供了有力支持,从而有效保障了农作物和生态安全。此外,该智慧农业物联网系统还助力推动现代农业的绿色发展。通过科学布局、高效运转和快速反应的监测预警防控系统,能够及时发现并控制有害生物的扩散和危害,减少化学农药的使用,降低农业生产对环境的负面影响。

系统在代表性区域内建设智慧农业物联网预警监测站(见图 2-21),该站集农业有害生物监测预报、病虫情报发布、应急防治于一体。首先,通过智能识别虫情测报、农业生态全景监测、害虫性诱测报、农业小气候监测、物联网综合管理等田间多源综合采集端,自动采集田间虫情、苗情、小气候等影响因子,可实现对蔬菜、水稻等作物的虫害预警分析。其次,搭建智慧农业可视化数据信息管理平台,通过该平台的电脑网页端、微信小程序,植保人员可查看害虫发生和气象数据,评估确定疫情发生的程度、趋势和分布点。最后,集成绿色防控技术,并根据当地实际情况因地制宜地针对不同作物和害虫提出防治方案。

图 2-21 智慧农业物联网预警监测站

智慧农业可视化数据信息管理平台对监测站采集到的数据信息进行实时可视化展示,可利用户外物联网显示设备,实时反映农田小气候环境情况、虫害数据实时情况(见图 2-22)和预警信息,为当地农户农业生产提供更加及时和准确的科学指导。用户可通过手机端微信小程序和电脑端网页随时访问和查看数据,并运用管理功能,查看更加全面的可视化数据,足不出户便可了解田间作物的生长状况,以及生物环境和虫害发生情况(见图 2-23)。

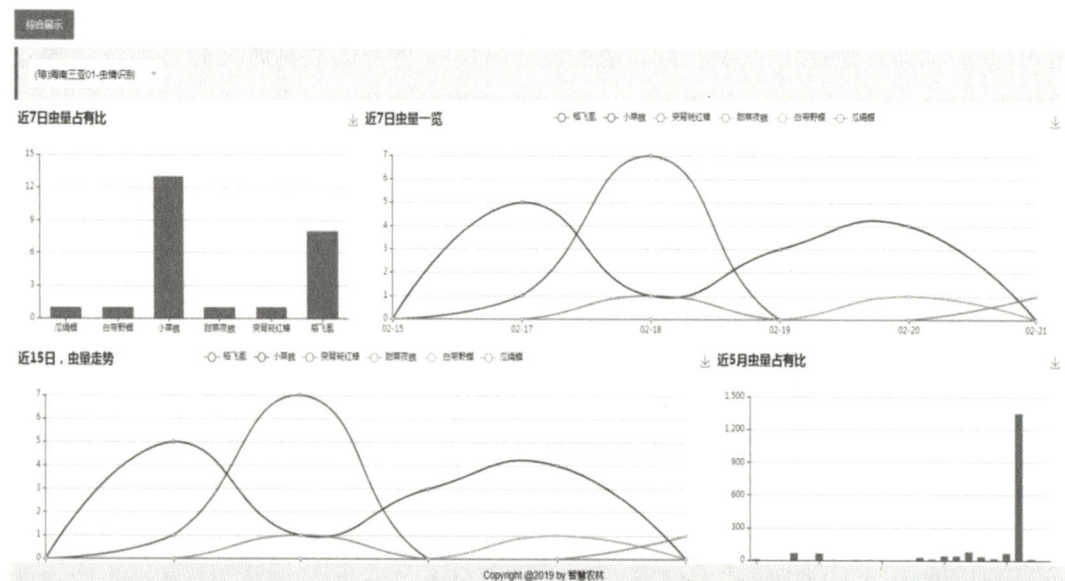

图 2-22　虫害数据分析

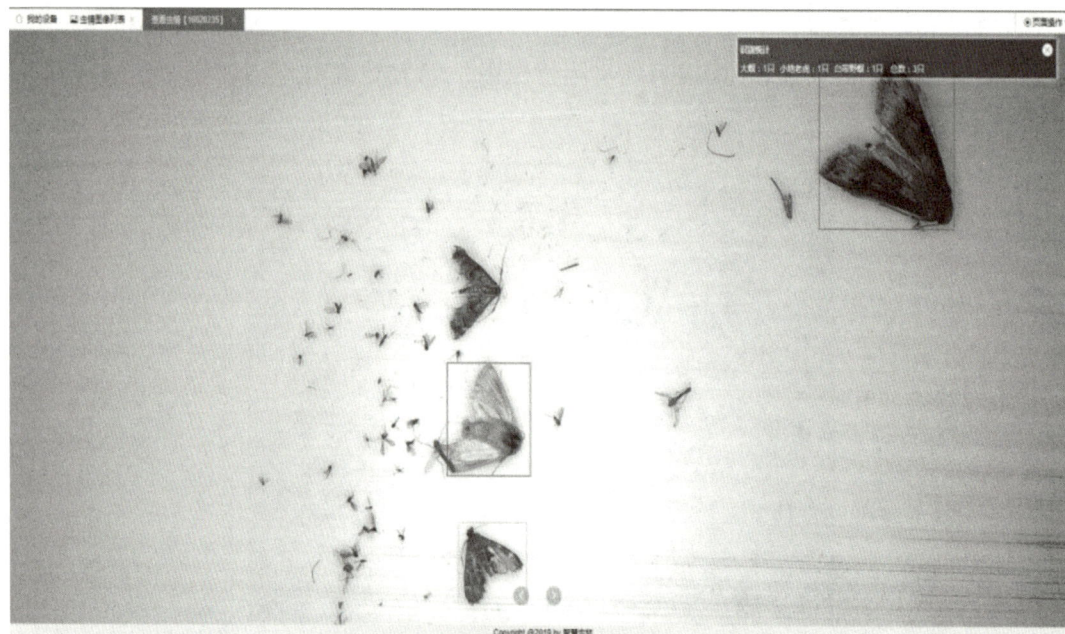

图 2-23　害虫智能识别

3.生态监测

党的二十大报告在"推动绿色发展,促进人与自然和谐共生"的部分提到"统筹水资源、水环境、水生态治理,推动重要江河湖库生态保护治理,基本消除城市黑臭水体"[1]。长江流域作为我国重要的生态屏障,对其的生态环境监测与保护显得尤为重要。然而,传统的环境监测体系已无法满足新时代的需求,其存在的监测手段单一、部门间信息不互通、数据应用不充分等问题日益凸显,亟须通过科技创新进行根本性的改革和提升。

某企业建设了先进感知体系赋能的长江(南京段)生态环境监测系统(见图 2-24)。该系统被形象地称为"生态眼",它综合运用了卫星遥感、无人机高光谱成像、中红外探测、超高清成像、彩色夜视、未来网络、人工智能算法等一系列先进技术,实现了对流域生态系统的全面、透彻、实时、连续感知。

通过"生态眼"的智能分析,有关部门能够更加准确地掌握区域生态环境的总体状况,评估分析工作成效,及时溯源和预判污染事件,为区域产业转型和法规制定提供有力依据。

图 2-24　物联网生态环境监测系统示意

4.公车管理

公务车作为政府机关执行公务的重要工具,其使用效率和管理水平直接关系到政府形象和公信力。然而,当前公务车管理中存在一些问题,如车辆调配不合理、资源浪费、使用效率低下等,这些问题不仅影响了政务工作的正常开展,也损害了政府在公众心目中的形象。

---

[1]　习近平. 高举中国特色社会主义伟大旗帜 为全面建设社会主义现代化国家而团结奋斗:在中国共产党第二十次全国代表大会上的报告[N].人民日报,2022-10-26(01).

为科学、高效、智能地管理公务用车,某企业建设了基于北斗卫星导航系统的新能源汽车公务出行服务系统(见图2-25)。该系统采用感知"端+云"的架构,由感知终端层和云服务平台组成。感知终端层用于完成车辆监控,通过在每台公务车辆上安装北斗智能车载终端,实现车辆运行实时定位、采集数据并上报,云服务平台对采集的海量涉车数据进行存储、计算、管理、监控、分析、挖掘及应用。

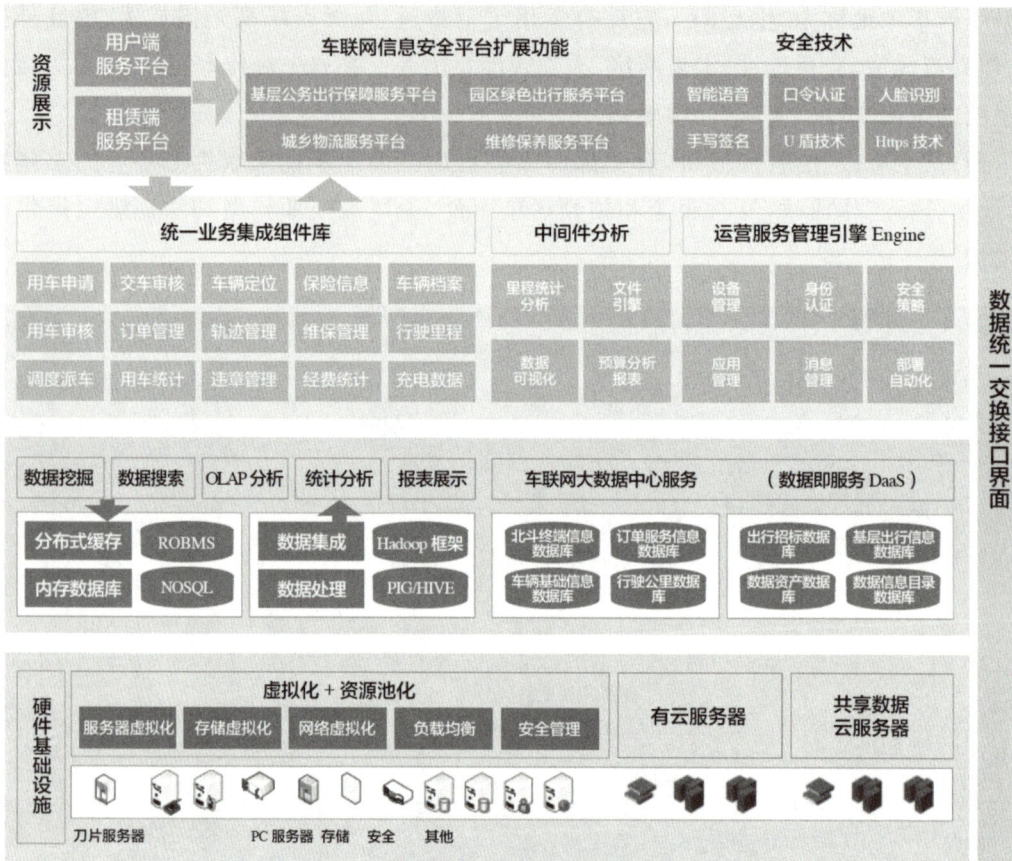

图2-25　新能源汽车公务出行服务系统架构

系统融合北斗卫星导航系统、物联网、云计算等先进技术,实现了智能联网交通信息数据的共享,优化了公务车的调度和使用,提高了车辆的使用效率和管理水平。同时,建设项目也汇聚了多方资源,包括汽车生产商、租赁运营商、维保商等,共同构建了基于北斗卫星导航系统的公务用车产业生态,促进了相关行业的协同发展,提升了整个产业链的竞争力。未来系统可以依托北斗物联网终端和端云协同模式,向应急车辆管理调度等领域拓展,实现跨行业应用推广,为社会带来更多的经济效益和社会效益。

另外,物联网在智能家居、智能安防、能源、物流、建筑、制造、农业等领域的应用也非常广泛。

任务总结

物联网已经渗透到生活、工作的方方面面。物联网的应用使物品和服务功能都发生了质的飞跃,这些新的功能将给使用者带来进一步的效率提升、便利和安全,由此形成基于这些功能的新兴产业。作为一项重要的工业技术,物联网将更好地促进社会经济的发展。

任务巩固

1.举例说明物联网的行业应用。

2.小王学的是中医药市场营销专业,想毕业后从事健康医疗网络营销。请结合生活实际帮小王分析物联网在健康医疗营销中的应用现状和应用前景。

3.物联网应用已经渗透到我们生活的方方面面,请举例说明物联网带来的生活便利。

测试任务

请扫右侧二维码,进入任务测试环节,看看掌握了多少。

测试:物联网典型应用

任务3　典型网络应用

子任务1　常用互联网应用

课件:典型网络应用

任务描述

如图2-26所示,现在人们可用手机、平板和电脑畅游互联网,在互联网上访问各种各样的应用,比如电子邮件、网上聊天、网络游戏、网上购物、网上课程等。这些应用的品质直接影响了我们的生活质量,好的应用让我们事半功倍,差的应用会浪费我们大量的时间和金钱。现在小王迫切想全面了解一下当下有哪些典型的互联网应用,哪些互联网应用对自己的学习、工作和生活影响较大。那就听我们细细道来。

图 2-26　互联网应用示意

任务分析

　　互联网已经应用于各行各业,应用种类日益增多,比较典型的有信息检索、电子商务、即时交流、网络游戏等,还有在具体领域中的应用,如"互联网＋教育""互联网＋金融""互联网＋医疗"等。下面我们选择几个具有代表性的、与同学们的学习和今后工作相关的应用进行介绍。为了更容易理解这些应用,我们先从一些相关概念说起。

任务实现

1.相关概念

视频:常用互联网应用(1)

　　(1)网页、网站和网址

　　①网页:在浏览器中看到的页面,用于展示互联网中的内容信息。

　　②网站:网站是若干网页的集合,为用户提供各种服务,如浏览新闻、下载资源和买卖商品等。网站包括一个主页和若干个分页,主页就是访问某个网站时打开的第一个页面,是网站的门户,通过主页可以打开网站的其他网页。

　　③网址:用于标识网页在互联网上的位置,每一个网址对应一个网页。若要访问某个网页,就必须知道它的网址。人们通常说的网站网址是指它的主页网址,一般也是网站的域名。

　　(2)超级链接

　　超级链接描述的是一种链接关系,它从一个网页指向目标元素,在本质上属于网页的一部分。网站包含很多网页,而只有这些网页链接在一起才能有机地组成一个网站,而这种链接就是超链接。链接的目标是多种多样的,可以是另一个网页,或者是该网页内的不同元素,或者是一个图片、一个电子邮件地址、一个文件,甚至是一个应用程序。

而在一个网页中,图片或者文字等都可以用来做超链接的载体。在浏览者单击已经链接的文字或图片后,浏览器会根据链接目标的类型打开它。

在网页中,超链接一般会被设计成特定的形态,呈现不同的颜色,如果是文本,还会有下画线。当移动鼠标指针到该超链接上时,鼠标指针会变成一只手的形状,这时用鼠标单击,页面就会直接跳转到超链接所指向的网页、WWW网站或其指定位置。

(3)WWW服务

万维网(World Wide Web,WWW)将检索技术与超文本技术结合起来,是最受欢迎的信息检索与浏览服务。

万维网又称环球信息网、环球网、全球浏览系统等。WWW起源于瑞士日内瓦的欧洲粒子物理实验室。WWW是一种基于超文本的、方便用户在互联网上搜索和浏览信息的信息服务系统,它通过超级链接把世界各地不同互联网节点上的相关信息有机地组织在一起,只需用户发出检索要求,它就能自动地进行定位并找到相应的检索信息。用户可用WWW在互联网上浏览、传递、编辑超文本格式的文件。WWW是互联网上最受欢迎、最流行的信息检索工具,它能将各种类型的信息(文本、图像、声音和影像等)集成供用户查询。WWW为全世界的人们提供了查找和共享知识的手段。

(4)浏览器

浏览器是用于获取和查看互联网信息(网页)的应用程序。目前使用较为广泛的就是Windows自带的IE浏览器和Edge浏览器、谷歌的Chrome浏览器,其他的浏览器有火狐浏览器、360浏览器等。

2.典型应用

(1)电子邮件

电子邮件是互联网上使用十分广泛的应用之一,指用电子手段传送信件、单据、资料等信息的通信方法,其使用简洁、快速、高效、价廉,可以发送文本、图片和程序等。

①电子邮件系统工作原理。电子邮件的工作过程遵循客户端/服务器模式,即C/S模式。每份电子邮件的发送都是由客户端和服务器协作完成的,发送方就是客户端,而接收方是一种特殊的服务器,即含有用户电子信箱的邮件服务器(SMTP服务器)。发送方借助邮件客户程序,将编辑好的电子邮件发送到邮件服务器,如图2-27所示。

②电子邮件地址与协议。为了收到电子邮件,收件人必须有一个邮件地址。通常电子邮件地址由用户向邮件ISP进行申请而获得。邮件地址的格式一般为"用户名@邮件服务器名",例如97531@qq.com。

邮件的收发还需要遵循统一的协议,常见的电子邮件协议有SMTP、POP3和IMAP,这几种协议都是基于TCP/IP协议定义的。

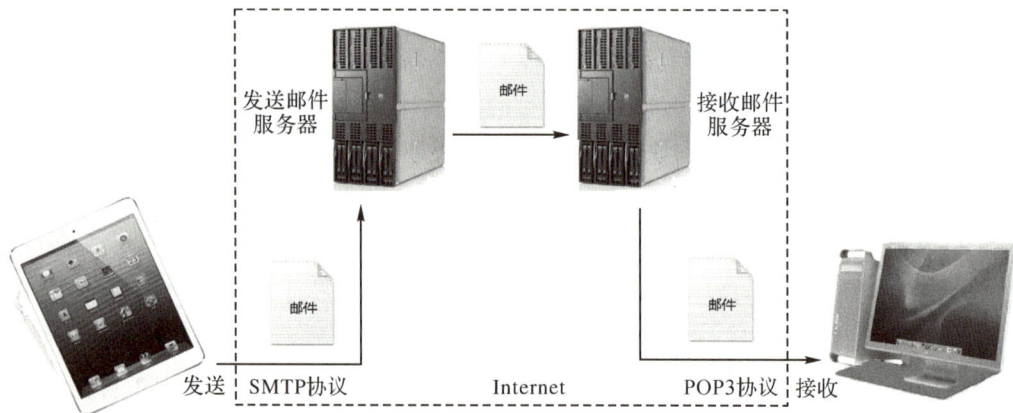

图 2-27　电子邮件工作原理

SMTP：simple mail transfer protocol，即简单邮件传送协议。它主要负责底层的邮件系统如何将邮件从源地址传送到目的地址传输邮件的规范。

POP：post office protocol，即邮局协议。POP 是规范个人计算机连接到互联网的邮件服务器和下载电子邮件的协议，目前的版本为 POP3。POP3 允许电子邮件客户端下载服务器上的邮件，但在客户端的操作（如移动邮件、标记已读等）不会反馈到服务器上。

IMAP：internet mail access protocal，即互联网邮件访问协议。IMAP 邮件客户端（如 Outlook Express）可从邮件服务器上获取邮件的信息、下载邮件等。IMAP 协议提供 Web mail（用浏览器来阅读或发送电子邮件的服务）与电子邮件客户端之间的双向通信服务，客户端的操作都会反馈到服务器上，对邮件进行的操作，服务器上的邮件也会做相应的操作。

IMAP 和 POP3 协议都支持邮件下载服务，让用户可以进行离线阅读。

③电子邮件客户端软件。常见的电子邮件客户端软件有 Outlook Express、Foxmail 等。在 Windows 7 中，邮件客户端软件为 Windows Live Mail，需自行在微软官方网站下载安装，同时在 Microsoft Office 中集成了 Microsoft Outlook 组件供用户使用。各邮件客户端软件操作相似，Windows Live Mail 的主要工作界面如图 2-28 所示。

图 2-28　Windows Live Mail 主要工作界面

④电子邮件账户设置。首次启动电子邮件软件时，需要设置电子邮件账户，用户只需按提示信息填入邮箱的地址和密码，填写接收和发送邮件服务器名即可。

（2）电子商务

电子商务是指在互联网、企业内部网和增值网（value-added network，VAN）上以电子交易的方式进行交易活动和相关服务活动,是传统商业活动各环节的电子化、网络化。电子商务正改变着人们购物的方式,同时网上购物也推动着快递物流行业的发展,目前正处于迅猛发展阶段。简单地说,电子商务就是利用电子化和网络化手段进行的商务活动,其具有交易虚拟化、交易成本低、交易效率高、交易透明化、提升企业竞争力和促进经济全球化等特点。

视频:常用互联网应用(2)

①电子商务的基本工作模式。

a.企业间的电子商务(B2B):企业与企业之间通过互联网或电子商务网进行数据信息的交换、传递,开展交易活动。

b.企业与消费者之间的电子商务(B2C):企业通过互联网为消费者提供一个新型的购物环境——网上商店,消费者通过网络在网上购物、网上支付。这是我们平时接触最多的模式。

c.消费者之间的电子商务(C2C):消费者通过互联网与其他消费者进行相互的个人交易,如商品拍卖等。

d.企业与政府之间的电子商务(B2G):企业与政府利用互联网完成相互间的各项事务,如政府采购、税收、商检、管理条例发布等。

e.消费者与政府之间的电子商务(C2G):消费者与政府间的许多事物通过互联网进行,如网上报税、网上社区服务、网上政策发布和信息查询等。

f.政府与政府之间的电子商务(G2G):是指政府与政府之间的电子政务,即上下级政府、不同地方政府和不同政府部门之间实现的电子政务活动。

②电子商务中的网络技术。

开展电子商务要以网络平台为基础,因此网络技术也是电子商务相关的关键技术之一,它的运用有以下几个要点。

a.Web技术的运用。基于浏览器的 Web 技术现在已经十分成熟,在互联网中得到了广泛的应用。电子商务虽然是一种商务模式,但是在电子商务活动中,商家、客户和其他相关角色可以利用 Web 技术相互交换各种信息。随着 Web 技术的发展,HTML、XML 和 CXML 都将在电子商务活动中得到广泛应用。

b.数据库技术的运用。在电子商务交易过程中涉及商家、商品、客户、物流配送等多方面,会产生海量信息,这些信息的存储都需要用到数据库技术。应用于电子商务中的数据库技术主要有三个方面的功能,即数据的收集、存储和组织、决策支持。数据库管理系统能高效、高质、安全地管理数据,该系统包括数据模型、数据库系统、数据库系统建设和数据仓库、联机分析处理和数据挖掘技术等。

c.电子支付技术的运用。电子支付是指在网上直接为所购商品付款。安全性直接影响到电子支付是否可以顺利进行,是电子商务交易过程中的重要影响因素。两种公认比较安全的电子支付模式 SSL/TLS 和 SET,是现在银行界普遍使用的支付模式。SSL/TLS 是网络会话层的安全协议,其利用 SSL 协议建立一个安全会话通道,交易的双方在该安全通道中传送支付信息。SET 支付模式是以信用卡支付为基础的网上电子支付协议,使用 SET 协议进行电子支付可以确保接收信用卡的商家和信用卡的持有者都经过认证,是可信赖的,SET 协议中使用了数字签名、电子认证、数据加密和电子信封等安全技术。

（3）文件传输

用户可以在互联网上通过 FTP 等上传和下载远程服务器上的资源。FTP 是 file transfer protocol（文件传输协议）的简称,通过 FTP 可将一个文件从一台计算机传送到另一台计算机中,不管这两台计算机使用的操作系统是否相同,相隔有多远。

在使用 FTP 的过程中,经常会遇到两个概念:"下载"（download）和"上传"（upload）。"下载"就是将文件从远程主机复制到本地计算机;"上传"就是将文件从本地计算机复制到远程主机。用互联网语言来说,用户可通过客户机程序向（从）远程主机上传（下载）文件。

（4）平台应用

随着网络的迅猛发展,互联网应用平台越来越多,人们可以通过这些平台满足一些特定的应用需要,常用的典型互联网应用平台包括:

①以百度为代表的搜索入口平台。

②以腾讯为代表的通信交友应用平台。

③以阿里巴巴（淘宝）为代表的电商贸易平台。

④以抖音为代表的短视频平台。

⑤以钉钉为代表的在线办公平台。

任务总结

本子任务介绍了几个常用的比较典型的互联网应用,这些应用也是我们接触互联网应用的基本入口,了解这些应用可为今后畅游网络打下基础。百度、腾讯、阿里巴巴、抖音、钉钉等平台在搜索、交友、购物、直播、办公等领域为我们的学习和生活带来了诸多便捷,丰富了互联网生活。

任务巩固

1.结合自己的网络生活,举例说说互联网应用平台对实际生活有哪些益处。

2.小王同学一直想毕业后进行融媒体创业,请你为她推荐一些实用的互联网应用平台,让她提前熟悉创业环境。

测试任务

请扫右侧二维码,进入任务测试环节,看看掌握了多少。

测试:常用
互联网应用

📁 子任务 2　智能手机 APP

任务描述

随着全球对数字化教育资源的需求激增,许多学校开始重视在线教学和数字工具的使用,以适应这种新的学习环境。小王同学所在的学校也不例外,响应需求确保学生即使在非传统的学习环境下也能继续学习和成长。面对需要安装和管理多个教育相关的手机应用程序(APP)的挑战,小王有些不知所措。接下来,我们来帮助小王了解什么是手机 APP、手机 APP 的种类及 APP 如何维护。

任务分析

随着移动网络的广泛覆盖和智能手机的普及应用,越来越多的人使用手机上网,这就离不开手机 APP,而手机 APP 与手机系统密切相关。手机中安装的 APP 越来越多,因此进一步学习 APP 的相关知识,有助于维护手机系统的安全与稳定。

视频:智能
手机 APP

任务实现

1.手机 APP 的概念

手机 APP 指安装在智能手机上的应用软件,即智能手机 APP,这些软件能够完善原始系统的功能,使手机功能个性化,从而使用户有更加丰富的使用体验。

手机软件的运行需要相应的手机系统,主要的手机系统包括 iOS、Android、Symbian、Windows Phone 等。随着智能手机的普及,人们在沟通、社交、娱乐等活动中越来越依赖手机 APP。

2.手机 APP 的分类

根据安装来源不同,手机 APP 可分为手机预装软件和用户自己安装的第三方应用软件。手机预装软件又分为手机出厂安装的系统软件和第三方刷机渠道预装的应用软件,系统软件不能被卸载。除了手机预装软件,手机软件还包括从应用市场自行下载安装的第三方应用软件,下载类型主要是社交类软件。随着智能手机的日新月异和手机网络基础设施的完善,手机第三方应用智能 APP 种类也多种多样,囊括生活的方方面面。手机 APP 可分为社交类、新闻类、购物类、娱乐类、金融类、生活类、工具类等。

(1)社交类 APP

社交类 APP 即在互联网上提供社交互动平台,满足人们聊天、社交、婚恋、社区交流沟通需求的 APP,例如 QQ、微信、微博等。

（2）新闻类 APP

新闻类 APP 即向用户提供各类新闻资讯、阅读信息的 APP,例如今日头条、腾讯新闻、一点资讯、搜狐新闻、凤凰新闻、网易新闻等。

（3）购物类 APP

购物类 APP 是旨在满足人们网上购物需要的 APP,几乎已经成为大量手机用户的装机必备 APP,能够在非常便利的情况下满足人们的购物需求,例如淘宝、京东、唯品会等。

（4）娱乐类 APP

娱乐类 APP 即为用户提供各种娱乐休闲方式的 APP。随着手机的不断普及和发展,利用手机在闲暇时间进行娱乐成了人们的主要消遣方式。五花八门的娱乐类 APP 为人们提供了各种各样的选择,包括游戏 APP,例如开心消消乐、英雄联盟、QQ 游戏等,或者影音直播类 APP,例如抖音、快手、腾讯视频、优酷等,又或者各类视听音乐类 APP,例如喜马拉雅、酷我音乐、QQ 音乐等。

（5）金融类 APP

金融类 APP 即在手机上为用户提供支付服务、银行服务、证券服务、投资理财服务、保险服务、网络借贷服务等金融服务的 APP。其中支付宝、微信支付也属于装机必备类 APP,另外还有蚂蚁财富、天天基金和各大银行 APP 等。

（6）生活类 APP

随着手机智能程度越来越高,一些生活服务类的软件成了便捷生活的必需品,例如美团、大众点评、饿了么等饮食类 APP,携程、去哪儿、飞猪等旅行类 APP,高德地图、百度地图等导航类 APP。还有为人们的生活提供便携服务的 APP,如天气、日历、手电筒等,该类 APP 旨在为出行、工作、生活提供便捷通道。

（7）工具类 APP

现在智能手机的功能越来越强大,我们不仅能用它打电话、听歌、看电影,还可以让一些手机工具类 APP 来帮助我们。例如,美颜相机、美图秀秀、天天 P 图等照片处理 APP 可以美化照片,WPS Office、钉钉等移动办公 APP 可以处理文档,一些公司为满足办公需要所定制的 APP 可以解决工作中的问题等。

3.手机 APP 的维护

（1）安装 APP 后没有用的安装包要及时删除

手机和个人计算机有很大的相似之处,维护方法很多是相通的。一般安装完某个 APP 后系统会提醒是否删除安装包,如果没有其他用途就可以立即将其删除。如果手机没有此项功能,也可手动删除。

（2）定期清理缓存

长期使用社交应用会产生非常多的缓存,但是应用自身不会自动删除,系统也不会运用淘汰机制清除这部分缓存,日积月累,缓存占用大量的存储空间且会造成手机卡顿。因此,我们可以使用手机设置里的应用程序管理功能清除缓存,也可以使用有清理垃圾功能的系统维护APP,还可以将APP卸载后重装一次。

（3）及时关闭不用的程序

虽然Android系统在内存不足时会强制结束一些进程,但在实际使用中,要有清理手机进程的意识,平时就随手在多任务切换界面结束当前不用的APP。释放手机的运行内存,不仅有利于手机的高效运转,也可防止后台软件运行时流量的白白流失。

任务总结

　　本子任务系统地阐述了什么是手机APP、手机APP的分类及使用过程中如何维护等内容。随着智能手机的发展,我们可以安装更多的应用程序,从而使智能手机的功能得到较大提升。企业用户可以借助APP来进行移动端的营销,提高企业品牌推广力度和盈利能力;个人用户可以借助APP来解决日常生活中衣食住行等各方面的问题。当然,智能手机难免会遭到非法程序的影响,例如智能手机病毒问题等。因此,尽量选择从手机软件的官方网站、信誉良好的第三方应用商店等正规平台上下载APP。

任务巩固

1.举例说明智能手机APP给我们生活带来的积极影响。

2.小张同学是学习新媒体类专业的,他购买了一台新手机用于拍摄和制作短视频,请你为他推荐合适的手机APP用于提升专业技能。

测试任务

请扫右侧二维码,进入任务测试环节,看看掌握了多少。

测试:智能
手机APP

子任务3　信息检索技术

任务描述

　　小王同学本学期面临的最重要的事情就是写毕业论文,在确定好选题方向后,指导老师希望小王能多查阅相应的文献资料,在规定时间内写好开题报告。可是面对网络中海量的信息,小王同学不知所措。接下来,让我们来了解信息检索的方法与技巧。

任务分析

　　网络世界信息繁多复杂,如何从中获取自己所需的知识是一门学问。小王同学需要了解什么是信息检索技术,学会利用多种不同平台检索信息,掌握多种信息检索技巧以提高从网络获取有用信息的效率,从而让网络提供更高价值的信息。

任务实现

1.什么是信息检索

信息检索(information retrieval)是指将信息按一定的方式组织和存储起来,并根据用户的需要找出有关信息的过程和技术,是有目的和组织的信息存取活动,其中包括"存"和"取"两个活动。从信息检索的概念上不难看出,它可以分为基于网络的和非网络的信息检索。随着网络的普及,信息检索成了互联网上最普遍的应用之一,现在人们常说的信息检索大多是指网络信息检索。

信息检索首先需要提供这项服务的技术平台,就是搜索引擎,它是信息检索的主要手段。搜索引擎是指根据一定的策略,运用特定的计算机程序从互联网上搜集信息,在对信息进行组织和处理后,为用户提供检索服务,将用户检索到的相关信息展示给用户的系统。

搜索引擎常指互联网上专门提供检索服务的一类网站,这些站点的服务器通过网络搜索软件(例如网络搜索机器人)或网络登录等方式,将互联网上大量网站的页面信息收集到本地,经过加工处理后建立信息数据库和索引数据库,从而对用户提出的各种检索做出响应,提供给用户所需的信息或相关链接。百度就是一款比较流行的搜索引擎。

搜索引擎的核心技术之一是索引技术,该技术可以大大提高搜索的效率。搜索引擎要对所收集到的信息进行整理、分类、索引以产生索引库,而分词技术是中文搜索引擎的核心。分词技术是利用一定的规则和词库,切分出一个句子中的词,为自动索引做好准备。

搜索引擎包括全文索引、目录索引、元搜索引擎、垂直搜索引擎、集合式搜索引擎、门户搜索引擎与免费链接列表等。搜索引擎涉及多种技术,如检索排序技术、网页处理技术、网络爬虫技术、大数据处理技术、自然语言处理技术等。

2.信息检索平台

不同的网络信息检索平台具有不同的网络信息检索方法。常见的网络信息检索平台有:

(1)百度/谷歌

谷歌是全球最大的搜索引擎,而百度则是全球最大的中文搜索引擎。百度公司是国内最大的以信息和知识为核心的互联网综合服务公司,更是全球领先的人工智能平台型公司。百度搜索引擎是网民获取中文信息的主要入口。创始人李彦宏于2000年1月1日在北京中关村成立百度公司,并且拥有"超链分析"技术专利。中国是全球仅有的五个拥有搜索引擎核心技术的国家之一,其他四个国家分别为美国、俄罗斯、法国和韩国。"用科技让复杂的世界更简单"是百度公司的使命,百度不断坚持技术创新,致力于

"成为最懂用户,并能帮助人们成长的全球顶级高科技公司",每天响应来自 100 余个国家和地区的数十亿次搜索请求。百度知道、百度百科、百度文库等六大知识类产品构成知识生态圈,并累计生产超 10 亿条高质量内容。

谷歌(Google)搜索引擎是斯坦福大学理学博士生拉里·佩奇和谢尔盖·布林在 1998 年创立谷歌公司后开发的。该引擎能够对网站之间的关系做精确分析,并且其精确度完胜当时其他搜索技术。谷歌搜索引擎有"约 4000 亿份文档"的网络索引,每天需要处理数十亿次的搜索请求。谷歌搜索引擎功能强大,支持新闻搜索和图片搜索,并且搜索速度很快,库存网页数量位于行业前列,支持 133 种语言,搜索结果准确率高。

搜索引擎的使用很简单,例如,在百度主页面的搜索框中输入"北斗三号全球系统"后单击 百度一下 ,弹出如图 2-29 所示页面,单击相应链接即可浏览相关内容。

若需要进行更加高级的搜索,可在百度主页面右上角单击 设置 按钮进行设置。

图 2-29 搜索"北斗三号全球系统"主题后的界面

(2)国内三大文献检索平台

文献检索是指利用图书文献的分类方法查找、搜寻所需文献的过程。随着信息检索需求不断提高,网络文献检索平台越来越多,各大高校图书馆网站、各个公共图书馆网站、国家科技图书文献中心(https://www.nstl.gov.cn/)都可进行文献专刊检索。国内著名的三大文献检索平台是万方数据库、中国知网、维普网。

①万方数据库(https://www.wanfangdata.com.cn/)。

万方数据库隶属于北京万方数据股份有限公司,是涵盖期刊、会议纪要、论文、学术成果、学术会议论文等的大型网络数据库。

万方数据库主页面如图 2-30 所示。例如，在搜索框中输入"投资风险控制"后单击 🔍 检索，弹出如图 2-31 所示页面，单击 📖 在线阅读 ⬇ 下载 可浏览、下载内容，单击 “ 引用可导出文献条目。

图 2-30　万方数据库主页面

图 2-31　检索"投资风险控制"主题后的界面

②中国知网（https：//www.cnki.net/）。

中国知网 CNKI 工程是以实现全社会知识资源传播共享与增值利用为目标的信息化建设项目，由清华大学、清华同方公司发起，始建于 1999 年 6 月，采用自主开发的具有国际领先水平的数字图书馆技术，建成了世界上全文信息量规模最大的"CNKI 数字图书馆"。随后正式启动建设"中国知识资源总库"和 CNKI 网格资源共享平台，通过产业化运作，为全社会知识资源高效共享提供丰富的知识信息资源和有效的知识传播与数字化学习平台。

中国知网主页面如图 2-32 所示。例如,在主题框中输入"3D 打印技术",并单击 🔍 后,弹出如图 2-33 所示页面,可以选择中文文献、外文文献,可以根据自己的需求打开文献名对应的链接后,选择下载、在线阅读或收藏。

图 2-32　"中国知网"主页

图 2-33　搜索"3D 打印技术"主题的界面

③维普网(http：∥www.cqvip.com/)。

维普网是由重庆维普资讯有限公司所建立的网站,该公司是一家大型的专业化数据公司,隶属于科学技术部西南信息中心,目前已经成为中国较大的综合文献数据库,奠定了中文期刊数据库建设事业的基础。该公司业务范围广泛,涉及数据库出版发行、期刊分销、电子期刊制作发行、知识网络传播、网络广告、文献资料数字化工程以及基于电子信息资源的多种个性化服务。从1989年起深耕报刊数据业务,致力于对海量的报刊数据进行科学严谨的研究、分析、采集、加工等深层次开发和推广应用。

维普网主页面如图2-34所示。例如,在"文献搜索"文本框中输入"网络安全",单击 开始搜索 后,弹出如图2-35所示页面,可以根据自己的需求打开文献名对应的链接后,选择在线阅读、下载或收藏。

图 2-34 维普网主页面

图 2-35 搜索"网络安全"主题的界面

3. 信息检索技巧

掌握一些实用的信息检索技巧能提高信息检索效率，做到快速、准确、全面地查找信息。以下所列均为百度搜索信息常用技巧。

（1）减除无关资料——"—"

百度支持"—"功能，可有目的地删除某些无关网页，有利于缩小查询范围，注意减号之前必须留一空格。如搜寻关于"CSDN"，但不含"博客"的信息，如图 2-36 所示。其中 CSDN 是一个全球知名的中文 IT 技术交流平台，域名是 www.csdn.net。

（2）并行搜索——"|"

使用"A|B"可搜索包含关键词 A，或者包含关键词 B 的网页。如查询"CSDN"或"程序爱好者"相关资料，只要输入"CSDN|程序爱好者"进行搜索即可，如图 2-37 所示。

Baidu百度　CSDN -博客

Baidu百度　CSDN|程序爱好者

图 2-36 "—"搜索示例　　　　　图 2-37 "|"搜索示例

（3）把搜索范围限定在网页标题中——intitle

网页标题通常是对网页内容提纲挈领式的归纳，把查询内容中的关键部分限定在网页标题中，能获得良好的效果。如查找 CSDN 中标题带"程序员"的网页，可以进行如图 2-38 所示查询。

（4）限定搜索范围在特定站点中——site

把搜索范围限定在某个站点中，可提高查询效率。如在 CSDN 中寻找下载器，可以进行如图 2-39 所示查询。

Baidu百度　CSDNintitle:程序员

Baidu百度　下载器site:csdn.net

图 2-38 intitle 搜索示例　　　　　图 2-39 site 搜索实例

（5）限定搜索范围在 URL 链接中——inurl

对搜索结果的 URL 也可做某种限定，如在 CSDN 中寻找"信息检索"相关内容，可以进行如图 2-40 所示查询。

（6）精确匹配——双引号和书名号

给查询词加上双引号可以让百度不拆分查询词而搜索整个词组；给查询词加上书名号可以专门搜索图书。例如，搜索"MySQL"，加上书名号后，如图 2-41 所示，搜索结果就都是关于 MySQL 图书方面的信息。

Baidu百度　CSDNinurl:信息检索

Baidu百度　《MySQL》

图 2-40 inurl 搜索示例　　　　　图 2-41 书名号搜索示例

（7）查找文档——filetype

网上资料的形式是多种多样的，有的以 Word、Excel、PowerPoint、PDF 等格式，而并非网页的形式存在。百度支持对 Office 文档、PDF 文档、RTP 文档等进行全文搜索，对于非网页形式的资料文档，只需在搜索词后加"filetype：文件类型"就可以了，如图 2-42 所示。

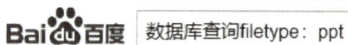

图 2-42　指定文件类型 PPT

信息检索技术，是我们获取知识的捷径、科学研究的向导、终身教育的基础，随着信息技术的飞速发展和互联网的普及，人类有了丰富的信息源，但是海量的信息容易出现"信息过载"现象，使用户淹没在信息的海洋里。所以在海量信息中获取自己想要的知识，是我们需要掌握的技能，只有不断更新知识，才能适应当代信息社会发展的需求。

任务总结

　　本子任务主要阐述了信息检索的定义、信息检索的方法、信息检索的技巧等内容。社会进步的过程就是一个知识不断生产、流通、再生产的过程。为了全面、有效地利用现有知识和信息，在学习、科学研究和生活中，信息检索的时间比例逐渐升高。获取学术信息的最终目的是通过对所得信息的整理、分析、归纳和总结，根据自己学习、研究过程中的思考和思路，将各种信息进行重组，创造出新的知识和信息，从而达到信息激活和增值的目的。

任务巩固

1.网络信息检索有哪些技巧？

2.对于学生上交的毕业设计论文，老师需要甄别有没有抄袭，请你运用所学的信息检索技术帮助老师对论文进行查重处理。

测试任务

请扫右侧二维码，进入任务测试环节，看看掌握了多少。

测试：信息检索技术

项目 3 探索计算机新技术

党的二十大报告提出,"建设现代化产业体系","坚持把发展经济的着力点放在实体经济上","加快发展数字经济,促进数字经济和实体经济深度融合,打造具有国际竞争力的数字产业集群"[①]。推动数字经济和实体经济深度融合是建设现代化产业体系的必然要求,而智能化是现代化产业体系的重要特征。培育壮大以数字技术为核心的云计算、大数据、人工智能、虚拟现实、区块链等新兴产业,催生出一大批新技术、新业态、新应用,不仅能形成新的经济增长点,还能带动对传统产业的全方位、全链条改造,发挥数字技术对经济发展的放大、叠加、倍增作用。

本项目思维导图及介绍视频

在本项目的学习中,我们将带你学习"双碳"战略背景下实现"东数西算"的核心技术云计算,推动数字中国建设的大数据技术,引领新一轮科技革命和产业变革的核心技术人工智能,助力乡村振兴的 VR 直播等虚拟现实技术和推动新时代中国网络法制建设的区块链技术。

任务 1 认识云计算

子任务 1 云计算的概念

课件:认识云计算

任务描述

小王同学很喜欢逛淘宝,她每天至少要打开淘宝 APP 三次以上。有一次她打开淘宝 APP 时发现页面下方有一行很小的文字提示"阿里云提供计算服务",这让小王同学

---

① 习近平. 高举中国特色社会主义伟大旗帜 为全面建设社会主义现代化国家而团结奋斗:在中国共产党第二十次全国代表大会上的报告[N].人民日报,2022-10-26(01).

很好奇,她打开搜索引擎找到了阿里云这家公司,这是一家阿里巴巴旗下的"云计算"公司,她很想了解一下云计算。刚好她的一个同学小丁是学云计算技术与应用专业的,于是小王迫不及待地去找了小丁同学。因为对计算机不是很精通,小王希望小丁不要跟她讲晦涩难懂的专业术语,她担心听不懂。

任务分析

在本子任务中,小王的需求是了解云计算,最好不要一开始就跟她讲云计算的概念,要尽量用通俗易懂的方式向她科普云计算。为了让小王了解云计算,小丁结合自己的专业所学绞尽脑汁终于想出了一个关于云计算的创业故事。一天晚上,小丁把小王约到了操场的看台上,在月光的陪伴下,小丁耐心地给小王讲起了这个故事。等小王对云计算有了初步的认知后,小丁再从专业角度讲解云计算的基本概念、特点和服务模式等知识,这样小王对云计算概念有了更进一步的理解。好了,接下去这个子任务就交给小丁同学啦。

任务实现

视频:云计算的概念

1. 云计算的创业故事

皮特是一家游戏公司的技术总监,由于在线玩家严重流失,整个公司坚持了不到半年就濒临破产。看着一大堆的游戏服务器、存储设备、网络设备……他一声悲叹。老板很迷茫,这么多的资源,卖掉的话觉得可惜,出租的话赚不了多少钱,而且需要占用这么大的场地,老板不知道该怎么合理利用这些资源。皮特被迫离职后就跟着父亲兼职开发管道燃气信息管理系统,那时管道燃气已经很成熟,新小区都预埋了燃气管道,而皮特家所在小区是一个老小区,还是采用传统的煤气瓶(见图3-1)。

图 3-1　不同大小的煤气瓶

根据具体的需求购买不同容量的煤气瓶,然后把它扛到家里。这种传统的方式除了需要耗费体力外,还可能会在炒菜时没有煤气了,给生活带来不便,当然最重要的是这种方式缺乏安全性,煤气瓶爆炸事件时有发生,危及生命安全。皮特每天与工人一起熟悉具体的流程并分析功能需求,包括燃气收费系统、设备管理、生产调度管理等。经过九九八十一天的奋战,皮特终于帮助燃气站开发了一个小型的智能信息管理系统。这个系统可以按照用户的需求开通管道燃气,根据用户的燃气使用情况进行计费,大大提高了管道燃气的管理效率。从事这个兼职工作后,皮特除了获得不菲的收入外,他始终有一种隐隐的感觉——原先的工作和这个管道煤气工作有一种相似的地方。

公司传统的方式就跟把煤气瓶扛回家一样直接把服务器(见图3-2)买回家,但是这种方式随着公司业务的不断发展出现了很多问题,比如设备老化、耗电量大、占用空间大等。有没有一种类似燃气站的方式呢? 燃气管中的资源是燃气,服务器中的资源主要是计算资源(CPU 和内存)、存储资源和网络资源。能不能建一个这样的资源中心,通过收费的方式将资源提供给用户呢?

大型服务器　　　　中型服务器　　　　小型服务器

图3-2　服务器

计算机资源站提供的是满足用户需求的各类计算机资源,用户根据自己的需求构建自己的计算机环境(见图3-3)。"对,太好了!"皮特如梦初醒,老板那边不就是一个计算机资源站吗? 这么多的资源不就可以利用起来嘛! 于是他马上将这个想法告诉了老板,老板非常认可,找来了原先的技术人员,通过不断研发,终于诞生了云产品。自从推出了这个云产品之后,来自世界各个角落的客户络绎不绝,老板的公司也从原先快倒闭的游戏公司成功转型成了一家云计算公司,而且业务已经远远不能满足需求,于是构建了更大的资源中心,从当地拓展到了很多地方,云也慢慢地走进了普通人的生活。

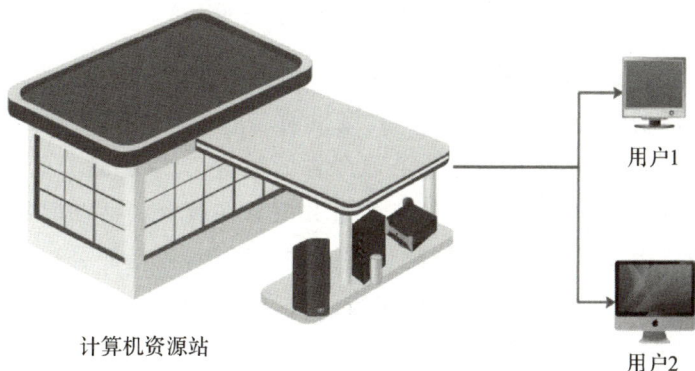

计算机资源站

用户1

用户2

图3-3　计算机资源站

2. 云计算产生的背景

每年的"双 11"电商大战中,怎样的计算机系统能经受住每秒十几万次的订单成交量? 如果没有云计算技术,为了完成这样的任务必定要投入大量的资金去购买昂贵的服务器和存储资源,为了让这些设备正常运行,还要配备专业的运维人员。然而井喷式的成交量一年也只有几天,大部分时间这些设备资源都是闲置的,不能得到有效利用。正因为如此,云计算技术应运而生,并在短时间内得到了广泛应用。接下来,就让我们一起来详细了解一下吧。

早在 20 世纪 60 年代,约翰·麦卡锡(John McCarthy)就提出了把计算能力作为一种像水和电一样的公共事业提供给用户的理念,这是云计算思想的起源。云计算是继个人计算机变革、互联网变革之后的第三次 IT 浪潮,如图 3-4 所示,这也是中国战略性新兴产业的重要组成部分。

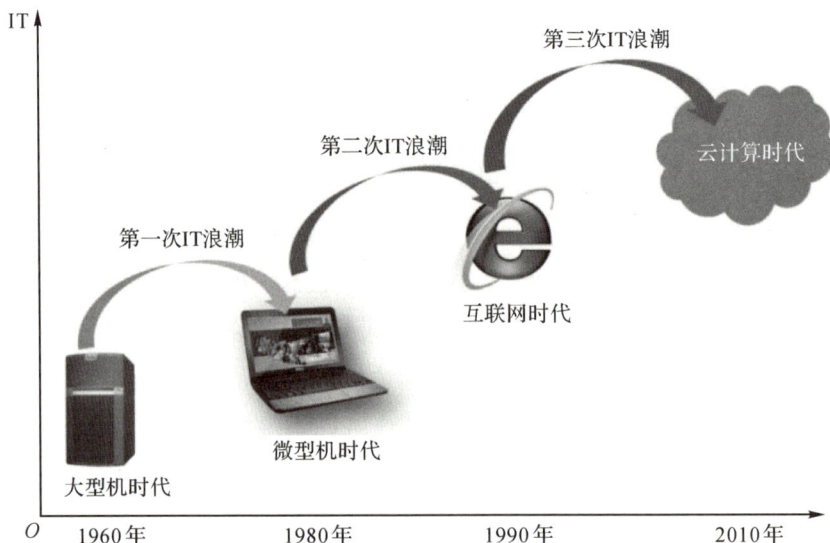

图 3-4　云计算与第三次 IT 浪潮

最早推出云计算服务的是亚马逊(Amazon)公司,它是一家类似于淘宝的电商公司。为了使电商促销活动时公司的网站够在大流量请求的情况下仍然能正常提供服务,亚马逊的 IT 工程师们不得不增加数据中心服务器的数量。然而,这样带来了服务器资源浪费的问题,因为在平时公司网站的请求数量并没有在搞促销活动时那么多。因此,如何利用这些空闲资源成了亚马逊亟待解决的问题。于是,亚马逊公司在 2006 年首次推出了弹性计算云服务(Amazon EC2),即将自己数据中心的服务器以租赁的形式共享给其他用户,云计算在这样的背景下应运而生。

3. 云计算的中国故事

尽管云计算服务最早由亚马逊公司推出,但是云计算在中国的发展势头丝毫不输国外。2009 年,阿里云成立,成为国内最早布局云计算的企业。2010 年,华为正式公布云计算战略,同年,腾讯在内部立项研究云计算。在随后的几年中,各家厂商陆续推出云产品,推动云计算市场快速发展。目前云计算在中国经历了十余年的演变,已经从最初的概念阶段进入了普及适用阶段。尤其是近年来,随着远程办公、在线教育等需求的爆发式增长,进一步推动了国内云计算市场的快速发展。中国云计算市场规模逐年扩大,据中国信息通信研究院的统计,2023 年国内云计算市场规模达 6192 亿元,同比增长 36%,2025 年国内云计算整体市场规模将突破万亿元。国务院出台的《"十四五"数字经济发展规划》明确提出"推动智能计算中心有序发展,打造智能算力、通用算法和开发平台一体化的新型智能基础设施,面向政务服务、智慧城市、智能制造、自动驾驶、语言智能等重点新兴领域,提供体系化的人工智能服务",云计算在新时代已经成为我国数字经济的"底座"。

4.云计算的定义

云计算并不是什么高深的概念,它是一种新兴的共享基础架构的方法,通过云计算可以将计算资源、存储资源、网络资源等 IT 资源整合在一起,为用户提供按需付费的弹性服务的技术。有关云计算的概念最早来自谷歌,而对于云计算的定义有多种说法。对于到底什么是云计算,至少可以找到 100 种答案。目前广为接受的是美国国家标准与技术研究院(National Institute of Standards and Technology,NIST)的定义:云计算是一个模型,这个模型可以方便地按需访问一个可配置的计算资源(包括网络、服务器、存储设备、应用以及服务等)的公共集。

根据这个定义以及其他学者和组织对云计算的理解,云计算模型有 5 个关键功能,即按需自助服务、广泛的网络访问、共享资源池、快速弹性能力和可度量的服务。

除此之外,这些定义中有一个共同点,即"云计算是一种基于网络的服务模式"。用户只需根据自己的实际需求,向云计算平台申请相应的计算、存储、网络等云资源,并根据使用情况进行付费即可。这是共享经济的一个非常典型的应用,能够发挥计算机资源最大的价值。

4.云计算的特点

通过分析云计算的定义,我们可以发现,云计算有着明显区别于传统 IT 技术的特征。云计算主要有以下几个特点。

(1)按需付费

这是云计算模式最核心的特点,用户可以根据自身对资源的实际需求,通过网络方便快捷地向云计算平台申请计算、存储、网络等资源,平台在用户使用结束后可快速回收这些资源,用户也可以在使用过程中根据业务需求增加或者减少所申请的资源,再根据用户使用的资源量和使用时间进行付费。如图 3-5 所示,云计算所提供的服务就像日常生活中超市售卖的商品和电厂提供的生活用电一样,作为用户无须关心这个商品是怎么生产出来的,也无须关心电厂是怎么发电的。当需要商品的时候只要去超市购买即可,需要用电的时候只要插上电源即可。因此,云计算其实是资源共享理念在信息技术领域的应用。

超市模式　　　　　　　　电厂模式　　　　　　　　云计算模式

图 3-5　超市模式、电厂模式和云计算模式

（2）无处不在的网络接入

在任何时间、任何地点（只要有网络的地方）,只需要用手机、电脑等设备就可以接入云平台的数据中心,从而使用已购买的云资源。

（3）资源共享

资源共享是指计算和存储资源集中汇集在云端,再对用户进行资源分配。通过多租户模式服务多个消费者。在物理形态上,资源以分布式的共享方式存在,但最终在逻辑上以单一整体的形式呈现给用户,最终在云上实现资源分享和重复使用,形成资源池。

（4）弹性

用户可以根据自己的需求,增减相应的 IT 资源（包括 CPU、存储、带宽和软件应用等）,使得 IT 资源的规模可以动态伸缩,满足 IT 资源使用规模变化的需要。

（5）可扩展性

用户可以实现应用软件的快速部署,从而很方便地扩展原有业务和开展新业务。

5.云计算服务模式

当问你还记不记得买过哪些东西时,你可能会说出一大串,那你有没有想过这些东西是怎么到你手上的?作为一个客户,当你购买了一件商品的时候,企业就把商品交付到你手上。商品的种类多种多样,有些是原材料,比如钢铁,有些是零件,比如汽车轮胎,客户会利用零件生产面向终端用户的产品,比如汽车。那云计算是怎么交付的呢?我们一起来看看吧。

云计算是一种通过租赁交付给客户云资源的服务模式。按照服务的范围和结构特征可将云计算的交付分成基础设施即服务（infrastructure as a service,IaaS）、平台即服务（platform as a service,PaaS）和软件即服务（software as a service,SaaS）三种。

关于这三种服务模式的区别,可举个例子加以说明。在没有"云"的时候相当于自己盖房子,后来发现这样成本比较高,要请专业人员搭建、维护,如果房子盖得太大不能利用就浪费了,盖得太小又担心人多不够用,于是出现了不同的云服务模式。IaaS 相当于毛坯房(见图3-6),其除了具有房子的基本部分,其他几乎没有,房子具体做什么用由自己决定,这样就给用户很大的自由发挥的空间,比如屋内的装修、家具的选择等。也即 IaaS 提供给用户的一般是主机,也就是基本硬件设施,用户不但要开发程序,还要考虑搭建系统,维护运行环境,以及容灾备份、提高硬件利用效率和动态扩容等,这对用户的要求比较高。

图 3-6　IaaS 与毛坯房

PaaS 相当于简装,房子的用处有一定的限制,但家具已置办好了,比如床、洗漱台等,用户搬进来也能住。PaaS 是服务的运行环境,服务商提供了扩容以及容灾机制,用户负责开发程序即可,但程序需要匹配 PaaS 上的环境,不如 IaaS 那样自由。

SaaS 相当于精装修,比如酒店房间,用户需要时租一间住就行,不住了就退掉,完全不用操心房间维护的问题,有不同档次的酒店、不同格局的房间可供选择。SaaS 提供的是具体的服务,多租户共用系统资源,资源利用率更高。

从这个例子中可以看出三种服务模式的特点和区别,IaaS 主要提供硬件,PaaS 主要提供开发和运行环境,而 SaaS 直接提供软件。越是底层,企业对其的开发和运作越复杂,成本越高,一般地,一些大企业提供 IaaS 这个级别的服务模式,比如亚马逊、谷歌和阿里云,其次是一些中小型企业,在 IaaS 上搭建一个良好的创新型环境,帮助某个领域或者某类企业快速构建开发和运行环境,减少用户为构建这些环境花费的时间和付出的技术成本。

任务总结

小丁讲的这个故事纯属虚构,是想让小王对云计算有初步的认识,包括为什么要用云计算,传统的计算机模式有什么不足。同时,也希望通过这个故事让小王对创新创业的理念有更好的认识。通过本子任务的学习,我们还了解了云计算的产生背景、概念、特点和三种服务模式。其实,云计算与我们的网络生活息息相关,当我们打开手机使用微信与其他同学沟通的时候,发送的文字、语音和视频都要经过腾讯云处理的;当我们使用淘宝购物时,所看到的商品图片、价格、评论等信息都是从阿里云服务器来的;当我们使用有道词典查询英文单词和句子的释义时,所看到的翻译结果都是网易云服务器远程处理的结果。

云计算就像生活中使用的水、电一样,手机、电脑等终端设备就好比水龙头和电源开关,我们在使用水、电的时候不必关心这些资源来自哪里,只要在打开水龙头或者电源开关时能用即可,最后按照所使用的量进行付费。云计算就是这样一种按使用量付费的模式,它将我们所需要的资源抽象成一个资源池(资源包括网络、服务器、存储、应用程序等),用户可以按需使用这些资源,并根据所使用的资源按量进行付费即可。

任务巩固

1.传统的煤气瓶输送方式有什么缺点?
2.故事中的计算机资源站是什么?
3.请谈谈你对云计算的理解。

测试任务

请扫右侧二维码,进入任务测试环节,看看掌握了多少。

测试:云计算的概念

子任务2　认识计算思维

任务描述

小王同学在淘宝上搜索一种商品的时候,页面上往往会出现数万种结果,她挑选商品的时候会关注商品的销量和价格,所以经常会使用"按销量高低"或者"按价格高低"功能筛选商品。指导老师告诉她,每当她使用"按销量高低"或者"按价格高低"功能的时候,阿里云就会进行有关排序算法的计算处理,商品经过排序计算处理后,以一定的规律呈现在淘宝页面上。

任务分析

对数万种商品按销量或价格进行排序是一个非常复杂的过程,而实际使用"按销量高低"或者"按价格高低"功能时,往往只在几毫秒间便能得到结果,这全部依赖于排序算法。设计一个好的算法可以节省计算资源开销,提高运行的效率。因此,很多数学家、算法工程师等长期致力于算法方面的研究,推出了各种高效、应用广泛的算法模型。在本子任务中,我们通过介绍几种经典的排序算法来初步认识计算思维。

视频：认识
计算思维

任务实现

算法是一系列用于解决问题的清晰指令,能够通过一定规范的输入,在有限时间内获得所要求的输出。算法常常含有重复的步骤和一些比较或逻辑判断,不同的算法可能会用不同的时间、空间或效率来完成同样的任务。一个算法的优劣可以用空间复杂度与时间复杂度来衡量。无论算法有多么复杂,都必须在有限步之后结束并终止运行,即算法的步骤必须是有限的。

1. 选择排序算法

选择排序(selection sort)是一种简单、直观的排序算法,它的基本思路是:先在待排序的数列(无序序列)中找到最小(或者最大)元素,将其存放到数列的起始位置(有序序列第 1 位);再从剩余未排序的元素中继续寻找最小(或者最大)元素,放至有序序列的末尾;以此类推,直到所有元素排列完毕。这里举一个例子形象地介绍选择排序,如图 3-7 所示,对无序序列{19,35,26,05}的 4 个元素从小到大排序。

图 3-7　由 4 个数字组成的无序序列

首先将第一位数字依次与第二位、第三位、第四位进行比较,选出最小数字 05,将 05 与无序序列第一个元素交换,如图 3-8 所示。此时数字 05 成为有序序列的第一个元素,无序序列变为{35,26,19}。

图 3-8　第一轮选择排序结果

然后将第二位数字依次与第三位、第四位进行比较,选出最小数字 19,将 19 与无序序列第一个元素(即第二位数字)交换,如图 3-9 所示。此时有序序列变为{05,19},无序序列变为{26,35}。

图 3-9　第二轮选择排序结果

此时数字虽然已经是从小到大排列了,但是为了确保排序的准确性,还需要进行第三位与第四位数字的比较,比较得出较小数字是 26,如图 3-10 所示。此时有序序列变为{05,19,26},无序序列变为{35}。剩余的第四位无须进行比较,所以最后得到的有序序列为{05,19,26,35}。

图 3-10 第三轮选择排序结果

可以看到，上面 4 个数字运用选择排序算法排序，经历了 3 个轮回。第 1 轮进行了 3 次比较，第 2 轮进行了 2 次比较，第 3 轮进行了 1 次比较，总共比较了 3＋2＋1＝6 次。根据数学归纳法可知，n 个数字运用选择排序算法排序，需经历 $n-1$ 个轮回，第 i 轮需进行 $n-i$ 次比较，总共需要比较的次数 N 为

$$N = (n-1)+(n-2)+\cdots+2+1 = \frac{n(n-1)}{2} = \frac{1}{2}n^2 - \frac{1}{2}n$$

于是得到选择排序算法比较次数 T 关于 n 的函数：

$$T(n) = \frac{1}{2}n^2 - \frac{1}{2}n$$

当 n 趋向无穷大时，高次项对于函数的增长速度的影响是最大的，n^2 的增长速度远超 n 的增长速度，所以直接忽略低次项；同时函数的阶数对函数的增长速度的影响是最显著的，所以忽略最高阶项的系数，得到近似函数：

$$T(n) \approx n^2 (n \to \infty)$$

通过上面的分析，假设当 n 趋向无穷大时，近似函数 $T(n)$ 为选择排序算法的时间复杂度，记作 $O(n^2)$。

算法的时间复杂度是估计算法运行时间的重要指标，算法的时间复杂度越小，算法运行时间越短，算法效率越高，例如，$O(n)$ 优于 $O(n^2)$，$O(1)$ 优于 $O(n)$。

2.冒泡排序算法

冒泡排序(bubble sort)是一种典型的交换排序，就是通过相邻元素两两比较，根据条件判断是否交换位置，达到排序的目的。冒泡排序名字的由来是在交换排序的过程中，元素位移的过程类似水泡慢慢浮出水面。这里仍以无序序列{19,35,26,05}为例(元素从小到大排序)，介绍冒泡排序算法。

首先将第一位数字与第二位数字进行比较，数字 19 比数字 35 小，不交换位置；然后将第二位数字与第三位数字进行比较，数字 35 比数字 26 大，交换位置；继续将第三位数字与第四位数字进行比较，数字 35 比数字 05 大，交换位置。此时最大的数字 35 占据第四位，处于序列底端位置，如图 3-11 所示。

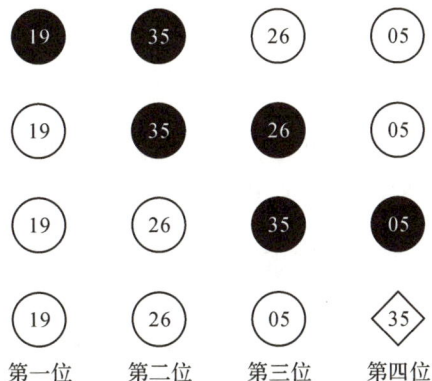

图 3-11　第一轮冒泡排序过程

第二轮排序的初始状态是第一轮排序的最终状态（第四位数字已经不需要参与比较），依次比较第一位与第二位，第二位与第三位，若前者比后者大则交换位置，否则不交换，结果就是将第二大数字 26 推向底端方向，位置仅次于最大数字 35，占据第三位，如图 3-12 所示。

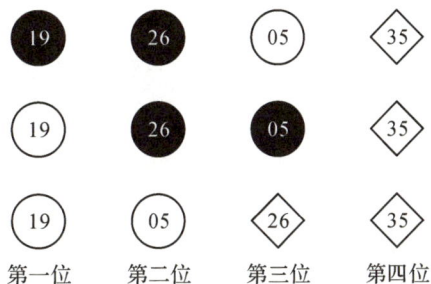

图 3-12　第二轮冒泡排序过程

沿用上述方法，数字 19 占据第二位后，数字序列便完成从小到大的排序，如图 3-13 所示。

图 3-13　第三轮冒泡排序过程

不难发现，n 个数字运用冒泡排序算法排序，需经历 $n-1$ 个轮回，第 i 轮需进行 $n-i$ 次比较，总共需要比较的次数 N 为：

$$N = (n-1) + (n-2) + \cdots + 2 + 1 = \frac{1}{2}n^2 - \frac{1}{2}n$$

故可知冒泡排序算法的时间复杂度为 $O(n^2)$，从算法的角度考虑，冒泡排序与选择排序时间复杂度相同。

3.其他排序算法

还有其他的排序算法吗？答案是肯定的。除了选择和冒泡两种排序算法外，还有插入排序、希尔排序、堆排序、快速排序、归并排序等排序算法。各种排序算法的时间复杂度也有差异，如表3-1所示。如果你想要对排序算法有更深入的了解，可以查阅相关资料，本子任务中不再展开介绍。

表3-1　排序算法的时间复杂度

排序方法	插入排序	希尔排序	选择排序	堆排序	冒泡排序	快速排序	归并排序
时间复杂度	$O(n^2)$	$O(n\log_2 n)$	$O(n^2)$	$O(n\log_2 n)$	$O(n^2)$	$O(n\log_2 n)$	$O(n\log_2 n)$

任务总结

本子任务中我们通过对选择排序算法和冒泡排序算法的学习，初步领略了计算思维的魅力。云计算的核心是计算，而计算离不开算法的支持。通过这样的介绍，相信小王同学对淘宝商品实现"按销量高低"或者"按价格高低"排序会有更深刻的理解。

任务巩固

1.简述选择排序和冒泡排序的流程。

2.什么是算法的时间复杂度？

测试任务

请扫右侧二维码，进入任务测试环节，看看掌握了多少。

测试：认识
计算思维

子任务3　云计算的关键技术

任务描述

小王同学在了解了云计算的基本概念之后，她加入了一个关于云计算的学习兴趣小组，该小组经常分享、讨论云计算的关键技术，比如虚拟化技术、分布式计算、集群等。有一天，该兴趣小组的指导老师给小王布置了一个任务，让她给组内的同学做一次云计算关键技术分享，重点给大家讲解虚拟化技术的一些基本知识，除此之外结合小组学习聊聊其他云计算的关键技术。让我们来帮助小王同学，收集云计算关键技术的相关材料，为她整理一下本次技术分享的主要内容。

任务分析

要分享虚拟化技术知识,首先需要让小组成员明白为什么云计算中需要这个技术。因为在云计算中,需要将数据中心的计算、存储和网络资源抽象成一个资源池,进行统一的分配、回收和调度,那么如何构建资源池呢?这就涉及虚拟化技术的背景,同时也是分布式存储的背景。小组成员刚刚接触这些新技术,小王同学不能一开始就跟他们分享抽象的知识。所以在本子任务中,我们将通过孙悟空拔毛的例子来引出虚拟化的定义并走进虚拟化的世界,然后分析传统计算机模型和虚拟化模型,通过对比,使得大家对资源的抽象有更直观的理解,让大家能够对虚拟化技术有更好的认识。此外,针对分布式存储和分布式计算这两个技术谈谈它们出现的背景和相关的概念。

云计算技术的产生是计算机技术进步的必然产物,是分布式计算、并行计算、效用计算、网络存储、虚拟化、负载均衡等传统计算机和网络技术发展融合后的"新一代的信息服务模式"。由于云计算相关的技术种类非常多,因此我们只挑选云计算相关技术中最核心的虚拟化技术、分布式存储技术和分布式计算技术作为本子任务的分析目标。

任务实现

1. 虚拟化技术

视频:云计算
的关键技术

云计算中的虚拟化技术就像孙悟空拔毛,孙悟空在遇到危险或者与妖怪搏斗的时候经常会从身上拔出一些猴毛,用嘴一吹变出很多孙悟空,如图3-14所示,非常神奇。这么多孙悟空是真的吗?真正的孙悟空只有一个,其他是用猴毛变出来的孙悟空,他们受真的孙悟空指挥。那么变出来的孙悟空与真的孙悟空是什么关系呢?

图 3-14　孙悟空拔毛

我们做个大胆的设想,孙悟空可以变得无穷多吗?这是不可能的,毕竟孙悟空的猴毛再多也是有限的,这说明什么问题?真假悟空之间有什么关系呢?大家可以发挥一下想象力。很多人可能会在脑海中出现一个概念:模拟或者模仿。这个跟虚拟化有点相

似,当然虚拟化的定义跟云计算一样并没有统一的标准,以下是一些业界比较认可的定义。

定义1:虚拟化是创造设备或者资源的虚拟版本,如服务器、存储设备、网络或者操作系统。

定义2:虚拟化是资源的逻辑表示,它不受物理限制的约束。

孙悟空通过拔毛变出很多孙悟空,这是一种技术,而虚拟化也是一种技术,它是模拟计算、网络、存储等真实资源的一种技术,是云计算非常重要的基础支撑。虚拟化技术是服务器虚拟化、网络虚拟化、存储虚拟化等技术的泛指。下面我们通过服务器虚拟化来介绍一下它的内在结构。

传统的计算机模型采用主机—操作系统(OS)—应用程序(APP)结构,如图3-15所示。这种模型自计算机诞生以来沿用至今,包括现在的手机也采用这种方式。这种结构简单方便,不足之处是上层OS和APP依赖于硬件,比如你买了一台苹果MAC电脑,那么必须安装苹果的OS和APP;而如果你买的是联想电脑,也想用苹果的OS和APP呢?这种结

图3-15 传统计算机模型结构

构就无能为力。而虚拟化模型,通过对硬件资源进行抽象实现多个虚拟机,改变了原有的这种结构,目前常见的虚拟化结构包括寄生和裸金属两种,如图3-16和图3-17所示。

图3-16 寄生结构

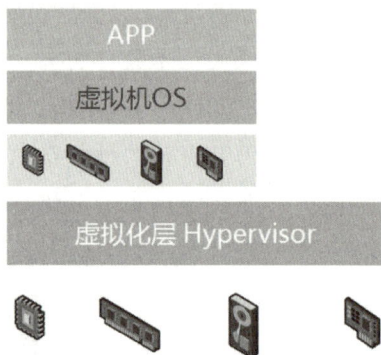

图3-17 裸金属结构

这两种虚拟化结构虽然有所不同,但是它们都有一个虚拟化层,它能实现真实硬件资源的虚拟化,然后分配给上面的虚拟机使用,这样就使得OS和APP独立于硬件,比如联想电脑可以运行苹果OS和APP。除此之外,寄生结构比裸金属结构多了一层:宿主操作系统。

2.分布式存储技术

假设有一个为用户存储照片的APP,其所在的服务器每天都有成千上万张照片需要存储,而万一某天服务器损坏了怎么办?尤其是珍贵的照片,记录的是满满的回忆,用

户会因为丢失照片而伤心。而且,如果某个时刻用户存储的照片特别多,这时上传速度会变慢,影响用户体验和便捷性。那么如何解决这些问题呢?采用分布式存储技术就能很好地解决上述问题。

分布式存储技术是通过网络将多个服务器或者存储设备连接在一起,整体对外提供存储服务的一种技术。它是云计算中很重要的一种技术,现在越来越多的软件将用户的本地数据迁移到了云端,如百度云盘、微信云盘、有道云笔记、网易云音乐等,类似的基于云存储的软件不胜枚举。这些具有云存储功能的软件,底层都使用了分布式存储技术,这种技术形成的分布式存储系统具有以下几个特性:

(1)高性能:对于整个集群或单台服务器,分布式存储系统要具备高性能。

(2)可扩展:理想情况下,分布式存储系统可以扩展到任意集群规模,并且随着集群规模的增长,系统整体性能也呈比例增长。

(3)低成本:分布式存储系统需要对外提供方便易用的接口,也需要具备完善的监控、运维等工具,方便与其他系统进行集成。

3.分布式计算技术

假设某台电脑有计算器功能,具体如下:

(1)输入 A 和 B;

(2)运算 A+B 得到 C;

(3)输出 C。

"这不是非常简单的加法运算嘛,我小学就会了。"是的,你说得没错。现在这三步都是放在电脑上计算的,这是"集中式"计算。这个功能很简单,但是当功能的负载很高时,单台计算机可能无法承载,这时如果把这个功能中不同步骤的任务分派给不同的计算机,不仅解决了负载高的问题,而且因为不是单台设备,增强了功能的可靠性,这就是分布式计算(distributed computing)的思想。

4.东数西算

在了解云计算的关键技术之后,就容易理解我国的东数西算工程了。在数字经济发展背景下,云计算需求旺盛,但东部地区土地资源稀缺,电力成本高,大规模建设云计算中心成本较高;而西部地区地广人稀,建设云计算中心有助于提升当地基础设施水平。因此,国家陆续出台多项政策,加快构建以算力和网络为核心的新型基础设施。2022 年 2 月,国家发展改革委等有关部门宣布全面启动全国一体化大数据中心协同创新体系建设,同意在京津冀、长三角、粤港澳大湾区、成渝、内蒙古、贵州、甘肃、宁夏等八地建设国家算力枢纽节点,并规划了 10 个国家数据中心集群,正式启动"东数西算"工程。通过云计算的核心技术,我国东部经济发达地区的数据可以传输至西部能源价格低廉的地区进行计算,再将计算结果返回东部地区,既降低了东部地区的计算成本,又带动了西部地区的发展就业，这就是我国的"东数西算"工程。

任务总结

> 通过本子任务的学习，我们理解了虚拟化的概念，由孙悟空拔毛这个例子联想到模拟或者模仿。虚拟化技术也类似于仿真，它能够对资源进行更加精确的抽象，将所有资源整合抽象后变成虚拟资源，然后进行统一的分配和调度，剥离了与真实硬件之间的依赖性，这是云计算中最重要的技术之一。除了虚拟化的概念外，我们还通过服务器虚拟化分析了传统的计算机模型和虚拟化模型的区别，并具体讨论了寄生和裸金属两种结构，最后简单介绍了分布式存储和分布式计算的思想、背景和概念。通过这样的介绍，相信小王同学在她的云计算兴趣小组分享会上一定能交出一份令人满意的答卷。

任务巩固

1. 孙悟空拔毛跟虚拟化有什么关系？

2. 什么是虚拟化技术？它在云计算中的作用是什么？

3. 分布式存储和分布式计算的定义是什么？两者有什么区别？

测试任务

请扫右侧二维码，进入任务测试环节，看看掌握了多少。

测试：云计算的关键技术

子任务4 云计算的应用

任务描述

小王同学在学习了云计算的基础概念和相关技术后，对云计算有了一定的了解，她决定去阿里云实际操作一下云计算系统，看看它到底跟平时所使用的普通计算机有什么不同。

任务分析

在本子任务中我们将在阿里云网站上申请一台免费的云计算服务器，基本环节包括申请阿里云账号、申请云服务器、对服务器进行相关操作和使用工单需求帮助等。首先需要在阿里云官方网站上注册个人用户账号，根据提示申请一台免费的云服务器。其次对云服务器进行控制台相关操作管理，包括开关机和远程连接，熟悉服务器的升降配和网络安全。最后学会使用工单寻求服务器问题的解决方法。接下来让我们一起开始动手实践吧。

任务实现

云计算的应用已经渗透到生活的方方面面，如我们经常使用的百度网盘、网易云音乐等都是云计算的典型应用。那这些应用是如何被搭建起来的呢？接下来让我们搭建一个阿里云服务器，一起感受在云端操作的乐趣吧。

视频：云计算的应用

1. 注册账号

在浏览器上输入 www.aliyun.com，单击"注册"进入注册页面，注册一个账号，如图 3-18 所示。注册成功并实名认证后就可以申请试用阿里云服务器，申请成功后可以免费试用一段时间。

2. 申请云服务器 ECS

在主页面找到云服务器，然后单击"免费试用"，就可以申请到如图 3-19 所示的云服务器。

欢迎注册阿里云

图 3-18　用户注册

图 3-19　申请免费云服务器

因为申请的是免费实例，CPU 和内存大小是固定的，存储空间默认为 40GiB，但是服务器所在地域用户可以根据自己的实际需求进行调整，如图 3-20 所示。图 3-21 是申请成功后获得的详细云服务器列表，在阿里云中称为实例。

云服务器ECS ✕

地域	华北6 (乌兰察布) ▼
	不同地域的实例之间内网互不相通；选择靠近您客户的地域，可降低网络时延，提高您客户的访问速度。
可用区	随机分配 ▼
实例规格	2CPU 4GiB ecs.u1-c1m2.large
	当前选择实例: ecs.u1-c1m2.large（2 vCPU 4 GiB，通用算力型 u1）
操作系统	Alibaba Cloud Linux / Alibaba Cloud Linux 3.2104 LTS 64位 ▼
系统盘	ESSD云盘 ▼ 40 GiB
系统盘性能等级	PL0（单盘IOPS性能上限1万） ▼

图 3-20　云服务器推荐选择

云服务器 ECS / 实例

实例

	创建实例 ⋯	🔍 自动识别	选择实例属性项搜索/输入关键字识别搜索	搜索	标签筛选 ▼	不分组 ▼

☐	实例 ID / 名称	状态 ▼	标签	操作系统	监控	可用区 ▼	配置	IP 地址
☐	i-0jligmxmjtum4c47p9nw iZ0jligmxmjtum4c47p9nwZ	● 运行中			⊯ ⊘	华北6 (乌兰察布) B	2核(vCPU) 4 GiB 1 Mbps ecs.u1-c1m2.large	8.130.110.41 (公) 172.20.75.156 (私有)

图 3-21　云服务器(实例)列表

3. 管理控制台

(1)调整实例状态操作

单击实例列表中的"更多"选项,在弹出的云服务器的相关列表中,可以查看实例状态,可选择相关的操作,比如启动云服务器,如图 3-22 所示。

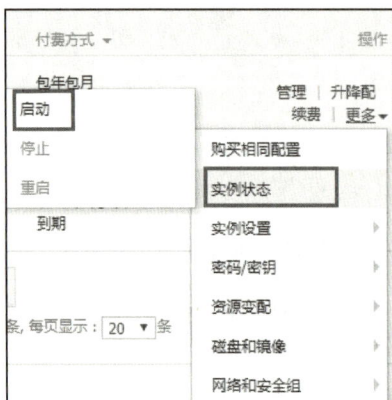

图 3-22　云服务器启动操作

146

(2)远程连接

单击“远程连接”,在浏览器上弹出的对话框内输入远程连接密码,如图 3-23 所示。

图 3-23　远程连接云主机

(3)配置云服务器资源

当你在管理云服务器的过程中,因为应用的需求发生变更,需要更多的资源,那么你需要进行系统升级。单击该实例列表中的“升级配置”,如图 3-24 所示,选择增加内存、CPU、带宽等。

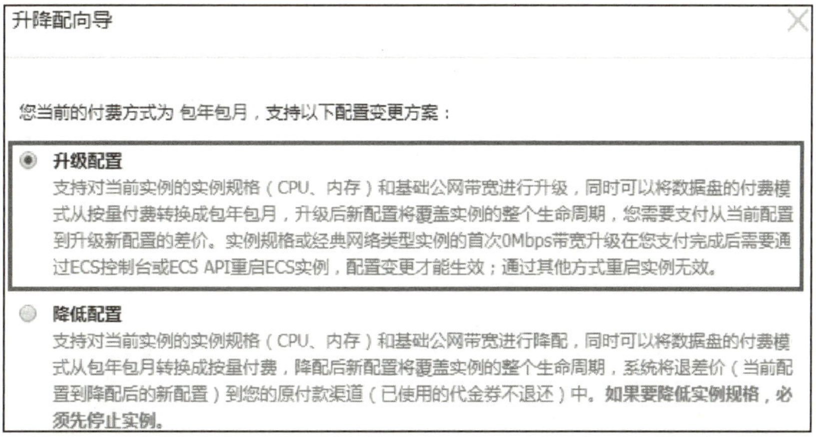

图 3-24　资源变更

(4)网络和安全管理

网络和安全对于服务器来说是非常重要的保障。你可以在左侧导航栏找到“网络和安全”选项,如图 3-25 所示,有多重安全配置可以选择,比如在“安全组”中进行端口限制设置。这里我们简要了解操作入口即可。

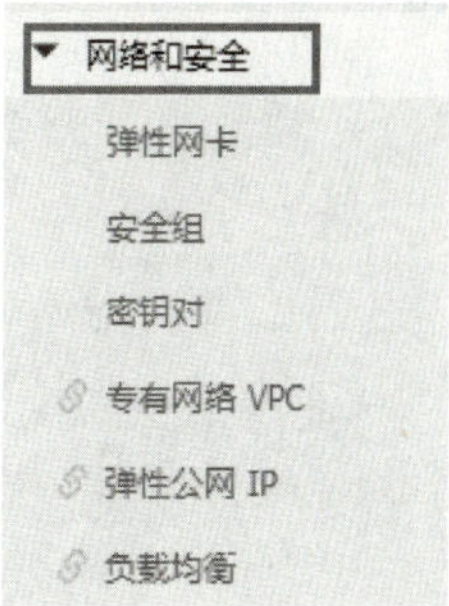

图 3-25　网络和安全

4. 工单管理

若在阿里云上部署 APP 时出现问题,而且无法解决,这时可寻求阿里云工单的帮助。找到顶部菜单栏的“工单”,然后选择“提交工单”,如图 3-26

所示。

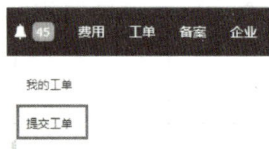

图 3-26　提交工单

你可以提问和描述相关问题的详情,如图 3-27 和图 3-28 所示。

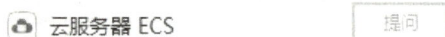

图 3-27　工单类型选择

图 3-28　工单详细描述

提交工单以后,阿里云工程师会在 1 天内对工单进行处理,还会通过电话详细咨询问题,并确认问题是否已经解决。

任务总结

通过本子任务,我们学习了如何在阿里云网站上申请一台云计算服务器。在云计算新发展阶段中,阿里云逐步引入了更多的具有自主知识产权的设备,如 CPU 芯片倚天 710、磐久服务器、磐久交换机等全栈自研的软硬一体基础设施,提高了国产化水平,也保证了云计算的安全可靠,感兴趣的同学可以在配置中自主体验。云计算在未来的科技成果应用中将会扮演更加重要的角色,让我们拭目以待吧。

任务巩固

1.请在阿里云平台或其他公有云平台上免费申请一台云计算服务器。

2.云计算包括 IaaS、PaaS 和 SaaS,请问这三层技术在工业界分别有哪些应用场景?

测试任务

请扫右侧二维码,进入任务测试环节,看看掌握了多少。

测试:云计算的应用

任务 2　培养大数据思维

子任务 1　什么是大数据

课件:培养大数据思维

任务描述

小王同学这学期报名参加了学校的勤工俭学活动,负责管理智慧交通学院的大数据实验室。老师给小王布置了一个任务,在实验室中张贴一些关于"什么是大数据"的宣传海报,给同学们普及大数据的相关知识。请你帮助小王同学设计大数据的海报。

任务分析

随着 DT(data technology,数据技术)时代的来临,大数据开启了一次重要的信息技术产业变革。人们的工作与生活时刻产生着大数据,又无时无刻不应用着大数据。比如,智慧医疗基于大数据分析提高疾病诊断的准确性,智慧交通基于流量数据预测为人们的出行保驾护航。大数据无疑在改变着人们的生产、生活方式,也影响着思维理念、方式的转变。通过学习大数据,我们可以更加客观地了解世界,逐步形成科学的世界观、人生观和价值观,并进一步增强对信仰的坚守精神、对社会责任的担当意识、对问题的辩证与批判性思考能力等。

那么大数据到底是什么? 如何向同学们形象地介绍大数据呢? 宣传海报的内容可以从三个方面来设计。首先告诉同学们大数据是怎么诞生的;其次介绍大数据的概念;最后,介绍大数据具有哪些特点。

任务实现

视频:什么是大数据

1.大数据的诞生

大数据如今已深入人们生产生活的方方面面。那么,大数据到底是如何诞生的呢? 2011 年 5 月,在以"云计算相遇大数据"为主题的 EMC World 2011 会议中,电子机

器公司(EMC)首次抛出了 big data(大数据)的概念。实际上,这半个世纪以来,随着计算机技术全面融入社会生活,数据爆炸已经积累到了引发变革的程度。它不仅使世界充斥着比以往更多的信息,而且其增加速度在不断提高。互联网(社交、电商、搜索)、物联网(传感器)、车联网、GPS 等,都在疯狂地产生着大量的数据。

在信息爆炸的时代,海量数据的产生,带动了一系列相关数据存储和数据处理技术的发展与创新。大数据的时代就这样来临了。

2.大数据的概念

我们总是提到大数据,那么到底什么是大数据呢?顾名思义,所谓"大数据"是指体量特别大、类别特别复杂的数据集,并且这样的数据集难以用传统的技术和软件对它们进行抓取、管理和处理,因此,需要更新的模式和技术对它们进行操作。

3.大数据的特点

目前,业界普遍认为大数据具有以下四个特征:volume(大量化)、velocity(快速化)、variety(多样化)、value(价值化),简称"4V",如图 3-29 所示。

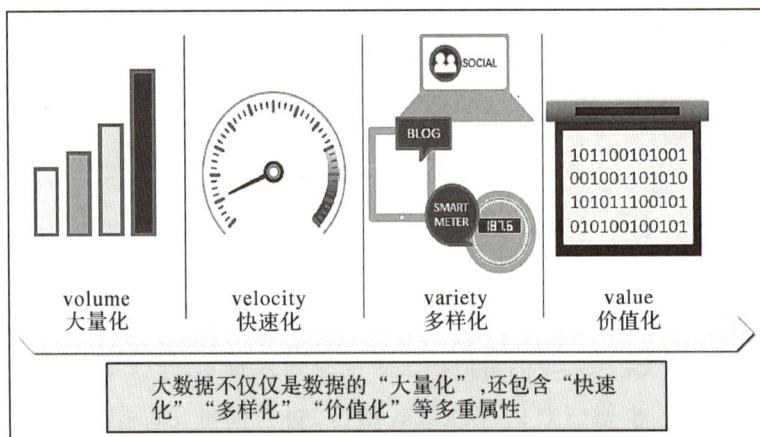

图 3-29　大数据的 4V 特征

(1)大量化:大数据体量巨大

十年前,很多同学都在使用 MP3,当时,一个小小的 MB 级别容量的 MP3 已经能满足大部分人的需求。然而,随着时间的推移,存储容量从最初的 MB 发展到 GB,再持续增加到 TB、PB、EB、ZB、YB。这些存储容量单位到底有多大呢?让我们来看看表 3-2。

表 3-2　大数据存储单位

存储单位	数值大小(近似值)	物理存储大小
terabyte(TB)	10^{12}	一块 1TB 硬盘
petabyte(PB)	10^{15}	2 个数据中心机柜

续表

存储单位	数值大小(近似值)	物理存储大小
exabyte(EB)	10^{18}	2000 个机柜
zettabyte(ZB)	10^{21}	1000 个数据中心
yottabyte(YB)	10^{24}	100 万个数据中心

为什么近年来需要这么大的存储容量？主要还是因为数据产生速度太快了。举个例子,一个中等城市的视频监控信息数据一天就能达到几十 TB;百度首页导航每天需要提供的数据为 1PB～5PB,如果将这些数据打印出来,就会有超过 5000 亿张 A4 纸。

现在你知道数据产生得有多快了吧。据国际数据公司(IDC)估计,数据每年将以不低于 50％的速度增长。2016 年全球数据量才 16.1ZB,预计 2025 年全球数据量将达到 163ZB,数据量将是 2016 年的 10 倍左右。

(2)快速化:大数据处理速度快

我们已经知道了大数据产生的速度非常快。对于产生的海量数据,我们难以将它们全部存储下来,而且数据具有时效性,过期就失去价值了。因此,大数据处理要注重及时性。很多平台对大数据处理速度有着非常严格的要求,甚至需要做到实时分析。目前,对大数据的处理要求是"1 秒定律":要求在秒级范围内给出数据的分析结果。

(3)多样化:大数据类型繁多

近几年,随着传感器种类的增多,移动设备、社交网络等的流行,产生了各种复杂多样的数据类型。除了传统的可以用二维表格量化的结构化数据,无法用固定结构表达的非结构化数据越来越多,如图 3-30 所示。这些类型多样的数据都对数据的处理能力提出了更高的要求。

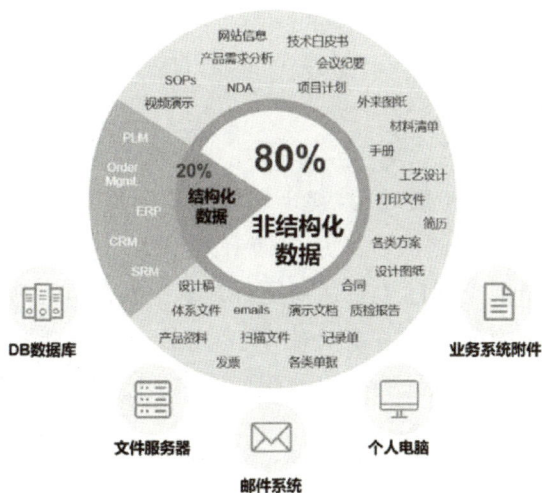

图 3-30　非结构化数据

（4）价值化：大数据价值密度低，但商业价值高

数据量在迅猛增长的同时，隐藏在海量数据中的有价值的信息的比例却非常小。举个例子，在连续不断的监控视频中，有用的数据可能只有一两秒，但是它可能有非常高的商业价值。

因此，挖掘大数据中的价值信息，就类似沙里淘金。如果能从海量数据中挖掘到稀少、珍贵的信息，那将会产生巨大的价值。

任务总结

小王同学从三个方面收集了大数据的相关资料，包括大数据的诞生、大数据的基本概念和大数据的4V特征。有了这些资料，她就可以开始制作"什么是大数据"的宣传海报啦。

在制作海报的过程中，小王体会到，在这样一个信息流通频繁、生活便利的社会中，大数据就是当前这个高科技时代的产物。大数据就像蕴藏能量的煤矿，从中挖掘得到有价值的信息，是各行各业竞争的关键。

任务巩固

1. 请你谈谈对大数据概念的理解。大数据有哪些基本特征？
2. 请你谈谈电子商务运营领域有哪些数据可以称得上大数据。这些数据有何价值？

测试任务

请扫右侧二维码，进入任务测试环节，看看掌握了多少。

测试：什么是大数据

子任务2　认识数据思维

任务描述

在了解了大数据的"4V"特征之后，善于思考的小王同学脑海里浮现出这样一些问题：数据在计算机中是如何存储的？又是如何有效地组织起来参与到程序的运算中的呢？如何利用数据、分析数据间的关系从而更好地解决实际问题呢？是否和现实社会中一样，"数字社会"中我们也要遵守一定的秩序、尊重社会公德呢？小王同学能提出这些问题，说明她初步具备了数据思维和数据结构的意识，让我们一起来探索吧。

任务分析

带着小王同学的疑问，我们一起来认识一下数据思维与数据结构。数据思维通常是指根据数据来思考事物的一种量化的思维模式，突出用大数据的方法和意识来处理

碰到的新问题。数据结构是指数据在计算机中存储、组织的方式,是一组具有一种或多种特定关系的数据的集合。数据结构和程序的运行速度以及存储效率关系密切,常用的数据结构可根据数据访问的特点分为线性结构和非线性结构。线性结构包括常见的数组、链表、栈、队列等,非线性结构包括树、图等。下面我们一起学习常见的数据结构及其特点。

任务实现

视频:认识
数据思维

1.数组

数组是最基本的数据结构,很多编程语言都内置了数组。创建数组时会在内存中划分出一块连续的内存空间,当有数据进入时系统会将数据按顺序依次存储在这块连续的内存中。

当需要读取数组中的元素时,则要提供元素的索引,根据索引将内存中的数据取出来。因为在存储数据时数组是按顺序存储的,存储数据的内存也是连续的,所以数组的特点是读取数据比较容易,但是由于插入和删除需要变更整个数组中数据的位置,所以插入和删除数据比较困难。如图3-31所示,计算机给具有十个数据元素的数组 a 在地址2000—2039 的范围内分配了一块连续的内存,数据依次存放在这块连续的内存中。

0	a[0]	2000—2003
1	a[1]	2004—2007
2	a[2]	2008—2011
…	…	…
8	a[8]	2033—2035
9	a[9]	2036—2039

图 3-31   数组结构

2.链表

链表也是一种常见的数据结构。创建链表的过程和创建数组的过程不同,不会先划出一块连续的内存,所以链表中的数据并不是连续的。链表在存储数据的内存中有两块区域,一块区域用来存储数据;另一块区域用来记录下一个数据保存在哪里,即指向下一个数据的指针。

当有数据进入链表时,系统会根据指针找到下一个存储数据的位置,把数据保存起来。由于链表是以这种方式保存数据的,所以链表在插入和删除数据时比较容易。但由于读取数据时需要我们一个一个地读取,直到找到目标数据为止,所以读取数据比较困难。如图 3-32 所示,计算机存储了一个具有四个数据元素的链表。

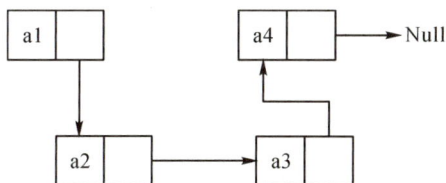

图 3-32   链表结构

3.队列和栈

队列和栈是两种常见的数据结构。可以把栈和队列看成是两根管子,这两根管子是用来存储数据的,栈的这根管子有一头是封死的,只能从一个口向这个管子放数据,也只能从这一个口拿出数据。而队列这根管子的两个口都是敞开的,一个口负责进数据,另一个口负责出数据,从入口先进去的数据,在出口处会先被拿出来。所以栈的特点是先进后出,队列的特点是先进先出。图 3-33 为栈结构,从中可知先进栈的数据在底部,则后出栈;后进栈的数据在顶部,则先出栈。图 3-34 为队列结构,从中可知先进队列的在前面,先出队列;后进队列的在后面,后出队列。队列就如同我们去食堂排队打饭,先排队的同学先打饭;而栈就如同士兵往弹夹里装子弹,后装的子弹会先发射出来。知识来源于生活,作为大数据时代的学子,我们要热爱生活,并学会用数据思维和视角去观察生活。

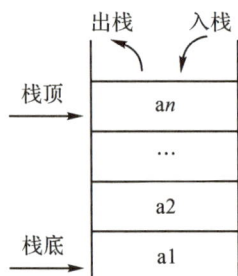

图 3-33 栈结构

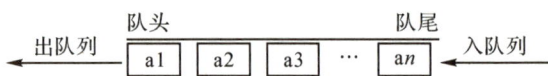

图 3-34 队列结构

4.树

树是一种重要的数据结构,它是由 $n(n \geqslant 0)$ 个有限节点组成的一个具有层次关系的集合。如图3-35所示,把它叫作"树"是因为它看起来像一棵倒挂的树,它是根朝上,而叶朝下的。

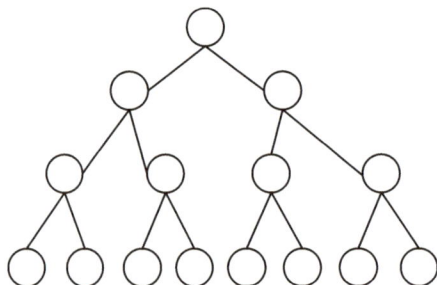

图 3-35 树结构

树具有以下特点:每个节点没有或有多个子节点;根节点是没有父节点的节点;非根节点有且只有一个父节点;除了根节点外,每个子节点有多个不相交的子树。

任务总结

　　小王同学通过对相关资料的查询和学习,了解了数据结构的概念,知道了数据结构是计算机存储和组织数据的方式。同时,小王同学还了解了线性结构和非线性结构两种数据结构以及数组、链表、栈、队列、树等常见的数据结构。至此,小王同学已经具备了认识数据的思维,为学习大数据知识奠定了坚实的基础。

任务巩固

　　1.请你谈谈对数据结构的理解。数据是如何组织参与到程序运算中的?

　　2.请你谈谈常用的数据结构,以及它们各有什么特点。

测试任务

　　请扫右侧二维码,进入任务测试环节,看看掌握了多少。

测试:认识
数据思维

子任务 3　大数据的关键技术

任务描述

　　在了解了什么是大数据和数据在计算机中的存储、组织方式之后,曾经学过简单的数据库知识的小王同学想知道大数据到底有什么厉害的地方,它在数据存储、计算、分析和展现方面到底使用了哪些和普通数据库不一样的技术。我们通过学习以下大数据的关键技术来帮助她解决这些疑问吧。

任务分析

　　大数据带来的不仅是机遇,更是挑战。传统的数据处理技术已经无法满足大数据的海量实时需求,需要采用新一代的信息技术来应对大数据的爆发。大数据技术的体系庞大且复杂,依据大数据的处理过程,大数据的关键技术可以分为 6 个部分,小王同学可以从这 6 个部分来学习。

任务实现

　　大数据的关键技术分别是大数据采集、大数据预处理、大数据分布式存储、大数据分析、大数据可视化呈现等,以及贯穿大数据处理环节的并行计算框架,其中处理海量数据的核心技术是分布式存储和并行计算框架,如图

视频:大数据
的关键技术

3-36 所示。

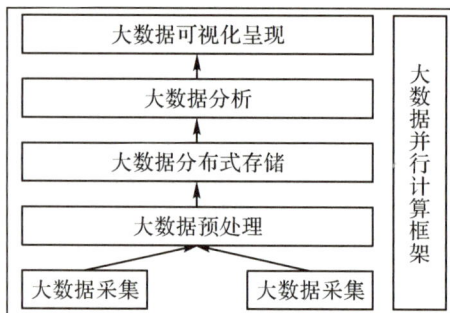

图 3-36　大数据关键技术框架

1. 大数据采集

大数据采集是指通过移动终端、物联网终端或互联网等多种渠道获取结构化、半结构化及非结构化等多种类型的海量数据的过程。采集的数据源种类繁多，数据体量庞大，数据的产生速度快，如微信用户的文字、图片、音频和视频数据，淘宝用户的浏览信息、评论文字等数据，智能电表每分钟采集一次的电表状态数据等。

大数据采集技术包括爬虫技术、数据采集工具（如 Flume 日志采集工具）、移动应用和网站中的埋点技术等。

需要注意的是，在大数据时代，拥有的数据越多，拥有的资源就越多，变现的可能也就越大。但网络爬虫稍有不慎，就可能面临诸多的法律风险，《中华人民共和国刑法》等法律法规对网络服务中的个人信息保护、互联网信息服务提供者信息搜集等做出了系统规定。例如：爬虫程序规避网站经营者设置的反爬虫措施或者破解服务器防抓取措施，非法获取相关信息，情节严重的，构成"非法获取计算机信息系统数据罪"；爬虫程序干扰被访问的网站或系统正常运营，后果严重的，构成"破坏计算机信息系统罪"；爬虫采集的信息属于公民个人信息的，有可能构成非法获取公民个人信息的违法行为，情节严重的，构成"侵犯公民个人信息罪"。

2. 大数据预处理

大数据预处理是指对已采集的种类繁多的数据进行整合处理，即将非同源的、异构的数据集的数据进行收集、整理、清洗、转换，从而生成一个新的数据集，为数据的查询和分析处理提供统一的视图。数据预处理主要包括数据清理、数据集成、数据转换、数据规约。

大数据预处理技术包括各种 ETL 工具比如 Sqoop，也可以使用 SQL、Python 等语言。

3.大数据分布式存储

随着互联网的发展,数据的规模不断扩大,增长速度不断提升,比如很多互联网公司的数据量早已达到 PB 级,每日产生的数据都是 TB 级以上的规模,传统的单机服务器的存储模式远远无法满足大数据应用场景下对数据存储的要求。

在海量数据的存储需求背景下,基于大量服务器协同的分布式存储得到很大发展。分布式存储是指将海量数据分散存储在多台独立的服务器上,如图 3-37 所示,数据以多个副本的形式存储到不同的存储节点上。

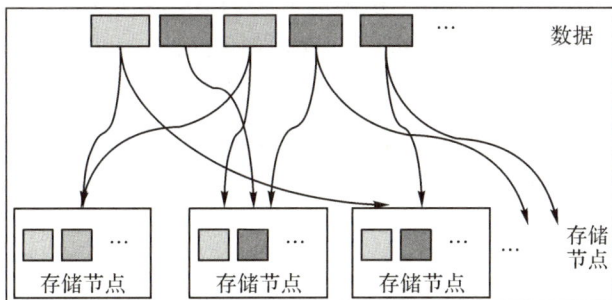

图 3-37　分布式存储

分布式存储系统的设计需要考虑数据的一致性(consistency)、可用性(availability)和分区容错性(partition tolerance),但这三个基本要求最多只能满足两个,这就是 CAP 理论。当分布式存储系统中某个服务器出现故障时,整个系统仍能正常运行,这就是可用性;为了保证分布式存储系统在服务器出现故障的情况下仍然可用,一般需要把数据复制多份存储到多个服务器上,这就需要保证多个副本的数据完全一致,这就是一致性;多台服务器如果通过网络进行连接,当分布式存储系统因为网络故障而分为多个部分时,仍能保证系统的可用性和一致性,这就是分区容错性。

大数据分布式存储的技术包括分布式文件系统(HDFS)、非关系型数据库(HBase)等。

4.大数据分析

大数据分析是大数据技术的重要部分,它直接决定了大数据能够给我们带来怎样的价值。大数据分析在机器学习、人工智能基础上能够开发出大量应用场景的推荐系统、人脸识别技术等,产生巨大的社会效应。

大数据分析基于分布式并行计算,既可以对海量数据开展数据分析,也可以开展数据挖掘。

(1)数据分析

数据分析(data analysis,DA)是指用适当的统计分析方法对大量数据进行分析,提取有用信息和形成结论,对数据加以详细研究和概括总结的过程。初级的数据分析主要开展描述性的数据分析,能够统计总量、平均值、方差等,能够进行对比分析、交叉分析等。高级的数据分析包括探索性数据分析和验证性数据分析,常见的分析方法有相关分析、因子分析、回归分析等。

(2)数据挖掘

数据挖掘(data mining,DM)是指从海量数据中,通过统计学、人工智能、机器学习等方法,挖掘出未知的且有价值的信息和知识的过程。数据挖掘是广义的数据分析,它能够从大量的、有噪声的、随机的生产生活数据中,将隐含的、人们事先不知道的,但又有用的信息和知识提取出来。

数据挖掘偏向于使用大数据应用系统。比如淘宝网根据用户历史数据生成用户画像,对用户的购物习惯偏好、近期的采购意愿等进行预测,开发商品推荐系统,使每个用户看到的网站首页都不一样;再比如用户验证时使用人脸识别技术进行真实用户判断等。

大数据分析技术主要包括 Hive、Pig 等数据仓库处理技术,sklearn 等机器学习库,TensorFlow 等人工智能库。

5.大数据可视化呈现

数据分析的目标是形成有效的统计结果和决策方案,最终能被用户所理解和接受,并应用到企业的生产实践和运营中。而对于如何以简单、直观的方式展现出来,大数据可视化呈现起到了重要作用。例如,"双 11"会场聚焦的数据大屏,就是大数据可视化呈现的典型应用,它的背后是大量实时交易数据在大数据技术支持下的快速汇总计算,但最终让用户感受到"双 11"的震撼效果的,是实时不断刷新的交易额。

大数据可视化呈现包括前端开发技术、各类型的可视化库如 Echarts 等。

6.大数据并行计算框架

面对海量数据,在整个大数据处理环节都有大数据并行计算框架的支撑。如图3-38所示,对于一个计算任务,并行计算框架会先把任务分解为多个小任务,分配到多台服务器上并行运行,将每个小任务的结果再合并处理,最终得到整个计算任务的结果。例如,要找 1 亿个整数中的最大值,可以将这个任务分成 10 个小任务,每个小任务是找1000 万个数据里的最大值,在 10 台服务器上同时进行,最后找出每台服务器的最大值,再比较得出最终的最大值。

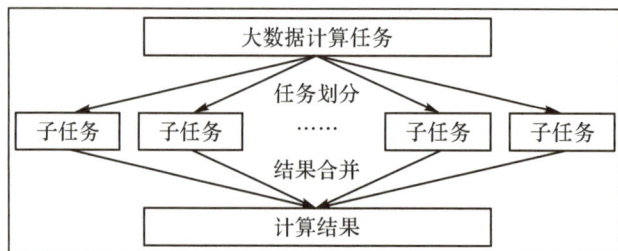

图 3-38　并行计算框架

大数据的并行计算框架可分为批处理模式和流处理模式。批处理模式是指采集到海量数据后,可以过段时间或在指定时间点进行数据预处理和后续工作,比如MapReduce 计算框架等。流处理模式要求对实时产生的数据立即进行处理并返回结果,比如 Storm、Spark 计算框架等。

任务总结

　　随着近年来互联网的发展、海量数据的诞生,在大数据采集、存储、处理和呈现等领域已经涌现了大量的新技术。这些新兴技术将海量数据中蕴含的信息和知识挖掘出来,提取有价值的信息,从而为社会经济活动提供决策依据,进而有效地提高社会经济的运行效率,甚至提高整个社会经济的集约化程度。

任务巩固

1.请你介绍一下大数据的关键技术涉及哪几个部分,有哪些常用的技术。
2.请你分析一下大数据并行计算框架分为哪两种类型,各自的特点是什么。

测试任务

请扫右侧二维码,进入任务测试环节,看看掌握了多少。

测试:大数据
的关键技术

子任务 4　大数据的应用

任务描述

　　小王决定毕业后从事大数据方向的工作,并向一家做大数据业务的公司投递了电子简历。公司给她回复了邮件并给她布置了一个任务:请调研一下大数据在哪些行业有比较成功的应用,并做简单分析。我们来帮助小王同学收集大数据应用的典型案例,并做简要的分析。

任务分析

　　随着大数据时代的到来,大数据在各行各业的应用越来越广泛和成熟,影响着我们的生活和工作。比如,大数据应用在电子商务领域中,可以帮助实现对卖家商品的个性化推荐,让买家买到真正需要的商品;大数据应用在城市交通领域中,则可以实现对城市交通拥堵的有效疏导等。下面让我们和小王一起来看一下大数据在各行业的典型应用吧。

任务实现

1. 大数据在电子商务领域的应用：电商个性化推荐

基于大数据技术实现的商品个性化推荐在电子商务领域的应用已经非常成熟，具体是指电商平台根据用户的兴趣爱好为其推荐可能感兴趣的商品。阿里巴巴电商平台就运用大数据技术对用户进行个性化推荐，为用户选购商品提供便捷，大大提高了用户购买率。举个例子，假设你是一位母亲，最近想给孩子买奶粉，于是你在电商平台上搜索并购买了奶粉。当你发生了这样的搜索和购买行为之后，电商平台的大数据分析系统就会将你的购买行为记录下来，并给你贴上母婴类人群的标签。而当你再次在该电商平台上进行购物时，它就很可能会为你推荐尿不湿、奶嘴、宝宝护肤品等婴儿用品。你会发现，你面对的不是一个简单的上网终端，而是一个知道你的需求、能满足你的需求的专业"导购"。这样的"导购"能够使用户更便捷地买到想要的商品，从而提高电商平台的用户购买率，增加效益。

在电商个性化推荐中需要解决两个问题：第一，如何获取用户的兴趣爱好；第二，如何为产品打上用户的兴趣标签。对于第一个问题，需要进行大数据采集，主要采集用户的个人基础属性信息（如年龄、地域、性别等）、用户的行为数据（如购买产品、浏览网页等），然后基于这些采集到的数据为用户打上相应的兴趣标签。对于第二个问题，则需要采用机器加人工的方式进行处理，如果该产品是个性化属性非常强的产品，如奶粉、尿不湿这样的特定人群使用的产品，那么可以采用人工的方式给用户打上产品兴趣标签；如果该产品是个性化不太强的产品，如衣服、鞋子、热门图书等，那就需要结合数据挖掘算法为该产品计算出产品兴趣标签。

2. 大数据在交通领域的应用：城市大脑交通治理

进入 21 世纪以来，全球城市化进程明显加快。城市承载的人口和功能越来越多，各类"城市病"日益凸显。交通治理作为城市发展过程中面临的难点课题，一直以来都是国内外学者、政府和企业关注与研究的重点。得益于交通检测技术的日益成熟与检测设备的推广普及，交通大数据的不断丰富、积累，相关研究成果在实际应用中得到了良好的效果。

城市大脑交通治理（见图 3-39）通过整合城市交通相关的多部门信息，基于"数据驱动＋人工智能"的云计算技术构建大数据时代的城市智通交通系统。通过多种管控与服务措施，能够有效降低交通拥堵程度，提升车辆通行速度。通过数据驱动优化，突破传统经验式的公交线路调整优化方式，促使公交线网配置更加完善，主干线和接驳线路相互补充，提高公共交通客流分担率，改善居民出行乘坐公交车的体验。应急车调度与优先通行应用为应急车提供车辆调度、路径规划、信号优先控制等服务,可使派遣车辆到达目的地所用时间缩短50%,为保护人民群众的生命、财产争分夺秒。通过数据量化分析帮助政府有针对性地进行停车场建设规划、停车场治理和公共交通规划。城市大脑帮助交通管理从单纯的空间管理走向时空管理,从交警专治走向社会共治,从定性管理走向定量管理,极大地推进了交通治理体系智慧化和治理能力现代化的建设。

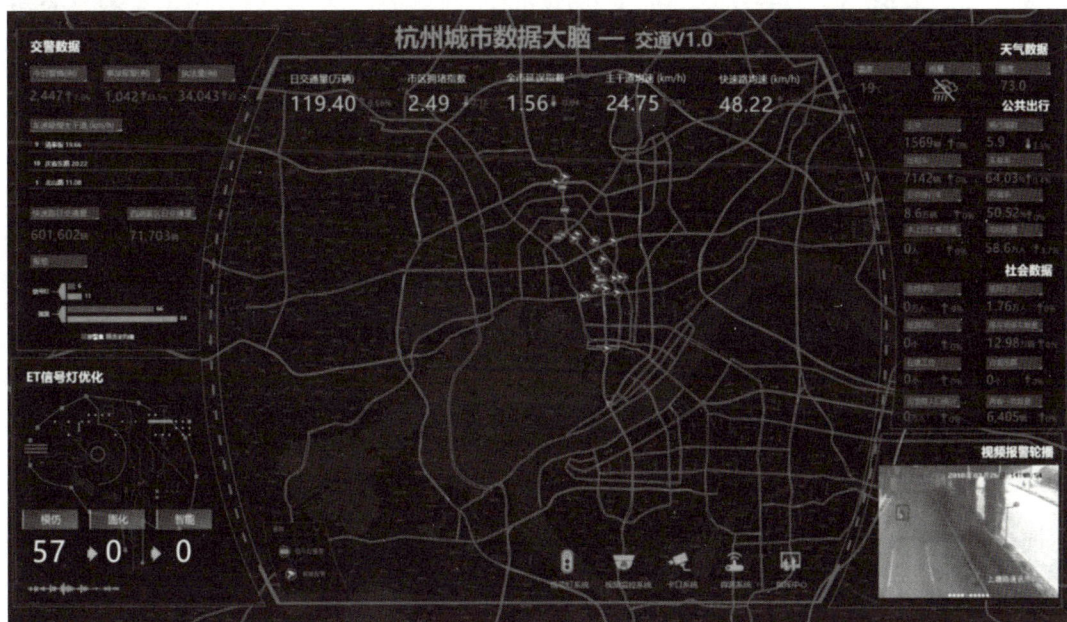

图 3-39　杭州城市大脑交通治理

任务总结

通过本子任务的学习,我们了解了大数据的诸多具体应用场景。在未来的生活中,随着物联网技术的发展,越来越多的数据将会被采集并存储,数据的沉淀将使得越来越多的领域都能积累大数据,以这些数据为基础,并利用数据挖掘、机器学习等技术,将能够挖掘出很多有价值的信息。可以说,我们正从信息时代迈向大数据时代。

任务巩固

1.请你结合工作和生活实际,谈谈大数据的具体应用场景有哪些。

2.请你举出生活中通过大数据技术改变生活的例子。例如,通过高德地图积累的大数据能够改善出行效率,减少城市拥堵。

测试任务

请扫右侧二维码,进入任务测试环节,看看掌握了多少。

测试:大数据的应用

任务 3　触摸人工智能

子任务 1　什么是人工智能

课件：触摸
人工智能

任务描述

近年来，人工智能（artificial intelligence，AI）的发展非常迅速，在现实工作和生活中的应用愈发广泛，已经深入人们生产、生活的各个方面，正在影响和改变着人们的生活。同时，人工智能的发展引起人们思考：人工智能是否会强大到挑战人类智能的地步？具有人工智能功能的机器人是否会取代人类成为地球的主人？这样的担忧不无道理。为了让大家了解人工智能，对人工智能的发展有一个正确的认识，避免不必要的恐慌，计算机学院准备举办一场以"人工智能：机遇 or 灾难"为主题的辩论赛，讨论人工智能在今后生活中的作用以及与人类之间的关系。

任务分析

当前，人工智能已经走入人们的日常生活。人们日常的每一次网络购物、每一次网约车出行、每一次外卖点餐等活动背后都有着人工智能技术的支撑。人工智能技术正在改变着世界。人工智能在为人们提供更加便利和高效的服务的同时，难免会引发人们担忧，比如具有人工智能的机器人是否会有自主意识？是否会对人类的生存造成威胁？电影《变形金刚》中具有高级智能的机器人是否真的会在不远的将来被创造出来？要想回答这些问题，我们首先要知道到底什么是人工智能，了解它诞生和发展的历程；其次要理解人工智能和人类智能的区别；最后要了解我国人工智能发展的现状。

任务实现

1. 人工智能的概念和类型

视频：什么
是人工智能

我们通常认为只要能够模仿人类进行智能活动的机械、设备、软件、系统等都可以归类为人工智能。人工智能是研究、开发用于模拟、延伸和扩展人的智能的理论、方法、技术及应用系统的一门新的技术科学。

事实上，人工智能的概念很宽泛，分类方法也很多。通常按照人工智能的"聪明度"高低，人工智能可以分成三大类：弱人工智能、强人工智能和超人工智能。

（1）弱人工智能

弱人工智能是只专注于完成某个特定领域的任务，擅长解决某个特定方面问题的

人工智能,例如图像识别、语音识别、无人配送、自动驾驶、疾病诊断等。这类人工智能的特点是它们只能解决特定领域的问题,是综合利用大数据分析、信息采集与处理等技术,根据统计数据归纳出处理模型进行相应处理的过程。目前发展的人工智能都属于弱人工智能,其功能的单一性决定了其无法达到模拟人脑思维的程度,虽然看起来是智能的,能够高效完成某些特定的工作,但其实并不真正拥有智能,因而不会具有与人类一样的自主意识。

(2)强人工智能

强人工智能是指智能水平达到了人类级别的人工智能,人类能够处理的脑力活动强人工智能都可以处理,各个方面都能够和人类智能比肩。强人工智能能够进行独立思考、解决问题、抽象思维、理解复杂理念、快速学习和从经验中学习等活动,并且可以像人类一样独立思考和决策,能够胜任人类的所有工作。由于实现强人工智能的难度远远大于实现弱人工智能的难度,目前世界范围内还没有真正实现强人工智能。但随着人工智能技术的不断发展,研究人员正在积极向实现强人工智能努力探索。

(3)超人工智能

超人工智能是指在几乎所有领域都比最聪明的人类大脑聪明很多的人工智能,包括科学创新、通识和社交技能等。这一等级的人工智能将打破人脑受到的思维限制,超出人类现有的认知范围。

2. 人工智能的发展历程

其实让人们在生产、生活中使用的机器或工具具有一定的智能功能是一个朴素的想法。在我国浩如烟海的历史文献中,记载着一些令人难以置信的智能神器,它们蕴含了人工智能的朴素想法,也体现了我国古代匠人的高超技艺。例如,三国时期诸葛亮发明的"木牛流马"、唐朝的指南车、南宋的走马灯、明代的水晶刻漏等。据历史学家统计,仅出现在东汉末年至魏晋南北朝的历史文献中的智能机器就有 90 余个,中国古代取得的辉煌科学成就也孕育了人工智能的发展。

正式提出人工智能这一概念是在 1956 年达特茅斯会议上。1956 年,由美国学者约翰·麦卡锡(1971 年图灵奖获得者)、马文·明斯基(1969 年图灵奖获得者)、纳撒尼尔·罗切斯特(IBM 第一代通用机 701 主设计师)和克劳德·香农(信息理论之父)共同发起,在美国达特茅斯学院举办了一次长达 2 个多月的研讨会,热烈地讨论用机器模拟人类智能的问题,会上首次使用了"人工智能"这一术语。这是人类历史上第一次召开人工智能的研讨会,标志着人工智能学科的诞生。

在人工智能学科诞生后的十余年里,很多学者投入对人工智能的研究工作中,也取得了一些举世瞩目的成绩,例如世界上第一台工业机器人于 1959 年诞生,世界上首台聊天机器人于 1964 年诞生,具有自学习、自组织和自适应能力的西洋跳棋程序于 1956 年诞生,人工智能语言 LISP 于 1960 年诞生等,人工智能迎来了发展史上的第一个高峰。此时,人们预言人工智能将会在很短的时间内达到普通人的智能水平。

然而,过高预言的失败给人工智能的声誉造成了重大的伤害。客观上来看,当时的理论研究水平、网络技术水平、计算机计算能力等都是限制人工智能进一步发展的重要因素,因而在 20 世纪 70 年代,人工智能迎来了第一个发展低谷。但是学者们并没有因此停下研究的步伐,之后的几年里陆续产生了许多专家系统,这些专家系统具有一套强大的知识库和推理能力,可以模拟人类专家来解决特定领域问题。专家系统的成功开发实现了人工智能从理论研究走向专门知识应用,是人工智能发展史上的一次重要突破与转折。从这一时期开始,机器学习也开始兴起,人们广泛应用各种专家系统来解决实际问题。但是,随着专家系统的数量越来越多,应用领域越来越广,使用中逐渐暴露出很多问题,例如专家系统应用能力有限,不能像人一样随机应变,并且经常会出现一些常识性错误,使人们逐渐失去对专家系统的兴趣,因此人工智能进入了第二个低谷期。

1997 年一则 IBM 公司的"深蓝"计算机战胜了国际象棋世界冠军卡斯帕罗夫的新闻成功吸引了人们的眼球,该事件也成为人工智能史上的一个重要里程碑。从此之后,人工智能开始了平稳向上的发展复苏期。

2006 年,由于人工神经网络的不断发展,"深度学习"的概念被提出,之后深度学习得到了广泛深入研究和实际应用。深度学习成为机器学习的主要方法之一,深度学习的发展又一次掀起人工智能的研究狂潮。

2010 年以来,随着计算机硬件技术、网络技术、大数据技术、图像和声音识别技术等的发展,计算能力不断提高,人工智能进入了高速发展阶段。2014 年,微软公司发布全球第一款个人人工智能助理微软小娜。2016 年 3 月,AlphaGo 以 4 比 1 的成绩战胜世界围棋冠军李世石。2017 年 5 月,"人类最强棋手"柯洁在对阵 AlphaGo 2.0 的比赛中以 0 比 3 被打败。2017 年,谷歌旗下的 DeepMind 团队公布了进化后的最强版 AlphaGo,代号为 AlphaGo Zero。2022 年 11 月,OpenAI 发布了人工智能技术驱动的自然语言处理工具 ChatGPT。ChatGPT 能在多种自然语言处理任务中生成高质量的文本,包括对话生成、文章撰写甚至代码编写等,从而实现了生成式 AI(AIGC)技术的重大飞跃。拓宽了 AI 在实际中的应用,促进了跨学科合作与技术创新,在教育、娱乐等多个行业催生了一系列创新服务和产品,同时也引发了关于 AI 伦理与安全性的深入讨论。人工智能的发展历史如图 3-40 所示。

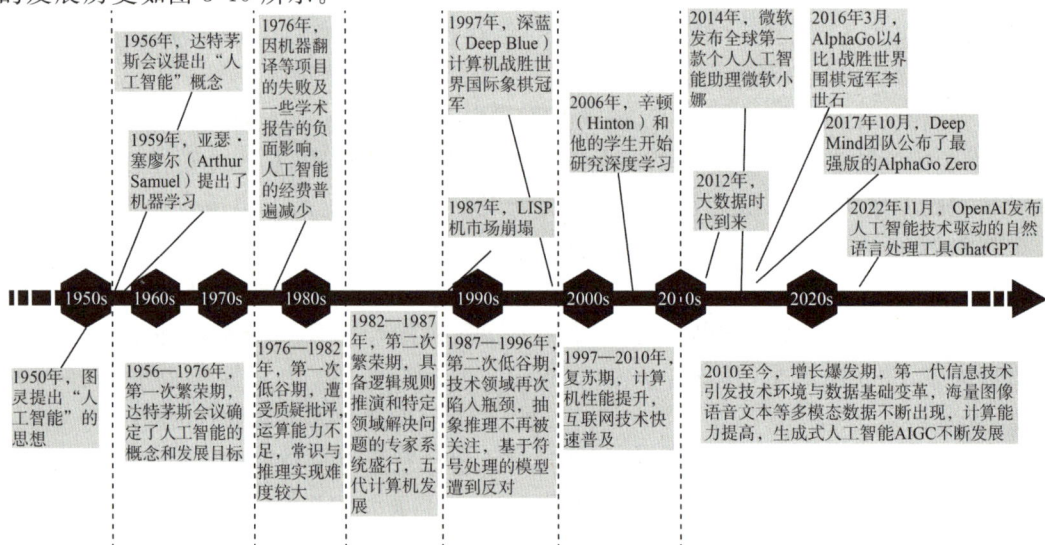

图 3-40　人工智能发展历史

自人工智能概念提出以来,计算机科学家们在图像识别、语音识别、自动驾驶、机器翻译等领域有了很多重大的理论突破和实际应用,使人工智能从一个高深莫测的学术理论演变成了家喻户晓的热门技术。例如,杭州市的"智慧城市"项目,就是以互联网交通大数据为基础,依托高德地图的产品优势落地的,为我们的日常生活和出行提供了极大的便利;又比如我们在使用支付宝、手机银行 APP 支付时,可以通过人脸识别系统进行安全性的验证,从而保证资金的安全性。类似的例子在日常生活中随处可见。

3. 人工智能与人类智能

在学习人工智能与人类智能之前,我们先来了解一下计算机界的重要人物——艾伦·图灵(见图 3-41)。艾伦·图灵是英国数学家、逻辑学家,被称为计算机科学之父、人工智能之父。图灵在计算机科学领域的主要成就有三

图 3-41　艾伦·图灵

个,分别是提出了图灵机的概念、人工智能的思想和图灵测试的方案。1936 年,图灵在题为《论数字计算在决断难题中的应用》的论文附录里描述了一种可以辅助数学研究的机器,后来被称为图灵机,这个设想最具有变革意义的地方在于,它第一次在纯数学的符号逻辑和实体世界之间建立了联系,之后的电脑和人工智能都基于这个设想。这篇论文是图灵的第一篇重要论文,也是他的成名之作。图灵在 1950 年发表的论文《计算机器与智能》中,首次提出了人工智能的思想与图灵测试的方案。有"计算机界诺贝尔奖"之称的计算机科学领域的最高奖项"图灵奖"就是以艾伦·图灵命名的。

如何定义"智能"这个概念和如何区分人工智能和人类智能,艾伦·图灵在论文《计算机器与智能》中为我们指明了方向,即通过"图灵测试"来进行判断。在图灵测试中,如图 3-42 所示,一台安装了人工智能算法的机器与一个人分别被安排在两个不同的房间。测试人员通过一些装置(如键盘)分别向机器和人随意提问,然后分别收集机器和人的回答。如果测试人员无法通过所收集到的回答来区分哪些是机器回答的,哪些是人回答的,那么

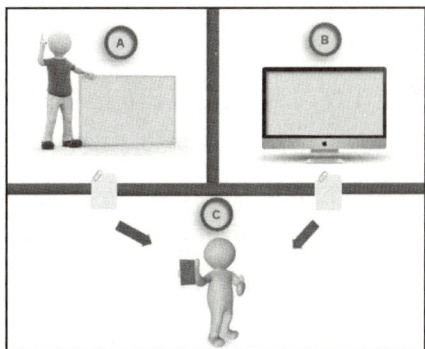

图 3-42　图灵测试

可以认为这台机器拥有和人一样的智能,并认为它通过了图灵测试。

虽然目前人工智能已经广泛应用并且功能强大,但严格意义上来说,目前还没有任何智能算法、系统和机器通过了"图灵测试"。可能很多人会有疑问,现在广泛应用的人工智能技术,如支付宝的刷脸支付功能、微信的语音识别登录功能,难道都不能通过图灵测试吗?是的,这些功能只能说明计算机使用了人工智能技术之后,能够很好地完成某一项特定的任务,但是并不能说明这些系统具有智能,这是两个不同的概念。虽然人工智能在很多领域表现出色,但是这并不意味着它已经无所不能,在自我意识、审美、情

绪和情感以及跨领域推理能力等方面，人工智能技术还有很长的路要走。

事实上，人工智能来自人类智能，是人类在探索自然、改造自然过程中对自身的简单模仿，是通过数学上的简化模型，利用电子元件模拟人类的行为。人工智能可以将人类智能的低级功能如图像识别、语音识别、语言翻译、无人驾驶等做到极致，却不具备人类智能的高级功能如创造性、社会性、自主意识、道德判断、感情能力等。所以虽然目前人工智能应用广泛并且大放异彩，但也只能称其为弱人工智能，主要用途在于将人类从低端、重复性的工作中解放出来，这样人类就可以更加专注于实现人类智能的高级功能。人类智能在智能活动中将一直占据主导地位，人类将人工智能视为工具并设定其智能活动的范围，因此人工智能将一直作为人类智能的辅助工具，是人类作为主体来改变世界这一客体的中介、手段和工具，但无法取代人类。

4.我国人工智能的发展现状

人工智能无论是在传统行业还是在互联网行业，无论是在高、精、尖的科学研究领域还是在人们日常工作和生活中，都有用武之地。党中央、国务院高度重视并大力支持发展人工智能。2017年3月，人工智能首次被写入政府工作报告。2017年7月，国务院印发了《新一代人工智能发展规划》，将新一代人工智能放在国家战略层面进行部署，描绘了面向2030年的我国人工智能发展路线图，明确了我国新一代人工智能发展目标。党的二十大报告指出，"推动战略性新兴产业融合集群发展，构建新一代信息技术、人工智能、生物技术、新能源、新材料、高端装备、绿色环保等一批新的增长引擎。"[①]

目前国内人工智能的应用主要分为六大方向，即智能硬件、零售、教育、社会责任、金融科技、交通。目前中国已经有相当多的高科技企业开展了人工智能研究，处于领军地位的BAT（百度、阿里巴巴、腾讯）则已基本完成布局，进入全面落地应用阶段。科大讯飞、搜狗、滴滴、字节跳动、美团、京东、商汤科技等企业也布局不同的人工智能应用领域。各企业的落地应用优势不尽相同，其中阿里巴巴在零售领域有极大优势；百度在交通领域持续保持着领先地位，并且在科技金融、社会责任、教育、智能硬件上都达到了行业领先水平；腾讯则在社交、游戏、内容方面领先。

虽然国家大力支持，人工智能企业发展态势喜人，但是也应该清醒地认识到目前我国在人工智能前沿理论创新方面的研究欠缺，大部分人工智能企业的创新偏重于技术应用，在人工智能基础研究、原创成果、顶尖人才、技术生态、基础平台、标准规范等方面有待进一步提高。为了避免出现芯片断供这类"卡脖子"事件，相关领域的大学生要努力学习计算机科学知识，积极探索，发挥吃苦耐劳精神和工匠精神，努力钻研人工智能相关理论和技术，为我国人工智能的理论研究和实际应用做好知识储备。

---

① 习近平.高举中国特色社会主义伟大旗帜 为全面建设社会主义现代化国家而团结奋斗：在中国共产党第二十次全国代表大会上的报告[N].人民日报，2022-10-26(01).

任务总结

　　小王同学对计算机学院组织的辩论赛非常感兴趣,她从四个方面收集了人工智能的相关资料,包括人工智能的概念和类型、人工智能的发展历程、人工智能与人类智能、我国人工智能的发展现状。在掌握了这些资料后,小王同学就开始组队准备参加辩论赛了。

　　在准备过程中,随着材料的不断增多,小王愈发体会到,人工智能将在今后的生活中起到重要的作用,语言的自动翻译、无人驾驶汽车、贴心的机器人服务等都会在不远的将来逐步成熟。国内人工智能产业得到了国家的大力支持,发展势头良好,未来充满了机遇与挑战。同时,虽然人工智能的功能越来越强大,但其始终还是在人类的主导下发展,并且还将长期处于弱人工智能阶段,但人工智能向强人工智能的发展势不可挡。

任务巩固

1.什么是人工智能? 什么是图灵测试?
2.观看电影《模仿游戏》,了解计算机科学之父图灵的生平经历。

测试任务

请扫右侧二维码,进入任务测试环节,看看掌握了多少。

测试:什么是人工智能

子任务 2　人工智能的关键技术

任务描述

　　经过上次辩论赛,小王同学对人工智能产生了浓厚的兴趣,了解到人工智能是计算机应用领域今后发展的重要方向之一,并且将会对人类的生活产生深远影响。小王同学迫切想了解人工智能为什么具有那么强大的识别、交流和学习能力,它到底是如何工作的,应用了哪些关键技术,自己是否能够从事人工智能方面的研究和应用开发等工作。请你帮助小王同学,收集人工智能关键技术的相关资料,为她提供参考,使她增强从事人工智能相关工作的信心。

任务分析

　　现阶段的人工智能应用已经体现出了强大的功能,无人超市、无人物流、无人驾驶、无人酒店等已经出现并投入实际使用。此外在医院、饭店、银行等场所也出现了各种具有引导、咨询、配送等功能的机器人,人工智能已经切实走入了人们的日常生活,并将在未来继续高速发展,不断影响和改变人们的生活。本子任务旨在帮助小王同学完成人工智能关键技术的学习，加深其对人工智能的了解，并增强其从事人工智能相关领域工作的信心。

任务实现

视频：人工智能的关键技术

人工智能是一门多学科交叉的新兴学科，涉及的关键技术非常多。一般来讲，人工智能的关键技术包括机器学习、计算机视觉、自然语言处理、生物特征识别、物理机器人等。接下来我们来简要介绍一下上述关键技术。

1.机器学习

机器学习（machine learning）是一门涉及统计学、系统辨识、逼近理论、神经网络、优化理论、计算机科学、脑科学等诸多领域的交叉学科。机器学习是指研究计算机怎样模拟或实现人类的学习行为从而获取新的知识或技能，并重新组织已有的知识结构使之不断改善自身的性能，它是人工智能的核心技术。基于数据的机器学习是现代智能技术中的重要方法之一，研究从观测数据（样本）中发现和寻找其中隐含的规律，利用这些规律对未来数据或无法观测的数据进行预测和判断。

因机器学习的学习模式、学习方法不同，机器学习存在不同的分类方法。根据学习模式，可以将机器学习分为监督学习、无监督学习和强化学习；根据学习方法，可以将机器学习分为传统机器学习和深度学习。机器学习是一种实现人工智能的方法，而深度学习是一种实现机器学习的方法，且是目前最热门的机器学习方法。

2.计算机视觉

计算机视觉（computer vision）是一门研究如何使机器"看"的学科，本质上来讲就是用各种成像设备代替人类的视觉器官，由计算机代替人类的大脑完成图像的处理和解释，计算机视觉的最终研究目标就是使计算机能像人那样通过视觉观察和理解世界，对目标进行识别、跟踪和测量，并具有自主适应环境的能力。计算机视觉系统的主要功能和处理过程如图 3-43 所示。

计算机视觉是人工智能的关键技术之一，在车辆的无人驾驶、高性能机器人、智能医疗等很多领域都需要通过计算机视觉技术从视觉信号中提取并处理信息。

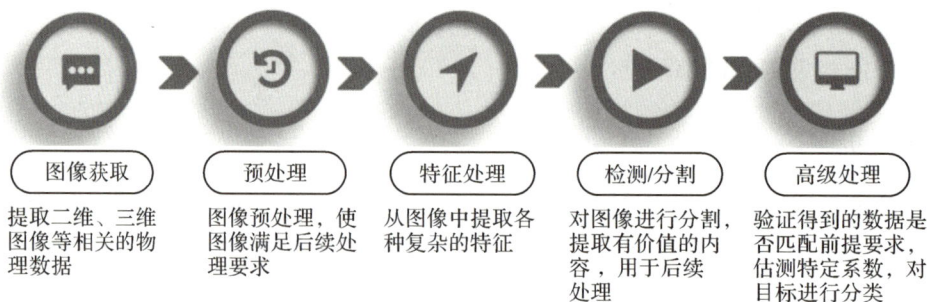

图像获取	预处理	特征处理	检测/分割	高级处理
提取二维、三维图像等相关的物理数据	图像预处理，使图像满足后续处理要求	从图像中提取各种复杂的特征	对图像进行分割，提取有价值的内容，用于后续处理	验证得到的数据是否匹配前提要求，估测特定系数，对目标进行分类

图 3-43　计算机视觉的主要功能和处理过程

3. 自然语言处理

自然语言就是人类沟通交流过程中使用的语言,例如汉语、英语等。自然语言处理(natural language processing)是一门通过建立计算模型来分析、理解和处理自然语言的学科,是一门横跨语言学、计算机科学、数学等领域的交叉学科,其利用计算机对各种自然语言的形、音、义等信息进行处理。简单地说,自然语言处理就是让计算机能够听懂人类的语言,并且产生人类能够理解的语言,从而实现人机间的信息交流,因此自然语言处理可以分为自然语言理解和自然语言生成两个部分。自然语言理解是让计算机把获取的自然语言变成有意义的符号和关系,然后根据目的进一步处理;自然语言生成则是把计算机存储的符号和关系等数据转化为自然语言。自然语言处理的技术层次如图3-44所示。

图 3-44　自然语言处理的技术层次

语音和文本是自然语言处理的研究重点,对它们的研究又可以分为基础性研究和应用性研究。基础性研究主要涉及数学、计算机科学、语言学等领域,主要的技术方向有消除歧义、语法形式化等。应用性研究主要研究自然语言处理在不同领域的应用,例如信息检索、机器翻译等方面。近年来自然语言处理不断取得突破性成果,人机对话、机器翻译已经得到了广泛应用。

4. 生物特征识别

生物特征识别技术是指通过利用计算机与声学、光学、生物传感器等原理和高科技手段,利用人体固有的指纹、人脸、虹膜等生理特性或笔迹、声音、步态、击键习惯等行为特征来进行个人身份鉴定的技术。生物特征识别技术是目前最方便、安全的生物识别技术。目前常用的识别方式有指纹识别、人脸识别、虹膜识别、声纹识别、步态识别等。

(1)指纹识别

指纹识别是目前最常用的生物特征识别技术。目前主流的智能手机大都支持指纹识别,用来进行手机解锁、登录验证和支付确认等。此外,我国的第二代身份证在办理过程中需要采集左、右手拇指的指纹,用来确认人员的身份。虽然指纹识别比较简单方便,但是它是一种接触式的识别方式,并不适用于每一个行业和每一个人。例如,指纹浅淡不清、缺失、破损、潮湿、沾有异物等都会影响指纹识别的效率,甚至不能正确识别。

(2)人脸识别

人脸是人体的基本生物特征之一,并在一段时间内保持相对稳定,它的唯一性和不易被复制的特点为身份鉴别提供了必要的前提。人脸识别具有非接触性的特点,设备不需要和用户直接接触就能获取人脸图像。此外,火车站、机场等人流量大的公共场所的人脸识别具有并发性特点,可以同时对多个人脸进行选取、判断和识别,大大提高了识别的效率。目前人脸识别技术已经比较成熟。当然人脸识别也不是万能的,识别环境的光线、识别距离、识别角度、识别人化妆或整容等都会影响识别的准确性。

(3)虹膜识别

虹膜识别技术是基于眼睛中的虹膜进行身份识别的技术。人的眼睛由巩膜、虹膜、瞳孔、晶状体、视网膜等部分组成。虹膜是位于黑色瞳孔和白色巩膜之间的圆环状部分,其具有很多相互交错的斑点、细丝、冠状条纹、隐窝等细节特征。医学研究发现,虹膜在胎儿发育阶段形成后就一直保持不变,并且具有唯一性,因此可以采用虹膜识别来鉴定一个人的身份。虹膜识别准确率比指纹识别高很多倍,同时它也是一种非接触识别方式,操作起来安全、卫生、方便。此外虹膜识别还具有不可复制性等特点,是目前安全等级最高的识别方式,广泛应用于金融、安检、安防、特种行业考勤与门禁等领域。

(4)声纹识别

声纹识别就是利用人的声音进行身份识别,与其他识别方式相比具有获取方便、识别成本低、可远距离识别等优点,结合语音内容进行鉴别,可以提高识别的正确率。此外声纹识别也具有受采集设备、环境噪声、人声变化等影响较大的缺点,因此一般用在一些对于身份安全性要求不太高的场景中,比如使用语音在智能设备、部分 APP 上登录验证等。

(5)步态识别

步态识别是利用人的走路方式进行身份识别的方法,是一种非接触式的识别技术。人的走路方式具有不容易被完全模仿的特点,因此适合用来进行身份鉴别。步态识别不需要专门的设备,只需要能够采集视频信息的普通摄像头就可以,并且不需要识别人的配合,尤其适合于对犯罪分子的比对判断和追捕等场景。

5. 物理机器人

机器人可以分为软件机器人和物理机器人。软件机器人是指一种计算机程序,它能够自动运行完成一定的任务。由于软件机器人是一种程序,因而它们只存在于计算机内存中。典型的软件机器人有机器人客服、搜索引擎网络抓取工具等。

物理机器人是自动执行工作的机器装置,它既可以接受人类指挥,又可以运行预先编排的程序,还可以人工智能的方式自主决策和行动。物理机器人的任务是协助或取代人类完成部分工作,例如工业生产、建筑或危险的工作。物理机器人具有一定的形态,机器人的外形取决于人们想让它完成什么样的工作,其功能设定决定了机器人的大小、形状、材质和特征等,并不一定具有人类的形态特征。

需要注意的是,许多机器人是非人工智能的,只能重复执行一系列动作。物理机器人是人工智能的重要载体之一,其将机器视觉、自然语言处理、机器学习等认知技术整合至极小而性能高的传感器、制动器以及设计巧妙的硬件中,它能与人类一起工作,并能在各种未知环境中灵活处理人类不便完成的任务。

任务总结

　　小王同学通过人工智能关键技术的学习,理解了机器学习、计算机视觉、自然语言处理、生物特征识别及物理机器人等关键技术的含义,同时还知道了机器人不等同于人工智能,而物理机器人是人工智能的重要载体,可以体现很多人工智能技术的实际应用。至此,小王对人工智能有了比较全面的认识,开始思考今后自己深入学习的方向。

任务巩固

1. 人工智能的关键技术有哪些?
2. 请思考生活中的哪些问题可以用人工智能技术来解决。

测试任务

请扫右侧二维码,进入任务测试环节,看看掌握了多少。

测试:人工智能的关键技术

子任务3　人工智能的行业应用

任务描述

　　小王同学目前正在准备创新创业大赛,对新技术很感兴趣,在学习了人工智能关键技术后,她很想了解一下目前人工智能在工作和生活中有哪些实际的应用,哪些技术可以为她参加大赛所用。我们一起来帮小王同学收集人工智能应用的典型案例吧。

任务分析

　　人工智能作为新一轮产业变革的核心驱动力,将催生新的技术、产品、产业、模式,从而引发经济结构的重大变革,实现社会生产力的整体提升,对我们的工作、生活等产生深远的影响。本子任务中我们将通过人脸识别和大语言模型两个例子来介绍人工智能技术给我们工作带来的便捷。

任务实现

1. 人脸识别

视频:人工智能的行业应用

　　小王放暑假了要回家了,跟妈妈通了视频电话,妈妈唠叨了很久,突然年幼的弟弟闪入了镜头说:"姐姐我们小区换门禁了,刷下你的花脸就能开自动门了,嘻嘻!"小王没好气地说:"小屁孩,这个人脸技术已经很成熟了,老姐我回家坐高铁过安检也是刷脸的

哦!"挂了电话小王陷入沉思,目前人脸识别技术作为天网工程和雪亮工程的重要核心技术,在中国的应用如火如荼,为智慧城市的平安工程保驾护航,极大提升了人民群众的安全感和幸福感。目前自己准备做考勤系统以参加创新创业大赛,能否把人脸识别技术应用到学校的课堂考勤呢?下面我们通过百度 AI 来体验人脸识别服务。

百度的人脸识别云服务包括实名认证、人脸对比、人脸搜索、活体检测等功能。灵活应用于金融、泛安防等行业场景,满足身份核验、人脸考勤、闸机通行等业务需求。

这里我们要用到的是人脸对比这个功能。在百度搜索引擎中输入"人脸识别 百度",如图 3-45 所示。

图 3-45 在搜索引擎中输入"人脸识别 百度"

单击图 3-45 线框中的"人脸对比",在"人脸对比"的介绍页面(见图 3-46)中单击"立即使用"。

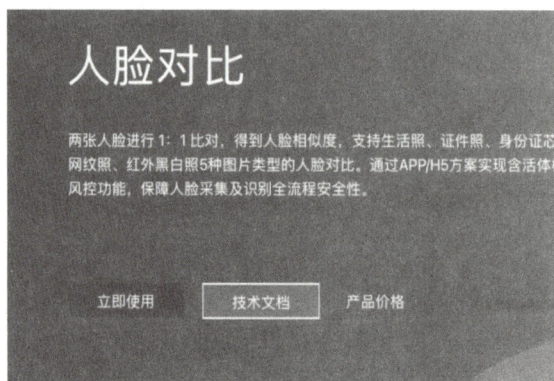

图 3-46 "人脸对比"介绍页面

在随后出现的"百度账号"页面上进行登录,如图 3-47 所示。

图 3-47　百度账号登录页面

登录成功后阅读人脸识别服务条款,并单击"我已阅读并同意",如图 3-48 所示。

图 3-48　人脸识别服务条款

在随后出现的"控制台总览"对话框中选择"免费尝鲜",如图 3-49 所示。

图 3-49　控制台总览

在"领取免费资源"页面中,选择"基础服务"中的"人脸对比"接口,如图 3-50 所示,并选择"0 元领取"。

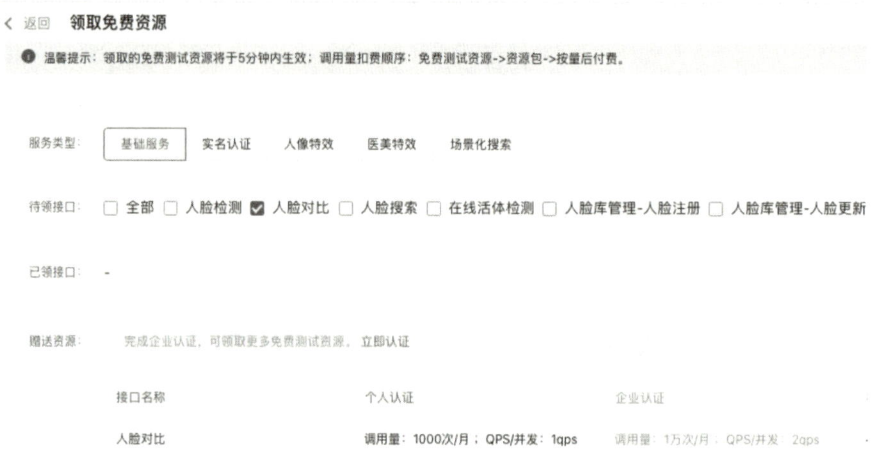

图 3-50 "领取免费资源"页面

在应用列表中单击"创建应用",如图 3-51 所示。

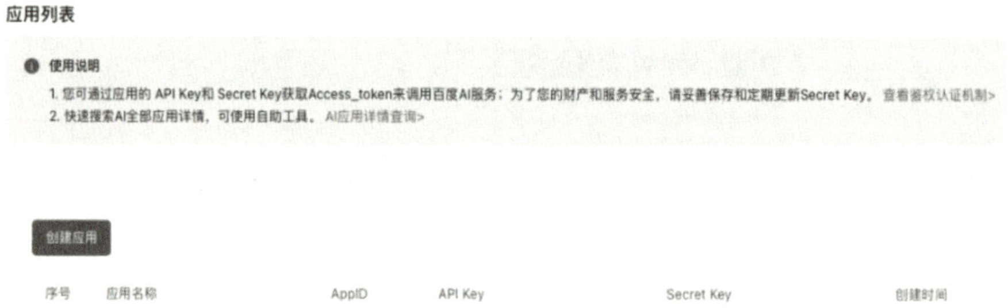

图 3-51 应用列表

输入应用名称如"教室考勤",并选择接口"人脸对比",如图 3-52 所示。同时输入应用描述,单击"立即创建"。

图 3-52 创建新应用

返回应用列表，单击"查看人脸库"，如图 3-53 所示。

序号	应用名称	AppID	API Key	Secret Key	创建时间	创建人	操作
1	教室考勤	38304703	tI9Bv... 展开 复制	xbGow... 展开 复制	2023-08-26 19:10:48	classpeople	报表 管理 查看人脸库 删除

图 3-53　查看人脸库

新建用户组，选择场景为"通用版（生活照）"，组 ID 为 211，单击"确认"，如图 3-54 所示。

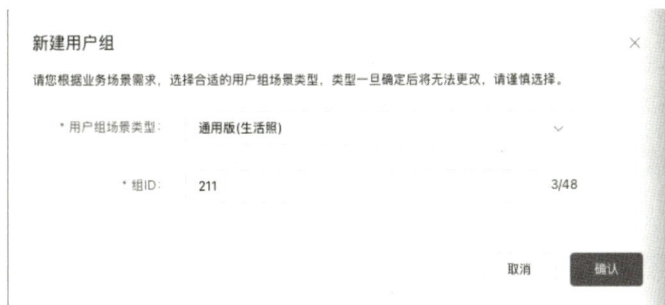

图 3-54　新建用户组

接下来进入 211 班级组，为每个用户（同学）添加个人信息，单击"新建用户"，输入学号 210001，上传图片并单击"确认"，如图 3-55 所示。

图 3-55　新建用户

回到应用列表，复制 appid、api key 和 secretkey 等信息。回到"控制台总览"页面，选择"API 在线调试"，如图 3-56 所示。

在调试页面中选择"人脸基础 API"中的"人脸对比 V3"，如图 3-57 所示。在 client_id 中输入复制的 api key，在 client_secret 中输入复制的 secretkey，如图 3-58 所示，并上传需要识别的图片，单击"调试"。

图 3-56　在线调试　　　　图 3-57　人脸对比 V3　　　　图 3-58　填写相关信息

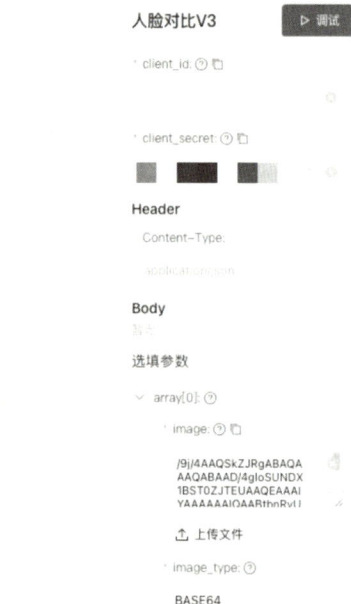

在"响应数据"对话框中可以看到 success 和 score 为 100，说明人脸对比成功，如图 3-59 所示。

图 3-59　人脸对比结果

在这个例子中，我们只是演示人脸对比识别的功能，如果需要在教室里通过摄像头直接识别，则还需要下载 sdk 等工具包，并通过 Python 等编程语言实现。

2.大语言模型

自然语言处理体现了人工智能的最高任务与境界,只有当计算机具备了处理自然语言的能力时,机器才算有了真正的智能。

ChatGPT 的出现使得自然语言处理等人工智能技术进一步被大众熟知。它具备强大的对话能力和生成能力,可以回答后续问题、承认错误、挑战不正确的前提、拒绝不适当的请求等,这意味着 ChatGPT 能够颠覆搜索行业,在智能客服、游戏、虚拟人等领域将得到广泛应用。

在国内,科大讯飞、百度、腾讯等推出了各自的大语言模型,这里我们利用讯飞星火来帮小王书写一份创新创业报告。

登录讯飞星火网站,如图 3-60 所示。

图 3-60　讯飞星火网站

单击"进入体验",进入体验版页面,如图 3-61 所示。

图 3-61　体验版页面

我们首先来体验最简单的功能。在红框中输入问题进行交互，如输入"大学生创新创业报告一般分为几个部分"，单击"发送"，讯飞星火就会给出回答，如图 3-62 所示。

图 3-62　简单交互

接下来利用讯飞星火来书写创新创业报告。单击"星火助手中心"，在"助手市场"中选择"创作"类，再选择"文案"，如图 3-63 所示。

图 3-63　选择文案

输入我们的需求，如"我是一名参加创新创业比赛的学生，我需要书写一份关于应用人脸识别技术进行教室考勤的创新创业报告"。讯飞星火给出了报告,如图 3-64 所示。

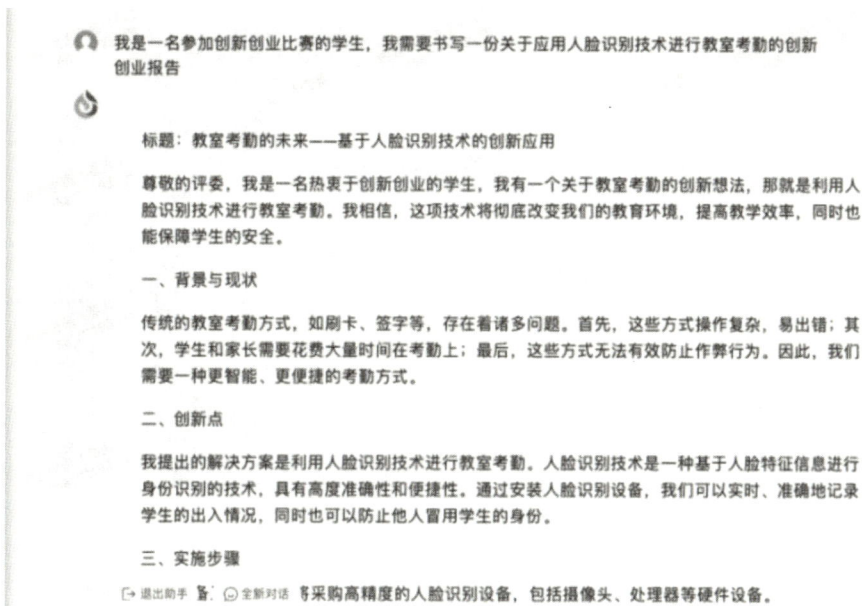

图 3-64　输出报告

还可以根据输出的内容生成汇报 PPT。在助手页面,选择插件"PPT 生成",如图 3-65所示。

图 3-65　选择插件

输入"请生成一份创新创业汇报的 PPT,内容如下",并把刚才生成的内容粘贴进去,讯飞星火就会生成一份 PPT,如图 3-66 所示,单击"点击下载",可下载整个 PPT 文件。

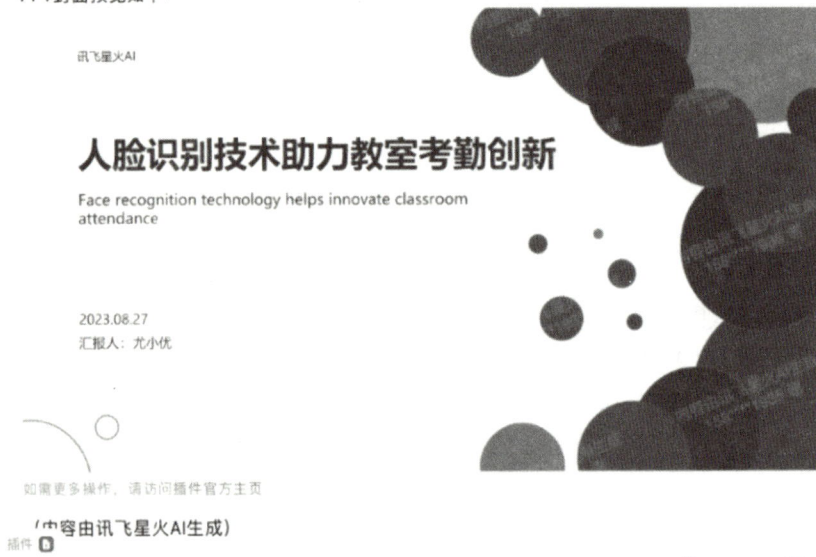

图 3-66　生成汇报 PPT

任务总结

通过本子任务介绍的人脸对比识别和大语言模型,我们了解了人工智能技术在实际生活和学习中的应用,人工智能不断地影响着人类的发展进程。随着人工智能、大数据、物联网、高速网络、智能芯片等技术的不断发展和相互融合应用,强人工智能的时代必将到来。未来的社会将是一个高度智能化的社会,人类将以一种怎样的方式和人工智能相处有待我们继续探索,我们盼望这一天的到来。

任务巩固

1.人工智能有哪些具体应用?在这些应用中,和你生活息息相关的有哪些?请举出3个例子。

2.随着人工智能技术的不断发展,你觉得目前哪些工作岗位已经被人工智能替代?未来还有哪些岗位将会被人工智能替代?

测试任务

请扫右侧二维码,进入任务测试环节,看看掌握了多少。

测试:人工智能的行业应用

任务 4　玩转虚拟现实

子任务 1　什么是虚拟现实

课件：玩转
虚拟现实

任务描述

小王同学最近看了一部影片《头号玩家》,她对主角韦德和其他众多玩家戴着 VR 眼镜在计算机构建的虚拟世界"绿洲"中实现人生逆袭进而实现英雄梦的情节感到兴奋。她了解到"绿洲"是利用时下流行的虚拟现实技术构建的虚拟世界,于是迫切地想深入学习虚拟现实的相关知识,以便在课堂上和同学分享,我们一起来帮她解决这个问题吧。

任务分析

简单来说,虚拟现实就是通过各种技术在计算机中创建一个用户可以沉浸其中的虚拟世界,与传统的键盘、鼠标交互方式不同,虚拟现实提供了视觉、听觉、触觉等各种既直观又自然的交互手段,给我们带来了新奇的虚拟体验。接下来我们来详细了解什么是虚拟现实。

任务实现

视频：什么
是虚拟现实

1.虚拟现实的定义

虚拟现实(virtual reality,VR),又称灵境技术,就是虚拟和现实相结合,利用计算机生成一种模拟环境,使用户沉浸到该环境中。虚拟现实技术融合数字图像处理、图形学、多媒体技术、仿真技术、传感器技术、显示技术、网络并行处理等多种技术,是在计算机运用现实生活数据模拟生成的三维虚拟环境中,通过专业传感设备使用户感触和融入虚拟环境的一项多学科交叉技术。

从字面上理解,虚拟是假的,现实是真的,那么虚拟现实就是从真实的环境中采集数据,经过计算机的处理,模拟生成符合人们认知的具有逼真性的虚拟环境,就像在《头号玩家》里,玩家的动作数据是真实的,而他们感受到的环境是虚拟的,如图 3-67 所示。

上述是狭义的虚拟现实,而广义上的虚拟现实还包括增强现实(augmented reality,AR)和混合现实(mixed reality,MR)。相对于虚拟现实的纯粹的虚拟环境,增强现实是叠加在真实环境之上的,如图 3-68 所示,虚拟的小鱼是叠加在真实沙滩上的。混合现实

将虚拟世界和真实世界合成一个无缝衔接的虚实融合世界,是"实幻交织"的。这三者和真实世界的关系如表3-3所示。

图 3-67 《头号玩家》

图 3-68 增强现实

表 3-3 VR、AR、MR 和真实世界的关系

技术	真实性	物理对象和虚拟对象关系
Real	纯真实	呈现的都是物理对象
AR	增强现实	强调虚拟对象与实物目标对象的属性关系
MR	混合现实	强调虚拟对象与目标对象的空间关系
VR	纯虚拟	呈现的都是虚拟对象

2. 虚拟现实的发展

五代十国时期的《韩熙载夜宴图》和1788年荷兰画家罗伯特·巴克的爱丁堡360度全方位图,已经有了虚拟现实的雏形,给人一种强烈的逼真感。

19世纪初,查尔斯·惠斯通利用双目视差原理发明了立体镜(类似于现在的3D眼镜),如图3-69所示。通过立体镜观察两个并排的立体图像或照片,用户有纵深感和沉浸感。而1849年出现的透视立体镜(见图3-70),更像现在的VR眼镜。

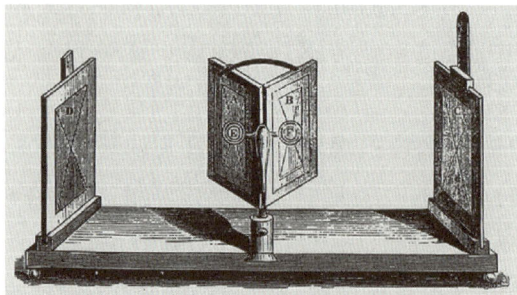

图 3-69 立体镜

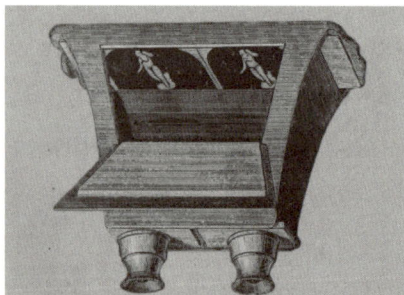

图 3-70 透视立体镜

计算机的出现加快了虚拟现实技术的发展。1958 年诞生了第一台 VR 模型 Sensorama。1968 年伊凡·苏泽兰发明了"达摩克利斯之剑",如图 3-71 所示。

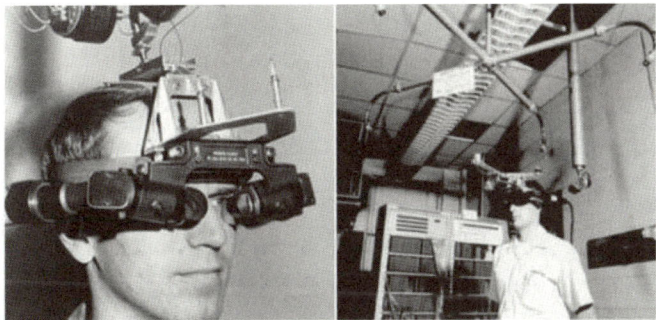

图 3-71　达摩克利斯之剑

1989 年美国 VPL 公司研发出了一系列虚拟现实设备,包括 Dataglove 和 EyePhone 头戴式显示器和手套,如图 3-72 所示。

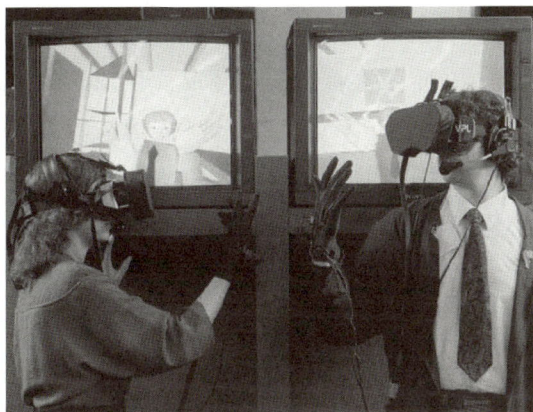

图 3-72　Dataglove 和 EyePhone

1996 年 10 月,世界上第一个虚拟现实技术博览会在伦敦开幕。人们可以通过互联网参观这个没有场地、没有真实展品的虚拟博览会。

我国虚拟现实技术的研究起步较晚。北京航空航天大学是国内最早研究虚拟现实的单位之一,该校的虚拟现实技术与系统国家重点实验室主要研究虚拟现实中的建模理论与方法、增强现实与人机交互机制、分布式虚拟现实方法与技术、虚拟现实的平台工具与系统。浙江大学于 2017 年和 51VR 公司共建"浙江大学-51VR 智能虚拟仿真联合实验室",立足于解决面向人工智能仿真模拟环境的计算机图形学相关问题,从绘制建模理论、智能动态场景、强化学习训练等多个方面进行研究,推动计算机图形学和人工智能基础理论的发展。

3. 虚拟现实的特征

虚拟现实技术改变了过去只能从计算机系统外部观测的方式,使得用户能够沉浸于计算机创造的虚拟环境中。同时，虚拟现实技术改变了传统鼠标、键盘的一维交互方式，使得用户能够用多种传感设备进行多维交互。其主要特征如下。

（1）沉浸感

沉浸感是虚拟现实最重要的特征，指用户通过交互设备和自己的生物感知系统，感受到自己在虚拟环境中的真实程度。理想的虚拟环境应该像《头号玩家》中的"绿洲"一样，使用户沉浸其中，难以分辨真假，如同在现实世界中。理想情况下，虚拟现实系统应具有人的一切感知功能，如在现实中我们通过眼、耳、手等来感知，那么虚拟现实系统所具备的沉浸感不仅要提供视觉、听觉感受，还要提供嗅觉和触觉等多维度的感受。为此对交互设备提出了更高的要求。要实现更好的视觉沉浸，显示设备应具备分辨率高、刷新频率快、双目视差大、可视范围广等特点；要实现更好的听觉沉浸，听觉设备应能模拟自然界的各种声音，同时提供辨别方位的立体声；要实现更好的触觉沉浸，触觉设备应能让用户体验各种操作感觉，并提供力的大小、方向等的反馈。

（2）交互性

交互性是指用户通过交互设备对虚拟环境中物体的可操作程度和从环境中得到反馈的自然程度。交互性直接决定了虚拟现实的体验。用户既可以通过传统的键盘、鼠标和头盔、数据手套等传感设备，也可以通过语言、身体运动对虚拟环境中的对象进行操作，同时虚拟环境根据这些操作做出调整系统环境的反馈，如在虚拟环境中不仅有手握东西的感受，被抓住的物体也能随着手的移动而移动。

（3）构想性

构想性也称想象性，是虚拟世界的起点。虚拟现实系统是设计者借助虚拟现实技术发挥其想象力和创造力而设计的，在电影《阿凡达》中，卡梅隆依靠自己的想象和虚拟现实技术，创造了一个梦幻般的星球——潘多拉星球。用户在虚拟环境中，通过与周围物体互动，根据自己的感觉和认知能力获取新的知识和经验。图3-73展示了利用飞行训练模拟系统来获取飞行经验。

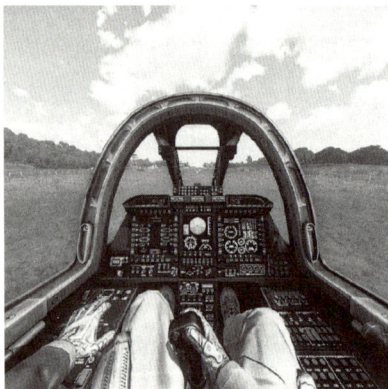

图 3-73　飞行训练模拟系统

以上三个特性,沉浸感(immersion)、交互性(interactivity)和构想性(imagination),也被称为虚拟现实的3I特性。

4.增强现实

在介绍虚拟现实的定义时,我们比较了虚拟现实、增强现实和混合现实。增强现实技术是一种将虚拟信息与真实世界巧妙融合的技术,对原本在现实世界的空间范围中难以体验的实体信息进行计算机模拟仿真处理,将虚拟信息内容叠加在真实世界中,并且被人类感官所感知,从而实现超越现实的感官体验,实现对真实世界的"增强"。增强现实将虚拟数据叠加到用户的视线中,用户还能够看到现实的世界,真实环境和虚拟物体重叠之后在同一个画面和空间中同时存在。

增强现实在日常生活中更能得到广泛应用,如在地铁施工工作中,使用增强现实会更加有效。利用增强现实,人们可以看到相应的虚拟数据,但是也不影响其对目前外部世界进行感知。

任务总结

通过对本子任务的学习,我们了解了什么是虚拟现实,虚拟现实有沉浸感、交互性和构想性三个主要特征,同时也了解了虚拟现实、增强现实和混合现实的联系与区别。通过虚拟现实技术,人们可以沉浸在虚拟现实世界中,获得最真实的感受,并且可以实现自然的人机交互,在操作过程中,可以随意操作并且得到环境最真实的反馈。

任务巩固

1.上网查找有关资料,了解我国虚拟现实技术的发展情况。
2.上网查找资料,写一篇简要介绍虚拟现实的论文。

测试任务

请扫右侧二维码,进入任务测试环节,看看掌握了多少。

测试:什么是虚拟现实

子任务 2　虚拟现实的关键技术

任务描述

在了解了虚拟现实的基本概念之后,小王同学想:我学习计算机专业,未来是否可能自己来做一款 VR 游戏呢?她想在毕业后从事 VR 相关的产品研发工作。因此,在求职之前想了解虚拟现实有什么样的关键技术。我们来帮助小王同学调研一下 VR 的关键技术,帮助她毕业后早日找到心仪的工作。

任务分析

虚拟现实涉及很多技术,它融合了数字图像处理、图形学、多媒体技术、仿真技术、传感器技术、显示技术、网络并行处理等多种技术,人们需借助必要的外部设备比如数据手套、动作捕捉设备、眼动仪等来进行虚拟现实交互。本子任务将简单分析虚拟现实的关键技术。

任务实现

虚拟现实系统的主要工作流程是将现实中的事物转换到虚拟环境中,捕捉用户在虚拟环境中的交互行为,同时做出反应。主要包括实物虚化、虚物实化两个环节,如图 3-74 所示。

视频:虚拟现实的关键技术

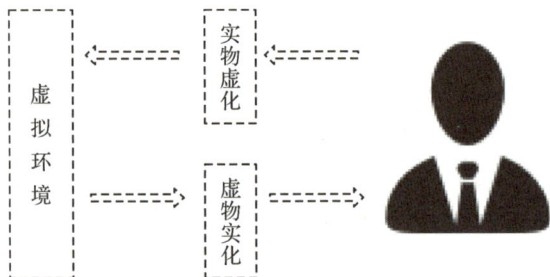

图 3-74　虚拟现实系统工作环节关系

1. 实物虚化技术

要实现像《红楼梦》中"太虚幻境"一样的虚拟环境,首先要把真实的事物映射到虚拟环境中,这是为用户提供逼真的虚拟世界的前提。如图 3-75 所示,贾宝玉在幻境中看到的人物是他真实生活中遇到的人物的映射。

图 3-75　贾宝玉梦游"太虚幻境"

在虚拟环境中需要对真实世界的物体进行建模,一般有几何造型建模和物理行为建模等。

(1)几何造型建模

几何造型建模包括对物体的形状建模和外观建模。通常始于构造具有三角形或多边形等形状的对象,然后对其进行纹理、颜色、光照和其他处理。常见的几何造型建模方式有 3 种。

第一种是利用数字化仪器(如三维扫描仪)对物体进行扫描,实现数字化自动建模。

第二种是利用交互式建模工具(如 AutoCAD、3ds Max、Maya)等进行建模。

第三种是利用图像编程工具或虚拟现实建模软件(如 OpenGL、Java3D)等进行建模,与第二种相比,此种方式能提高几何建模的效率,但用户需要具备编程基础。

(2)物理行为建模

几何造型建模构造了物体的外形,但物体还具有质量、惯性、硬度、变形等特性,这就需要更高层次的物理建模,另外还要让物体的运动和行为符合真实世界的运动学规律,也就是"动起来真",这就是物理行为建模。

如图 3-76 所示,电影《阿凡达》中的精灵水母的外形是通过几何造型建模实现的,而人接近时它的行为和飞行运动是通过物理行为建模实现的。

图 3-76　电影《阿凡达》剧照

2.虚物实化技术

在虚拟环境中建模后还需要将结果呈现出来,给用户以视、听、触等多维度的感官呈现。虚物实化的过程主要有视觉绘制、并行绘制、声音渲染和力触觉渲染等。

(1)视觉绘制

人眼能感受到立体图像并感受到距离,主要是通过大脑利用两只眼睛看到的图像位置的水平位实现的,这个位移就是图像视差。虚拟现实的设备也要能产生这种图像视差。3D 立体电影就是利用这个原理实现的,如图 3-77 所示,目前用到的技术主要有分色技术(左右镜片滤去的颜色不同)、分光技术(左右镜片滤去特定偏振方向的光,使得偏振方向相互垂直)、分时技术(先播放左眼画面,再播放右眼画面)和光栅技术(左右眼都只能看到部分画面)。

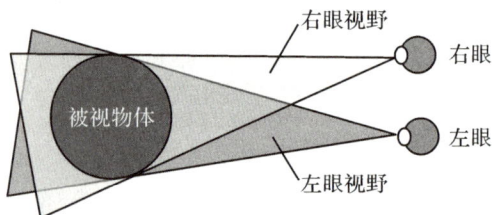

图 3-77 双眼图像视差

(2)并行绘制

虚拟环境中的物体都是三维的,呈现给用户时需要将三维几何模型转变为很多个二维场景,这个过程需要尽可能地提高计算资源利用率。并行绘制利用同时对多个图形或者对同一图形的不同部分进行绘制的方法来提升效率。

(3)声音渲染

人类耳朵对声音位置的定位,水平方向依靠双耳,垂直方向依靠耳郭,前后和对环绕声场的感受依靠 HRTF(声音定位技术),虚拟现实中利用多个音响设备制造出与实际声源在耳朵处一样的声波状态来达到效果。

(4)力触觉渲染

除了视听以外,虚拟现实还需要利用多种传感器来模拟人类的多种触觉,而力触觉也是一种重要的交互手段,主要分为接触反馈和力反馈两类。接触反馈主要是对与虚拟对象表面接触的感知,而力反馈主要是对虚拟对象力(如握力)的感知。

任务总结

通过对本子任务的学习,我们了解了虚拟现实系统的关键环节:实物虚化和虚物实化。也初步了解了实现这两个环节的关键技术。实物虚化环节的主要工作是建模,包括几何造型建模和物理行为建模;虚物实化环节主要是对前一个环节的建模结果进行呈现,包括视觉绘制、并行绘制、声音渲染、力触觉渲染等。

任务巩固

1.上网查找有关资料,了解实物虚化的几种建模方法。

2.上网查找资料,了解虚物实化环节视觉绘制会用到哪几种技术,以及与各技术对应的设备是什么。

测试任务

请扫右侧二维码,进入任务测试环节,看看掌握了多少。

测试:虚拟
现实的关键
技术

子任务 3 虚拟现实技术的应用

任务描述

小王同学在学了虚拟现实的基本概念和关键技术后,和好朋友小马展开了热烈的讨论,一方面感慨目前虚拟现实技术的发展速度,另一方面惊叹市场上已有的虚拟现实产品。但是小王和小马在一个问题上产生了分歧,小马认为目前虚拟现实还是只在娱乐行业应用,主要用在游戏和影视等方面;而小王却不这么认为,觉得虚拟现实已经渗透到我们生活的方方面面,但是说不出具体的实际应用。因此,小王和小马决定组织一次以"虚拟现实技术的应用"为主题的沙龙,小王将在活动上分享虚拟现实技术的相关应用。我们来帮助小王收集与虚拟现实技术应用相关的资料。

任务分析

虚拟现实技术因其沉浸性和特殊的自然交互方式,目前已广泛应用于文化娱乐、教育培训、医疗卫生、商业贸易、航空航天、军事训练、生产制造等领域,同时虚拟现实技术已进入家庭,直接参与人们的生活、学习和工作。接下来,我们就来看一下虚拟现实技术在各领域的具体应用吧。

任务实现

虚拟现实技术在文化娱乐、教育培训、医疗卫生、军事等领域都有重要的应用,下面我们就来详细介绍虚拟现实技术在这些领域的应用。

视频:虚拟
现实技术的
应用

1. 虚拟现实技术在文化、艺术、娱乐领域中的应用

虚拟现实的沉浸性和自然交互能方式将静态的艺术转变为可以探索的动态艺术,在文化艺术领域有着广泛的应用,如虚拟博物馆(网上世博会)、虚拟文化遗产(虚拟敦煌博物馆,如图 3-78 所示)。

在立体电影领域,虚拟现实技术得到了广泛的应用,上一个子任务讲到的虚物实化的多种技术都应用到了 3D 电影上。

三维游戏是虚拟现实技术最先应用的方面,也是重要的发展方向之一,如网络三维游戏"魔兽世界"创作了一个将视、听、触相结合的虚拟世界。

图 3-78　虚拟敦煌博物馆

2. 虚拟现实技术在教育培训中的应用

虚拟现实在教育中的应用是教育技术发展的一个飞跃,虚拟现实是促进教育发展的一种新的教育手段。

在国家层面,工信部成立了虚拟现实产业联盟(Industry of Virtual Reality Alliance,IVRA)以孵育生态系统;在地方政府层面,如深圳市政府设立的中国 VR 研究所、贵州省政府设立的北斗湾 VR 小镇等都投入资金和资源来推动虚拟现实教育与培训的发展。

在幼儿教育和小学教育中,利用虚拟现实的真实性、真实互动性能将现实中无法在幼儿园呈现的场景和材料通过虚拟场景进行表现,实现情景学习,营造自主学习环境。

在中学和大学教育中,利用虚拟现实技术构建不同的虚拟实验室,既节约了成本,也可以避免与危险物品接触,如图 3-79 所示。

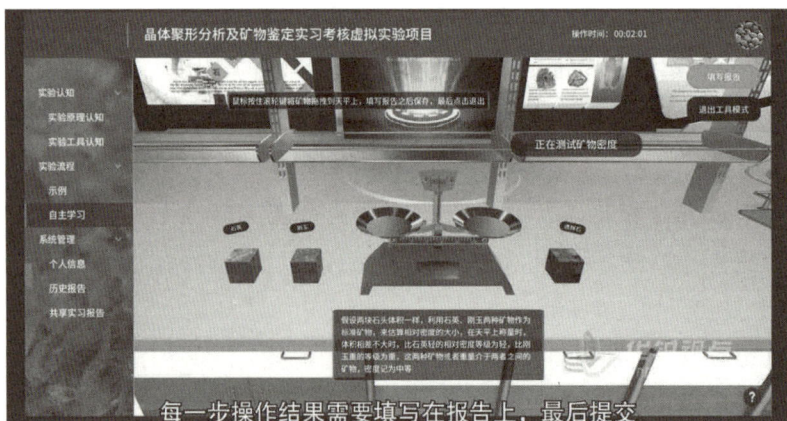

图 3-79　大学虚拟实验室

同时在商贸谈判、司法实习等方面,利用虚拟现实构建的虚拟场景能让学生有效地感受各种逼真的现场环境,提高学习效果。

虚拟现实和网络技术的结合也可以使缺少教学资源的偏远地区的学生获得更好的学习效果。

3. 虚拟现实技术在医疗卫生中的应用

虚拟现实技术在医疗培训、临床诊疗、医学干预等方面都有深入的应用。

在医疗培训领域,学生在模拟人体组织和器官的虚拟环境(如德国汉堡大学的VOXEL-MAN 系统)中进行模拟操作,感知系统能让学生感受到手术刀切入人体肌肉组织、触碰到骨头的感觉,使学生能够更快地掌握手术要领。

在医学诊疗方面,2016 年我国首款虚拟现实在线诊疗系统"梅斯医生"上线,其通过虚拟现实技术,将就诊过程和检查及诊断过程虚拟化,用户通过与虚拟患者交互,模拟病情采集和诊疗,让临床医生短时间内接触到大量复杂的病患,不断模拟最佳的临床诊疗路径,提高诊疗的精准性。

在医学干预方面,虚拟现实适用于精神疾病干预和康复医疗干预。如亚特兰大埃默里大学医学院的芭芭拉·罗特鲍姆协助开拓了虚拟现实技术在心理学领域的实践应用。由她协助开展的一项临床试验显示,在治疗病人对飞行的恐惧时,虚拟现实技术让90%的患者最终克服了焦虑症。其他应用有牛津大学利用虚拟现实技术治疗妄想性障碍,波兰西里西亚工业大学利用虚拟现实技术建立了 3D 孤独症洞穴等。

4. 在军事中的应用

军事领域研究是虚拟现实技术发展的原动力。20 世纪 90 年代初期美国率先把虚拟现实技术应用于军事领域,目前虚拟现实技术主要应用在军事训练演习、军事指挥决策、军事武器研发等方面。

传统的实战演习,耗资巨大、安全性差,因此通过虚拟现实技术为受训人员创造出一种险象环生、贴近真实的立体战争环境,可使受训人员身临其境,同时也可以通过设置战斗环境,对受训人员进行不同环境、不同预案的反复训练,在节省资源的同时又安全可靠,极大地提高训练效率。

在军事指挥决策方面,近代战争指挥就有通过沙盘进行战术研究的,虚拟现实技术不仅可以清晰地展示战场的地形,还可以进行有效的坐标显示(如虚拟三维电子沙盘系统),同时结合辅助决策系统提高自动化军事指挥水平。

在军事武器研发上也大量使用虚拟现实技术,可以有效缩短武器研制的制作周期,并能对武器的作战效能进行评估,在降低成本的同时提高效率。

5. 在商业贸易中的应用

网上试衣间是一个虚拟现实在商业贸易中的应用例子,顾客通过手持三维扫描仪对身体进行扫描后,系统形成顾客的虚拟三维模型,顾客可选择衣服进行试穿。

除此之外,在采用虚拟现实技术构建的虚拟商场中,不仅顾客可以全方位地观看商品,而且避免了实体商场的喧闹和拥挤。

还有最近兴起的 VR 看房,购房者通过智能头盔可查看多种不同风格的样板间,降低了看房成本。

任务总结

通过本子任务的学习,我们了解了虚拟现实技术在文化、艺术、娱乐、教育培训、医疗卫生、军事、商贸等领域的应用。随着虚拟现实技术的不断成熟,未来将会有越来越多的领域应用这一技术来改善人们的生活,这是未来的必然趋势。

任务巩固

1. 你见到过哪些虚拟现实技术的应用?
2. 请你畅想一下未来虚拟现实技术会应用到哪些新的领域。

测试任务

请扫右侧二维码,进入任务测试环节,看看掌握了多少。

测试:虚拟现实技术的应用

任务 5 解密区块链技术

子任务 1 什么是区块链

课件:解密区块链技术

任务描述

小王同学最近去听了一个关于区块链的学术讲座,对区块链产生了兴趣,她想深入了解什么是区块链,并撰写一篇关于区块链的科普文章,我们来帮助小王同学了解区块链知识吧。

任务分析

区块链(blockchain)这个名词是信息技术领域的一个术语,首先要对这个术语追根溯源,了解区块链是谁先提出来的,它有什么用途,它与比特币又是什么关系,然后根据最初的定义理解该术语,这样我们就能更加清楚地理解区块链技术,而不是简单地认为区块链就是比特币了。

任务实现

1. 比特币的诞生

区块链是怎么来的呢? 2008 年,有一位自称"中本聪"(Satoshi Nakamoto)的人士在一个密码学邮件讨论组中公开发表了一篇名为"Bitcoin：A Peer-to-Peer Electronic Cash System"(《比特币：一种点对点式的电子现金系统》)的文章,提出了比特币这个不依赖于第三方信任的电子交易系统,对这个系统的数据存储设计使用"块"(block)和"链"(chain)进行描述,首次提出了区块链的初步概念。

2009 年 1 月 3 日,中本聪发布了比特币系统,并在位于芬兰赫尔辛基的一个小型服务器上挖掘出第一个区块——"创世区块"(Genesis Block),如图 3-80 所示,同时获得 50 个比特币的奖励。伴随着 50 个比特币的出现,比特币正式诞生。2010 年,中本聪逐渐淡出并将项目移交给比特币社区的其他成员,他的真实身份至今无人知晓。截至 2021 年,比特币系统已经稳定运行了 12 年之久,没有发生过重大事故。近年来,随着比特币风靡全球,越来越多的人对其背后的区块链技术进行探索和发展,希望将这样一个去中心化的系统运用到其他各类企业之中。

图 3-80　比特币创世区块

那么什么是比特币呢? 它背后到底有什么神奇的技术,让如此多的人对此寄予厚望呢？让我们从一个通俗的故事开始了解比特币。

假设有这样一个古老的小村庄，里面有村民，但村庄里没有银行、钱庄等中心化机构为村民提供存钱、转账服务，大家也不放心将此工作交给某一位村民，于是村民们想出一个全民记账的方法。每个人用自己的账本来记录谁有多少钱，谁要转账给谁，比如每个人的账本上都写着：张三的 A 账号有余额 3000 元，李四的 B 账号有余额 4000 元……

当张三想要通过 A 账号转账 1000 元到李四的 B 账号时（见图 3-81）：

（1）张三大吼一声：大家注意啦，我要用 A 账号向李四的 B 账号转 1000 元钱，请大家帮忙记账见证。

（2）张三附近的村民听了，确认是张三的声音，并且检查张三的 A 账号是否有足够余额。

（3）检查通过后，村民往自己的账本上写：张三的 A 账号向李四的 B 账号转账 1000 元，并修改余额：A 账号余额＝3000－1000＝2000（元），B 账号余额＝4000＋1000＝5000（元）。

（4）张三附近的村民把转账信息告诉较远的村民，一传十，十传百，直到村庄所有村民都知道这笔转账并记录在自己的账本上，由此保证所有人的账本是一致的。

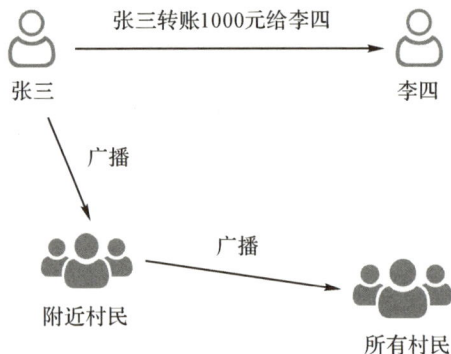

图 3-81　通俗故事示意

这是比特币运行的一个最简化描述，当然比特币的实际运行远比这复杂，我们在后续会对其进行进一步讲解。区块链就类似于这样的一个大账本，记录着所有人的交易信息，每一个区块相当于账本中的一页账单，各区块之间依据密码学原理，按时间顺序依次相连，形成一个链状结构，如图 3-82 所示。

图 3-82　"区块＋链"的账本结构

比特币就是这样一个基于"区块＋链"的分布式记账系统，如图 3-83 所示。之所以叫作分布式记账系统，是因为每一个参与的人都会拥有这份账本，并且所有人都可以在比特币系统上查询到其他任何人的交易信息。不像现实生活中,银行保存了所有人的交易记录,但不对外公开,大家无法查询其他人的交易信息,银行相当于一个中心化的机构,因此说区块链是去中心化的。

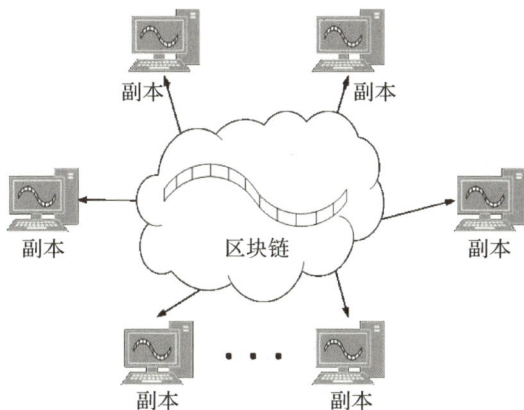

图 3-83　分布式记账系统

2.区块链的定义

通过上面的学习,我们对区块链有了初步的认识。那到底什么是区块链呢? 2016年工信部指导发布的《中国区块链技术和应用发展白皮书(2016)》如此定义:狭义来讲,区块链是一种按照时间顺序将数据区块以顺序相连的方式组合成的一种链式数据结构,并以密码学方式保证的不可篡改和不可伪造的分布式账本。广义来讲,区块链技术是利用块链式数据结构来验证与存储数据,利用分布式节点共识算法来生成和更新数据,利用数据学的方式保证数据传输和访问的安全,利用由自动化脚本代码组成的智能合约来编程和操作数据的一种全新的分布式基础架构与计算范式。

3.比特币和区块链的关系

区块链技术是比特币的底层技术,但在早期并没有引起太多人注意。比特币在没有任何中心化机构运营和管理的情况下,在多年里保持稳定运行,并且没有出现过任何重大问题。越来越多的金融机构认识到比特币背后的技术所蕴含的潜力,希望借此改变金融行业的很多模式和流程。之后,国内外各大金融机构争相对比特币底层技术区块链进行研究,同时寻求区块链技术在其他行业的实际应用。所以从某个角度来看,比特币可以看成是区块链技术的第一个应用,而区块链更类似于互联网 TCP/IP 这样的底层技术,以后会扩展到越来越多的领域中。

4.区块链的发展历程

(1)区块链 1.0:加密数字货币

区块链 1.0 时代,被称为区块链货币时代。以比特币为代表,它基于密码学原理,使得货币能够直接由一方发起并支付给另外一方，中间不需要通过任何第三方机构。

在早期发展阶段，比特币只在密码学爱好者之间流转，价格是由用户相互协商决定的。2010年5月21日，一位美国程序员用1万个比特币换回了价值25美元的比萨。按照这笔交易，当时1个比特币的价格约合0.0025美元。在人们越来越关注区块链技术的同时，比特币的价格一路走高，中间有好几次暴涨、暴跌，2021年初，比特币价格突破4万美元。以目前的价格计算，这位程序员吃掉的比萨价值好几亿美元。

比特币总量设计为2100万个，每10分钟挖出一个区块，奖励50个比特币，每隔21万个区块（大约4年）奖励减半，直至减为0，后面的奖励主要来源于交易手续费。比特币社区为了纪念中本聪，把比特币的最小单位定义为聪（Satoshi），每聪等于0.00000001个比特币。

随着比特币的发展，其他仿制的数字货币也层出不穷，比如莱特币、狗狗币等。在这些数字货币的发展过程中，区块链作为数字货币底层技术开始进入大众的视野。

(2)区块链2.0：智能合约

比特币作为去中心化的支付系统，其协议的扩展能力和可编程能力相对较弱。在区块链2.0阶段，区块链技术的应用不再局限于数字货币，该阶段的标志就是以太坊（Ethereum）的出现。以太坊从设计上来说就是为了解决比特币扩展性不足的问题。

以太坊是一个开源的、支持智能合约功能的公有区块链平台，允许用户在平台上开发各种类型的去中心化应用（decentralized applications，Dapp）。创始人维塔利克·布特林（Vitalik Buterin）（见图3-84）在17岁时就加入比特币社区，随后作为联合创始人创建了《比特币杂志》（*Bitcoin Magazine*）。2013年，维塔利克发布了《以太坊：下一代智能合约和去中心化应用平台》白皮书，目标是建立一台去中心化、无法被关闭、可以执行智能合约的世界计算机。以太坊提供成熟的图灵完备语言，用这种语言可以创建智能合约。2014年7月24日起，以太坊进行了为期42天的以太币预售，一共募集到31531个比特币，根据当时的比特币价格折合1843万美元，是当时排名第二大的众筹项目。2015年，以太坊网络正式启动，第一阶段版本名为前沿。以太坊开始用的是工作量证明（proof of work，PoW）算法，已于2022年9月转换成权益证明（proof of stake，PoS）算法。

图3-84　以太坊创始人维塔利克·布特林

利用以太坊的智能合约,任何个人或组织都可以轻松地在以太坊平台上发行加密数字资产。受到比特币价格暴涨的影响,尤其是在 2017 年至 2018 年间,大量真假难辨的项目以"首次代币发行"(Initial Coin Offering,ICO)为名在以太坊平台上发行代币资产,使得加密数字资产的投机炒作达到顶峰。2017 年 9 月 4 日,中国人民银行等七部门联合发布了《关于防范代币发行融资风险的公告》,以涉嫌扰乱金融秩序叫停 ICO,要求各类活动立即停止,已完成发行的应组织清退,拒不停止和违法违规行为将被查处。2018 年下半年,随着比特币价格的下跌,投机泡沫彻底破灭,很多投资者血本无归。另外,以太坊上也出现了一系列去中心化应用,比如知名的加密猫游戏(见图 3-85)和当前比较热门的去中心化金融(decentralized finance,DeFi)等。

图 3-85　加密猫游戏

以太坊创造性地使用区块链技术解决并实现了智能合约的实际应用,这一阶段被称为区块链 2.0,从此区块链技术进入快速发展时期。

(3)区块链 3.0:价值互联网

如果说区块链 1.0、2.0 时代是人们已经或者正在经历的,那么 3.0 时代便可以称得上是人们对未来数字经济时代的一种理想化愿景。在区块链 3.0 时代中,将通过打造一个无信任成本、具备超强交易能力、风险极低的可信计算平台,实现资金、合约、数字化资产等价值的互联互通。同时,区块链与人工智能、大数据、5G、物联网、云计算等新一代信息技术深度融合,将重构数字经济发展形态,促进价值互联网与实体经济协同发展。到目前为止,真正的区块链 3.0 应用尚未实现,无论是以超级账本(hyperledger)为代表的联盟链,还是以商用分布式应用设计区块链操作系统(enterprise operating system,EOS)为代表的通用公链,都还处在探索和成长阶段。

5.区块链的类型

区块链根据开放程度的不同,可以分为公有链、联盟链和私有链三个类型。具体如下:

(1)公有链(public block chains)

公有链是公有的、开放的,其开放程度最高,也是去中心化属性最强的,数据的更新、存储、操作都不依赖于中心化的服务器,而是依赖于网络上的每一个节点,这就意味着公有链上的数据是由全球互联网上成千上万的网络节点共同记录与维护的。任何组织或者个人都能参与交易,同时他们也都有机会成为账本记录员记录交易信息。公有区块链是最早也是应用最广泛的区块链,像比特币、以太坊等都属于公有区块链。

(2)联盟链(consortium block chains)

联盟链是指预选的账本记录员由多个组织或者公司组成,每个区块的生成由这些预选的账本记录员共同决定,除此之外,其他人员可以参与交易,但不具体过问账本信息和过程。联盟链就是公司与公司、组织与组织之间达成的联盟模式,维护链上数据的节点都来自这个联盟的公司或组织,记录与维护数据的权力掌握在联盟公司成员手中;采用联盟链的主要群体有银行、证券、保险、集团企业等。联盟链的典型代表是超级账本系统。

(3)私有链(private block chains)

私有链用于单个公司或者个人,其私自享有区块链的写入权限,不对外开放。只有被授权的节点才能参与并且查看数据的区块链类型,采用私有链的主要群体是金融机构、大型企业、政府部门等。

任务总结

通过本子任务的学习,我们了解了比特币的历史,去中心化交易的流程、特征,区块链的定义,区块链与比特币的关系,区块链的发展历程和类型。区块链技术的出现被认为是技术的一次革新,促进了去中心化的、无信任中心网络的建立。随着人们对区块链认识的加深和区块链应用的普及,区块链将会变得更加强大,并影响更多的领域。

任务巩固

1.什么是区块链技术?区块链的发展经历了哪几个阶段?

2.你如何理解区块链的"去中心化"特点?相比于"中心化"的模式,"去中心化"有什么优点?

测试任务

请扫右侧二维码,进入任务测试环节,看看掌握了多少。

测试:什么
是区块链

子任务 2 区块链的关键技术

任务描述

在了解了比特币和区块链的基本概念之后,小王同学不禁感叹区块链技术的强大,但是与此同时小王也产生了不少疑问:村民(矿工)有什么动力去记账(挖矿)?记的账,后面会不会被篡改?这么多人记账,万一记的账不一样岂不是会有问题,那以谁的为准呢?要是有人发布虚假交易怎么办?我们来给她解答这些疑问。

任务分析

本子任务将重点分析实现区块链的关键技术。比如,这个名词中的"区块"和"链"到底是什么样的东西?区块链的结构是怎样的?我们通过生活中的例子来慢慢进入区块链的世界,观察区块链的内部结构,并通过学习区块链的关键技术来了解其底层实现原理。

任务实现

视频:区块链的关键技术

1.区块链数据结构

第一次听说区块链时,你是不是在想区块链跟链条有关?或许脑子里会冒出来如图3-86所示的一根链条。

图3-86 链条

链条由链条块组成,从第一个链条块开始,连接之后的一个个链条块。除了第一个块以外,其余任一链条块的前面都有一个连接的链条块。这个链条块是不是跟区块链相似呢?确实如此,它们的结构是相似的,区块链的一个区块是由区块头和多个交易组成的,如图 3-87 所示。

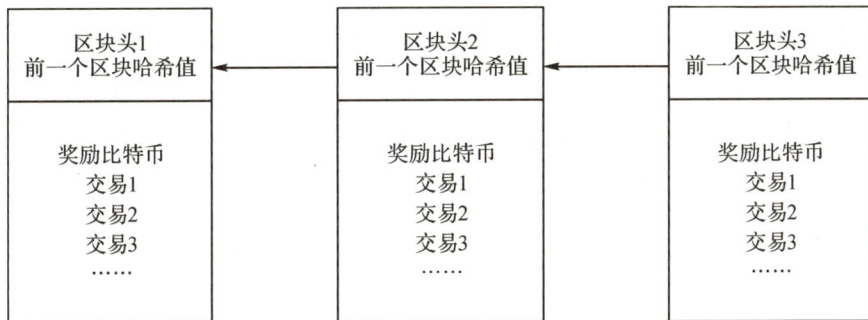

图3-87 区块链链接模型

可以看到区块链块中都包括前一个区块的地址——哈希(Hash)值,因此把这些区块连接起来后就形成了链式结构,这也是区块链这个名字的由来。

当然,区块链是一种信息技术,不像链条那么简单和直观,事实上一般我们看到的区块链块结构如图 3-88 所示。

每一个区块由区块头和区块体两部分组成。区块头包含父区块哈希值、版本号、时间戳、默克尔(Merkel)树根、难度值、随机数等信息,区块体主要包含挖矿交易和一般交易的列表。

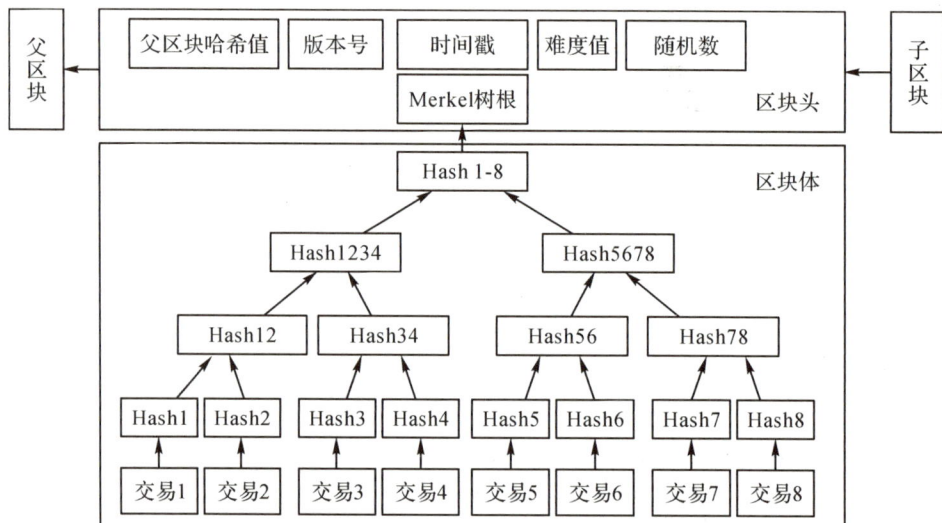

图 3-88　区块链块结构

2.哈希运算

从图 3-88 中可以看到,区块头中有哈希值,哈希值是什么呢？哈希值是将一个数据通过哈希函数计算得到的一个固定长度的杂乱值。哈希函数,也称散列函数,可实现将任意长度的输入转换为固定长度的输出。哈希函数是一种单向密码体制,即一个从明文到密文的不可逆映射,只有加密过程,没有解密过程。优秀的哈希算法具有正向快速、输入敏感、逆向困难、强抗碰撞等特征。目前区块链一般使用 SHA-256 算法。

区块链运用哈希函数对一个区块的所有数据进行计算得到一个哈希值,而这个哈希值无法反推出原来的内容。每一个区块头包含上一个区块数据的哈希值,这些哈希值层层嵌套,最终将所有区块链接在一起,如图 3-89 所示,形成区块链。因此,要篡改一笔交易几乎是不可能的,因为你需要在所有的账本上将这笔交易之后的所有区块的哈希值全部篡改一遍。正是使用了哈希函数这种密码学方法,保证了区块链的公开透明、不可抵赖和不可篡改。

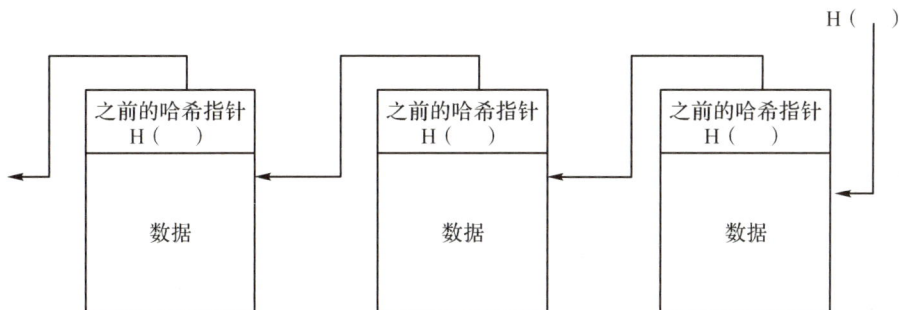

图 3-89　哈希指针链接结构

　　下面我们通过一个区块链的演示网站自己动手模拟生成一个区块链,这样对区块链会有一个更加直观的认识。

　　图 3-90 是区块链演示网站操作界面,网址是 http://blockchaindemo.io,操作非常简单。

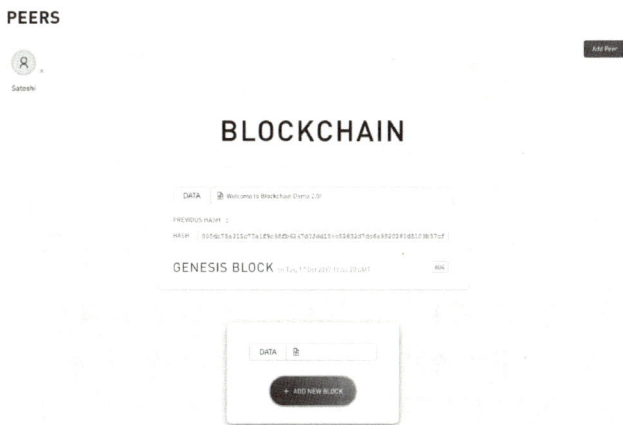

图 3-90　区块链演示网站操作界面

　　打开网站首页,可以看到页面的左上角是区块链的节点信息,已经有一个默认节点"Satoshi",右上角有一个"Add Peer"(添加节点)的按钮,中间部分是区块链的区块信息,默认有一个创世区块,下方的"ADD NEW BLOCK"按钮用来新加一个区块。

　　创建两个新的区块。在区块中填写"The Second Block",单击"ADD NEW BLOCK"按钮,添加第三个区块。在这个模拟的区块链的区块中,有数据、父区块哈希值、当前区块链哈希值、索引、时间戳、Nonce 这 6 个字段,如图 3-91 所示。从图中可以看到,本区块的父区块哈希值(PREVIOUS HASH)即为上一个区块的哈希值,索引值依次增加。

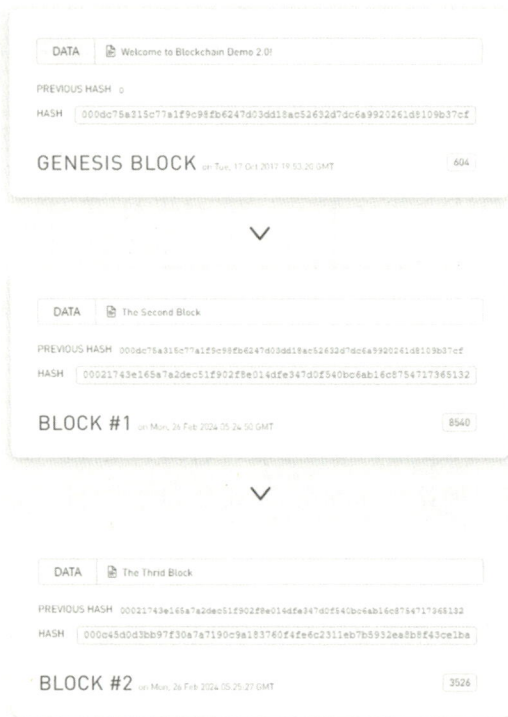

图 3-91 新增两个区块

3. 数字签名

区块链使用数字签名来证实某项数字内容的完整性,并识别交易发起者的合法身份,防止被恶意者冒充。数字签名使用了公开密钥密码体系,是一种非对称加密技术。非对称加密是指加密和解密使用不同密钥的加密算法。非对称加密需要一对密钥,私钥与公钥一一对应,可以从私钥生成公钥,但从公钥无法推导出私钥。其中公钥就像银行账号,可以对所有人公开;私钥就像密码,需要自己保管。使用这个密钥对时,如果用其中一个密钥加密一段数据,则必须用另一个密钥解密。数字签名的签名过程和验证过程如图 3-92 所示。区块链中使用的非对称加密算法是椭圆曲线加密算法(elliptic curve cryptography,ECC)。

那具体如何使用数字签名呢?比如小明发起了一笔比特币转账,系统先将该交易通过哈希算法生成一个散列值,然后用小明的私钥对散列值进行加密,形成数字签名。之后系统将原文与数字签名一起广播给矿工,矿工用小明的公钥解密数字签名得到散列值,然后对原文使用同样的哈希算法计算散列值,如果两个散列值一致,则说明该交易确实是小明发出的,且信息在传播路径上未被篡改过。整个过程,发起人小明仅仅只需要在转账时输入私钥就好了,是不是特别简单、高效又安全呢?

简单来说,数字签名就是发起者用私钥进行签名,接收者只需要用发起者的公钥进行验证。

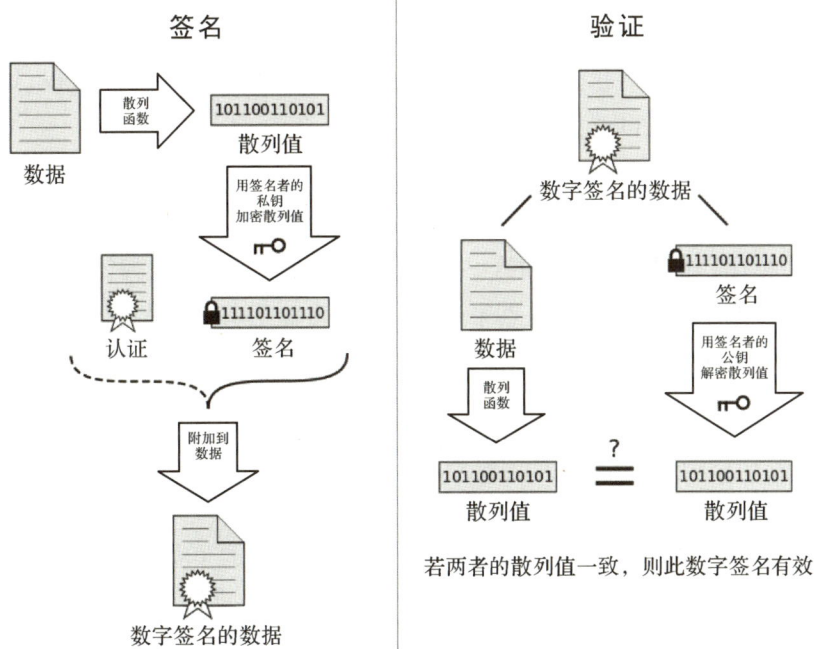

图 3-92　数字签名的签名过程和验证过程

4.共识算法

区块链通过全民记账的方式解决信任问题,所有的节点都参与记账,那么怎么保证所有节点记账的数据都是一致的,即如何达成共识? 当前区块链使用的共识算法有许多种,常见的有下面三种。

(1)工作量证明(proof of work,PoW)

PoW 是比特币在区块的生成(挖矿)过程中使用的一种共识算法,可以说是最原始的区块链共识算法。简单来说,PoW 通过一份证明来确认做过一定量的工作,并可以因此得到一定的奖励。

以比特币为例,每个节点通过不断猜测一个随机数,使得一个区块内容加上这个随机数的哈希值满足一定的条件,比如哈希值前 6 位为 0。第一个完成计算的节点获得这个区块的记账权并得到 50 个比特币的奖励,同时将计算结果广播给其他节点。

PoW 机制的缺点很明显,由于最先计算出结果的节点获得记账权并得到全部奖励,所以为了争夺记账权,各个节点需要不断增加算力,并且需要不停计算,耗电量巨大,造成了极大的能源浪费,而且达成共识周期过长,如比特币生成一个区块需要十分钟。

(2)权益证明(proof of stake,PoS)

为了弥补工作量证明能源消耗巨大、交易确认时间较长的不足,有人发明了权益证明共识机制,以手中所持有的币的数量来决定获得记账权的概率。简单来说,就是谁拥有的代币数量多,谁就更有机会获得记账权。

PoS 的优点是不再浪费大量的资源去计算,从而大大缩短了达成共识的时间,而且节省了电力等资源,但缺点也很明显:持币数量多的人更容易获得记账权,这会使共识机制成为有钱人的游戏,也就失去了公正性。

(3)授权权益证明(delegated proof of stake,DPoS)

DPoS 最早出现在比特股(BitShares)中,它的原理是让每一个持有比特股的人进行投票,由此产生 101 个超级节点,而这些超级节点彼此的权利完全相等。

DPoS 通过选择诚信的超级节点来产生区块,确保了其安全性,同时减少了区块验证的时间消耗,从而大大提高了交易的速度。如果超级节点不能履行它们的职责而没能生成区块,它们就会被除名,网络会选出新的超级节点来取代它们。

5. P2P 网络

P2P(peer to peer)网络也称为点对点网络,是一种分布式应用架构,是区块链网络的基石。在 P2P 网络环境中,成千上万台彼此连接的计算机都处于对等的地位,整个网络一般来说不依赖专用的集中服务器。网络中的每一台计算机既能充当网络服务的请求者,又对其他计算机的请求做出响应,提供资源和服务。P2P 技术最早应用于文件分享领域,比如国外的 Napster、eDonkey、BitTorrent,国内的迅雷等。目前,P2P 技术广泛应用于计算机网络的各个领域,如分布式计算、流媒体直播与点播、语音即时通信等。

由于 P2P 网络每一个节点彼此对等(见图 3-93),各个节点共同提供服务,不存在特殊的节点,因此,任何节点出现问题或者退出都不会影响整个网络的运行。P2P 网络具有天生的伸缩性且和去中心化、可靠性强和开放的特点,天然适合构建区块链网络。

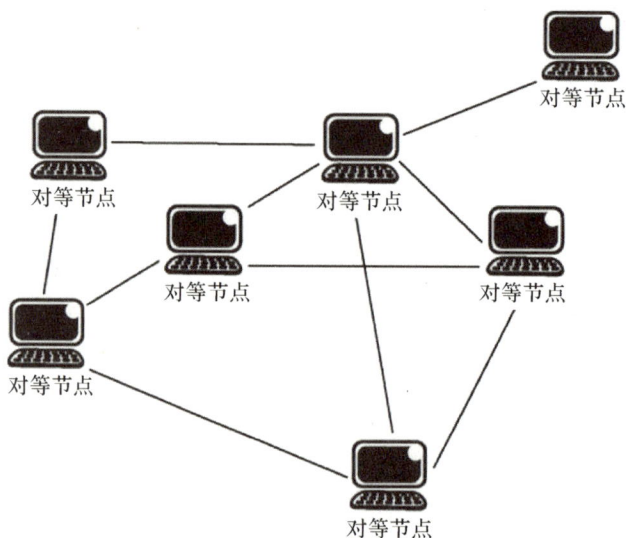

图 3-93　P2P 网络结构

6. 智能合约

智能合约的引入是区块链发展的一个里程碑。智能合约是在一定条件被满足的情况下，一个在计算机系统上可以被自动执行的合约。智能合约允许在没有第三方的情况下进行可信交易，这些交易可追踪且不可逆转。可以将智能合约形象地类比成自动饮料售卖机：

（1）我们向饮料售卖机投入硬币，按一下出饮料的按钮。

（2）售卖机将一瓶饮料从出货口放出来。

（3）售卖机恢复到最初的状态。

智能合约一定要在区块链技术之上实现吗？答案是否定的。比如每月自动从银行账号里扣水电费就是典型的智能合约。为什么智能合约没有得到广泛应用呢？这是因为有一个问题没有被解决，那就是信任问题，人们不可能像信任银行一样信任其他普通机构。区块链技术的出现解决了该问题，区块链技术不仅可以支持可编程合约，而且具有去中心化、不可篡改、过程透明、可追溯等优点，天然适合于智能合约。

基于区块链的智能合约包括事务处理和保存机制，以及一个完备的状态机，用于接受和处理各种条件；并且事务的保存和状态处理都在区块链上完成。智能合约在区块链中的运行机制，如图 3-94 所示。

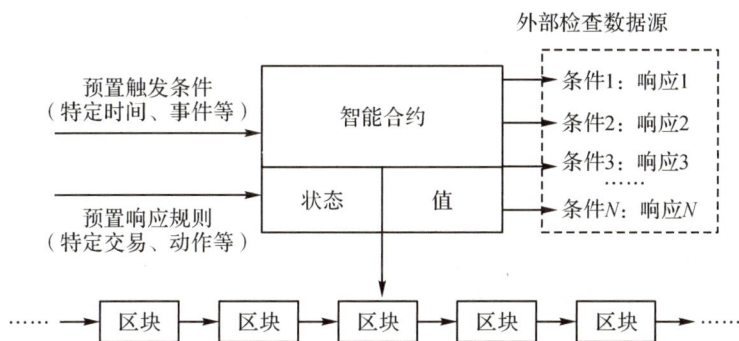

图 3-94　智能合约的运行机制

目前智能合约还未被广泛应用和实践，但其因高效性、准确性、不可篡改性、可追溯性、较低的运行成本等优点已得到研究人员和业内人士的高度认可。智能合约在房屋租赁、差价合约、作物保险、金融借贷、设立遗嘱、证券登记清算、博彩发行等领域的应用有非常广阔的前景。虽然智能合约具有很多显著的优点，但是也存在一定的安全风险。比如智能合约本质上是一个自动执行的程序，难免会存在漏洞，由于智能合约部署在区块链后不可篡改，因此无法更改或升级，这些漏洞很容易成为黑客攻击的目标。

　　通过本子任务的学习,我们了解了区块链的基本结构、关键技术以及相关的底层原理。

任务巩固

　　1.区块链技术的关键技术有哪些? 这些技术的作用分别是什么?
　　2.请阐述并绘制区块链区块的基本结构。

测试任务

　　请扫右侧二维码,进入任务测试环节,看看掌握了多少。

测试:区块链
的关键技术

子任务3　区块链技术的应用

任务描述

　　在了解了神秘的区块链技术之后,小王同学受益匪浅,同时也很好奇区块链技术到底有哪些具体的应用场景呢? 我们来告诉她吧。

任务分析

　　通过上面对区块链定义和关键技术的分析,我们初步了解了区块链的一些特点,比如去中心化、公开透明、不易篡改、匿名性和可追溯性等,这些优点是很多应用场景所需要的,因此具有重要的市场价值和实际意义。本子任务将通过这些优点简单介绍区块链技术的实际应用场景。

任务实现

　　区块链技术从本质上来说是一个底层技术,是一种互联网数据库技术,其特点包括去中心化、公开透明等,每个人都可以参与数据库记录。区块链技术具有广阔的应用前景,在金融、司法、财税、医疗、数字人民币等领域都有非常重要的应用,这里简单介绍几个案例。

视频:区块链
技术的应用

1.金融

　　传统的金融交易必须通过第三方机构,比如银行,将资金从一个账户转移到另外一

个账户,这会增加一定的时间和费用成本,尤其是在跨行转账和跨境转账时,而通过区块链进行交易可以大大提高交易的效率,避免交易规模的扩大,如图 3-95 所示。

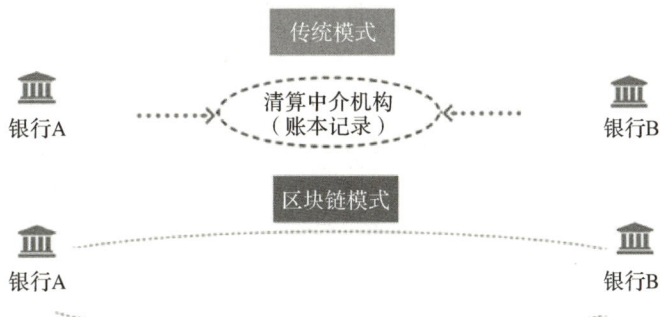

图 3-95　区块链跨境支付模式

2017 年,招商银行率先开通了区块链直联跨境支付业务,让交易双方不必再依赖中央系统进行清算,降低了交易时间和成本,实现实时跨境交易,标志着国内首个区块链跨境领域项目成功落地应用,在国内区块链金融应用领域具有里程碑意义。招商银行成为世界首家将区块链技术应用到跨境支付与结算的银行。

2.司法

随着信息化的快速推进,司法诉讼中的大量证据以电子数据的存在形式呈现,电子证据普遍具有易消亡、易篡改、技术依赖性强等特点,与传统实物证据相比,其真实性、合法性、关联性的司法审查认定难度更大。利用区块链信息不可篡改等特性,司法区块链可以很好地解决司法电子证据的生成、存储、传输、提取的全链路可信问题。

2018 年 9 月 18 日,杭州互联网法院宣布司法区块链正式上线运行,成为全球首家用区块链技术审判的法院。起诉人通过线上申诉入口,在线提交合同、维权过程、服务流程明细等电子证据,公证处、司法鉴定中心、CA/RA 机构、法院、蚂蚁金服等链上节点共同见证、共同背书,为起诉人提供一站式服务。

3.财税

虽然中国拥有世界上较为发达的税务发票系统,但现有的电子发票仍面临"假发票"难管控、难杜绝的问题。另外,发票的开具、报销等流程烦琐,对税务局来说,报销涉及很多的人工整理、人工审核工作,效率低下;对报销企业来说,每次需要整理纸质发票、核算金额,并且还要杜绝"一票多报""假发票"等问题,防止出现财务管理风险和税务违法风险。针对电子发票的痛点,区块链技术能够利用自身的特性很好地解决相应的问题。

2019 年,浙江依托蚂蚁链上线全国首个区块链电子票据平台。利用区块链的分布式记账和多方高效协同优势,打通各部门间的数据孤岛,建立医保部门与医疗机构电子票据信息共享和运用机制,实现了电子票据的生成、传送、储存和报销全程"上链盖戳",实现跨地区、跨部门结算报销,如图 3-96 所示。截至 2022 年底,累计开出 22.5 亿张区块链电子票据,财政票据电子化率达 99%,均居全国第一,实现了全省机关企事业单位财政电子票据全覆盖。如今,一部手机、一个 APP,就可以实现电子票据"秒开票、随时查、快报销"。就医群众可直接通过"浙里办"APP 进行网上报销申请,工作人员在线审核,报销平均时间从 12 个工作日压缩到几分钟。

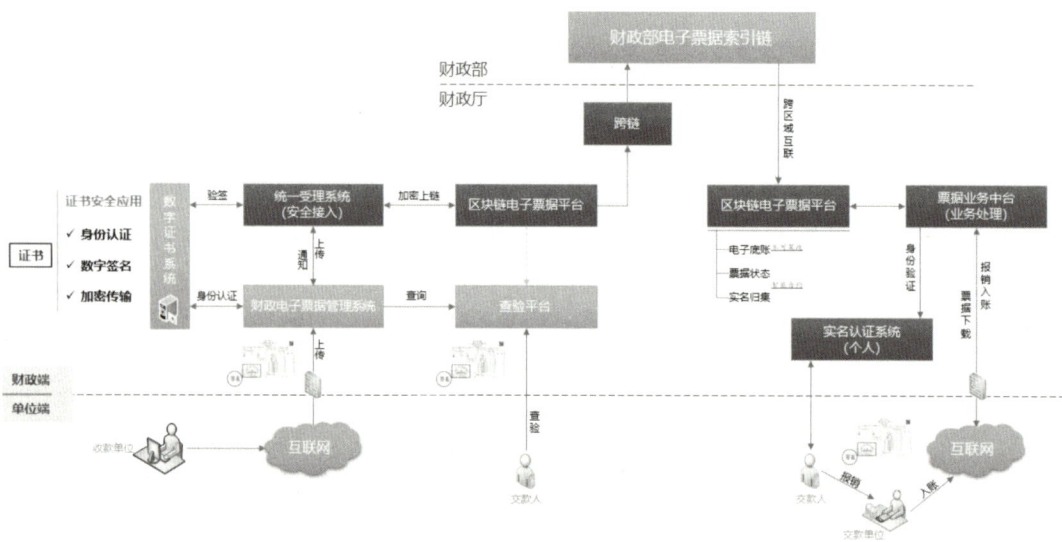

图 3-96　区块链票据流转

4.医疗

将医院患者看病和医生诊断的整个过程和资料全部上链,如各个科室手术医生书写的手术记录、主诊医师的审核、电子病历的归档等,并同步到地方司法机构,实现电子病历电子证据固化。这样将有效解决电子病历管理数据安全、流程管理和司法认可的难题,也让患者本人成为个人医疗数据的真正掌控者。

2021 年 1 月 26 日,浙江大学医学院附属邵逸夫医院上线区块链医疗应用,在全国范围内首创区块链技术在医疗电子病历与科研数据领域的应用场景。邵逸夫医院已经在全院各科室实现电子病历全流程上链(见图 3-97),并同步到杭州市互联网公证处和互联网法院等司法机构,实现电子病历电子证据固化,解决"医院重复检查""医疗保险欺诈""药品假冒"等痛点。同时,搭建以数据治理和区块链技术为核心基础的"科研数据管理系统"平台,助力构建科研诚信体系。

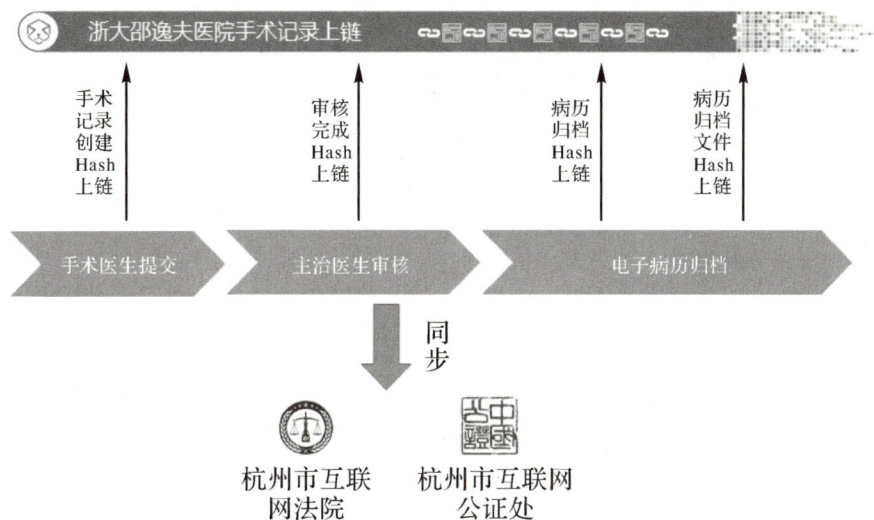

图 3-97　邵逸夫医院电子病历上链

5.数字人民币

区块链技术的另一个重要应用领域是发行法定数字货币。目前,全球多个国家的中央银行都在对央行数字货币(central bank digital currencies,CBDC)进行研究,中国在此方面一直处于国际领先地位。2014 年中国人民银行正式启动数字货币研究,2016 年成立了数字货币研究所。经过多年论证和研发,至 2019 年底,人民币数字货币(digital currency electronic payment,DCEP)已经基本完成了顶层设计、标准制定、功能研发、联调测试等工作(见图 3-98)。2020 年 4 月,中国人民银行宣布数字人民币先行在深圳、苏州、雄安、成都及未来的冬奥会场景进行内部封闭试点测试。2020 年 8 月 14 日,商务部印发的《全面深化服务贸易创新发展试点总体方案》指出,在京津冀、长三角、粤港澳大湾区及中西部具备条件的试点地区开展数字人民币试点。2020 年 10 月,深圳试点向中签个人空投了 1000 万元数字人民币红包。2020 年"双 12"活动中,苏州给 10 万个中签账户空投 2000 万数字人民币红包,每个红包金额为 200 元。京东商城成为数字人民币红包试点中首个接入数字人民币的线上场景,部分手机厂商开始支持 DCEP 钱包"碰一碰"和"双离线"功能。

图 3-98　DCEP 测试 APP 界面

2021 年 1 月 5 日,DCEP 硬钱包亮相上海同仁医院(见图 3-99),在员工食堂场景中实现便捷支付功能。DCEP 硬钱包类似于装上了显示屏的交通卡,通过 NFC(near field communication,近场通信)实现卡片数据的读取和写入,或者说是消费和充值。

图 3-99　DCEP 硬钱包亮相上海同仁医院

DCEP 采用了区块链技术,但 DCEP 对区块链的应用并非全套照搬比特币、以太坊等知名区块链,更多地体现在对组成区块链技术的单个技术的应用,例如,利用智能合约实现资金的定向流通,利用非对称加密认证身份。

那么作为一种由中国人民银行发行的数字货币,DCEP 有什么优点呢?

首先,发行的 DCEP 主要用来代替现金,所以纸质现金出现的破损、找零不方便等缺点便不复存在。

其次,DCEP 不同于微信支付、支付宝等第三方支付,并不需要绑定银行卡,无须手续费,并且具备离线支付功能。

最后,和其他机构相比,它由央行直接发行,直接与人民币挂钩,不会遇到商业银行和企业倒闭的问题,安全性极高。

DCEP 的推出和实施是非常值得期待的。DCEP 集交易和结算于一体,可以省去后台清算、结算等环节,从而降低整个社会的交易成本,提升交易效率。

任务总结

通过本子任务的学习,我们了解了区块链技术在金融、司法、财税、医疗、数字人民币等领域的应用。随着人们对区块链认识的加深和区块链应用的普及,区块链将会变得更加强大,并影响到更多的领域。

任务巩固

1.区块链技术有哪些实际的行业应用? 请查阅相关的资料,了解区块链技术的具体应用场景。

2.你觉得未来区块链技术将会在哪些领域有重要的应用? 请举例说明。

测试任务

请扫右侧二维码,进入任务测试环节,看看掌握了多少。

测试:区块链
技术的应用

项目 **4** 操作常用工具软件

前面我们走近认识了计算机,在互联网里冲了个浪,探索了时兴的 IT 新技术,那么在日常的学习、生活应用中,计算机要怎么操作呢?

在本项目中,我们将通过"制作中国良渚文化宣传册""统计空气质量监测数据""制作'开学第一课'演示文稿"等案例来学习如何处理文档、管理数据,制作精美的演示文稿。同时,将探索中华五千年文明史,增强民族自信、文化自信;学习绿色生态知识,增强环保意识。有些任务也是我们学习、生活中会遇到的案例,接下来就让我们动手来实际操作一下吧。

本项目思维导图及介绍视频

任务1 灵活使用操作系统

子任务1 管理我的文件

课件:灵活使用操作系统

任务描述

大三的小王刚刚购置了一台笔记本电脑,接下来她要准备撰写毕业论文,因此需要用这台新电脑进行文档编辑。在进行文档编辑前,她需要先将论文指导老师发给她的资料进行归类整理,并建立好论文文档,方便后期编辑。

任务分析

1.进行具体操作前需要熟悉 Windows 操作系统的基本操作环境。

2.对文件进行归类整理,需要先建立文件夹,对文件进行选定、移动、复制、改名、删除等管理类操作。

任务实现

1. 认识桌面与窗口

开启计算机后,我们首先看到的是操作系统的界面,俗称"桌面"。桌面由左下角的"开始"菜单、桌面上的快捷方式等图标和下方的"任务栏"组成。

通过 Windows 10 的"开始"菜单可以访问所有程序,其外观与之前的版本有比较大的变动,贴近 APP 的布局方式,所有项目按照名称排序。如果想快速找到程序,可以在下方搜索框中输入程序名搜索,也可以在"开始"菜单右侧固定常用应用程序的磁贴或图标,以方便快速找到应用程序,如图 4-1 所示。

图 4-1　"开始"菜单

桌面上的图标主要有系统图标和快捷方式图标,用户也可以根据自己的需要建立自己的快捷方式图标。

Windows 10 新增了任务视窗功能(在"开始"菜单右侧),既可以显示当前桌面已打开的任务窗口列表,也可以通过时间线显示以前的桌面状态,如图 4-2 所示。

图 4-2　任务栏

2. 管理我的文件

Windows 10 的管理文件方式和其他 Windows 版本差别不大。可以选定、新建、移动、复制、删除文件和文件夹,也可以修改文件和文件夹的属性,并根据关键字搜索文件和文件夹。

对于文件、文件夹的选择,可以用鼠标单击选定一个项目,或者拖动矩形框选定连续多个项目。也可以通过选定第一个项目后按住键盘"Shift"键,再用鼠标选择最后一个项目,来选定两个项目之间连续的多个项目,或者按住"Ctrl"键单击选定不连续的多个项目。

移动、复制、删除文件可以通过在选定项目后用鼠标右击弹出的快捷菜单来实现,也可以用快捷键"Ctrl"+"X"(剪切)、"Ctrl"+"C"(复制)、"Ctrl"+"V"(粘贴)、"Delete"(删除)来实现。

任务总结

Windows 10 的"开始"菜单与以往版本差别较大,其利用固定磁贴的方式使用户更方便快速找到常用的程序。Windows 10 新增了任务视窗功能,可以根据时间线来管理桌面。通过本子任务的学习,我们了解了操作系统桌面,掌握了文件管理的基本操作。

任务巩固

完成建立和管理个人简历、毕业论文等文件和文件夹的任务。

测试任务

请扫右侧二维码,进入任务测试环节,看看掌握了多少。

测试:管理
我的文件

子任务 2 个性化设置工作环境

任务描述

大三的小王为了完成毕业论文,需要安装一些常用软件,并对新电脑进行个性化设置,使其更符合自己的使用习惯,以方便快速地访问需要使用的应用程序和文件。

任务分析

1.小王同学要完成毕业论文,需要先安装文档编辑软件,比如常用的文档编辑软件 Microsoft Office 或者 WPS Office。

2.个性化设置桌面、"开始"菜单等项目,把常用的程序固定到"开始"屏幕的右侧磁贴区,以便使用。

任务实现

1.安装与卸载软件

要安装软件则可以直接双击打开软件安装的应用程序,一般是.exe 应用程序文件,安装的路径一般默认为 C 盘的 Program Files 文件夹下。要卸载程序则可以直接在"开始"菜单对应软件的目录下选择"卸载"。当然,也可以选择控制面板中的"程序和功能"或者"软件管家"等第三方软件管理工具进行程序的安装与卸载。

视频:个性化设置工作环境

2.Windows 10 的虚拟桌面

Windows 10 提供了虚拟桌面新功能,用户可以将桌面虚拟为多块,对每块桌面分别进行管理,方便对桌面的应用与管理。

在 Windows 10 的任务栏左侧有一个"任务视图"按钮,可以方便地打开多桌面界面,在这里可以选择使用不同的虚拟桌面,如图 4-3 所示。

图 4-3　虚拟桌面

3.固定磁贴

对于经常要使用的应用程序或者文件和文件夹,我们可以对项目右击,并选择"固定到开始屏幕",如图 4-4 所示。将应用程序快捷方式固定在"开始"菜单右侧的磁贴中,对于磁贴,可以移动、调整大小,也可以删除。

图 4-4　固定磁贴到"开始"屏幕

4.个性化设置

在 Windows 10 中,也可以将桌面设置为任务栏上的一个按钮,这样不用切换到"桌面"就可以访问桌面上的内容,如图 4-5 所示。

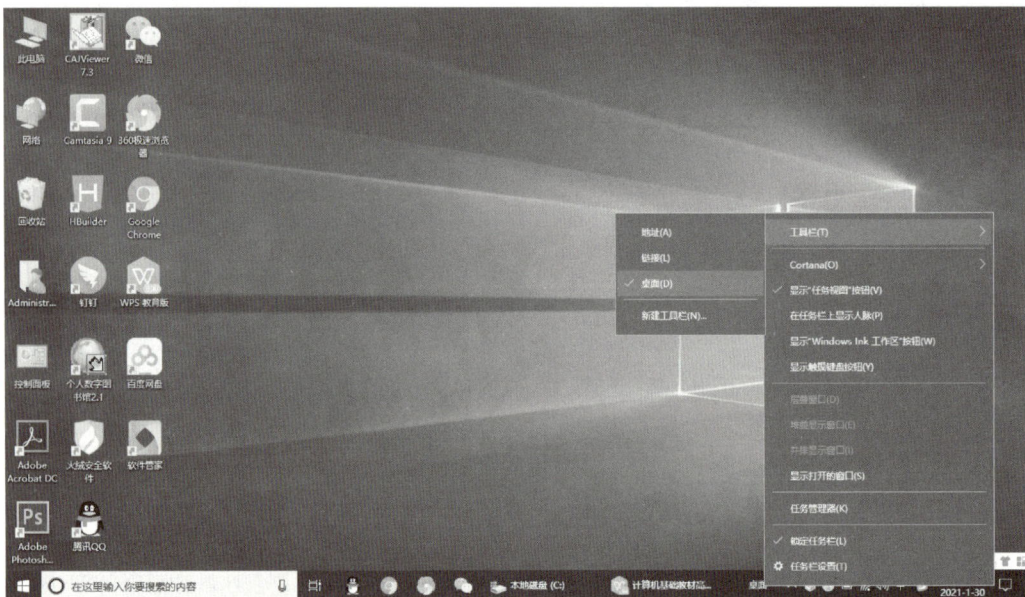

图 4-5　设置"桌面"工具栏

个性化设置桌面是 Windows 的常用功能,包含"背景""颜色""锁屏界面""主题""字体""开始""任务栏"设置,可以随意调整 Windows 的外观设置,如图 4-6 所示。

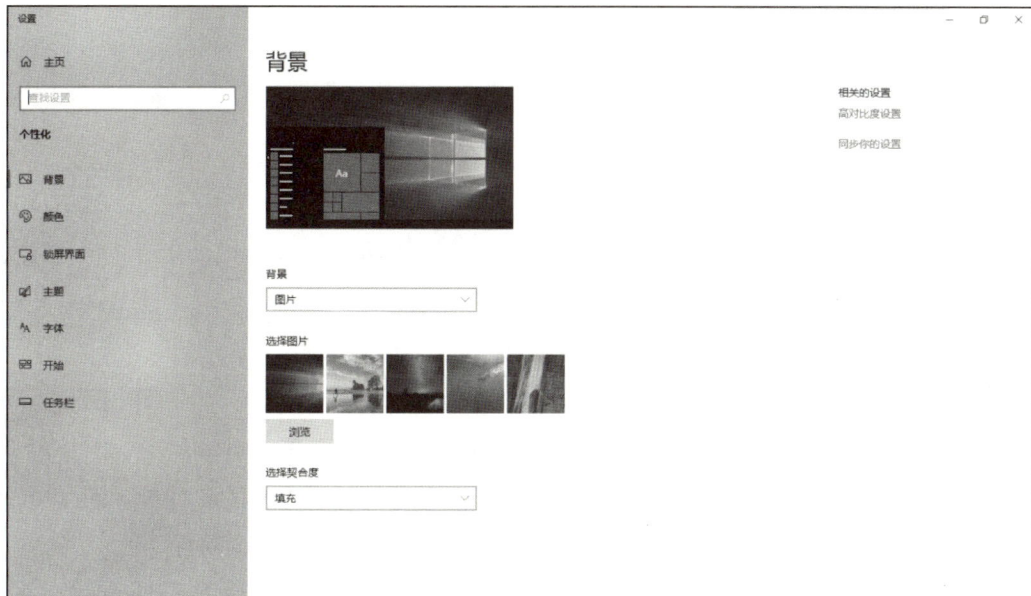

图 4-6　个性化设置

任务总结

　　Windows 10 新增了虚拟桌面功能,用户可以方便地进行多桌面管理。使用磁贴功能可以非常方便地将常用的文件或程序固定到"开始"菜单,比较符合经常使用智能手机的用户的使用习惯。学习完本子任务,我们可以轻松地个性化设置自己的电脑。

任务巩固

　　1.安装 QQ、钉钉等常用的应用程序。

　　2.个性化设置你的电脑,将常用的程序固定在"开始"菜单。

测试任务

　　请扫右侧二维码,进入任务测试环节,看看掌握了多少。

测试:个性
化设置工作
环境

任务 2　轻松处理文档

子任务 1　制作中国良渚文化宣传册

课件:制作中国良渚文化宣传册

任务描述

　　坚持和发展马克思主义,必须同中华优秀传统文化相结合。中华优秀传统文化源远流长、博大精深,是中华文明的智慧结晶。2019 年,良渚古城遗址申遗成功,实证了中华五千年文明。本子任务使用 Word 2019 文字处理软件制作中国良渚文化的宣传册,如图 4-7、图 4-8 所示。该宣传册图文并茂,运用了多种 Word 文字排版、文字效果、图片和表格处理技巧。介绍了良渚文化的位置、特色、代表文物和大事记,最后还给出了良渚文化公众号的链接。接下来我们就来看看这个宣传册是怎样具体制作的。

素材资源下载:制作中国良渚文化宣传册

图 4-7　中国良渚文化宣传册第 1 页

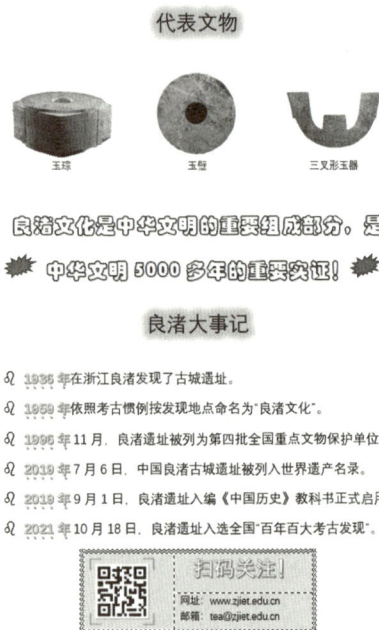

图 4-8　中国良渚文化宣传册第 2 页

任务分析

宣传册中一般有文字、表格和图片。对文字的设置需要使用多种文字排版功能,以及组合使用多种文字效果。对表格的处理主要有合并和拆分,以及应用表格边框样式、表格底纹等。对图片的处理主要使用插入外部图片、插入形状以及插入页面背景图片等功能。

1.新建和保存文档

该宣传册采用 Word 软件制作,首先要创建一个 Word 文档。启动 Word 2019 软件,系统会自动新建一个 Word 空白文档,也可以自行新建一个文档。文档创建完成后一定要保存,否则可能会丢失。选择"文件"菜单选项卡下的"保存",可以将文档保存;也可以选择"文件"选项卡下的"另存为"命令,为文档指定文件名、保存类型和保存位置。

2.页面设置

创建好 Word 文档后,可进行页面设置,确定文档的纸张大小、纸张方向、页边距、分栏等。可在"布局"选项卡下的"页面设置"功能区中进行这些设置。

3.文本输入

鼠标单击文档某一位置,即可输入文字。若在某行末尾未输入完成,Word 会自动换行,按"Enter"键可以结束一个段落的输入。

4.文字效果

通过更改文字的填充和边框设置,或者添加诸如阴影、映像或发光之类的效果,可以更改文字的外观。要为文字添加效果,应先选择要添加效果的文字,然后在"开始"选项卡上的"字体"组中,单击"文字效果"按钮,选择所需效果。文字效果有"边框""阴影""映像""发光"等。

5.字体与段落格式

Word 提供了大量的常用字体,如中文字体"宋体""隶书""楷体"等,还有英文字体"Times New Roman""Calibri"等,用户可以根据需要选用。先选中要应用字体的文字,然后单击"开始"选项卡中的"字体"下拉框,选中所需字体即可。

Word 的段落格式主要包括段落的对齐方式、缩进、间距和行距等,合理设置这些格式可使文档的结构清晰、层次分明。

6.艺术字

Word 文档中的一些文档标题和重点内容,如"中国良渚文化""位置""特色"等,可使用艺术字使得这些文本醒目、美观。在"插入"选项卡下的"文本"功能区中有插入艺术字的选项,Word 预置了 15 种艺术字效果,在这些效果的基础上,还可以进行字体、字号的加工改造。在 Word 中我们既可以根据需要添加艺术字,也可以对艺术字的文本效果进行详细设置,以使艺术字呈现出更加别致的风格。

7.表格的制作

文档需要表格时,可以在主菜单"插入"选项中单击"表格"按钮,在下拉项中有两个"插入表格",上面的一个可以拖动鼠标直观地确定列数和行数,下面的一个需要通过键盘输入列数与行数,都可自动生成表格,比较快捷。在"表格"按钮的下拉项中还有一个"绘制表格"选项,单击后可以用笔形工具逐条线地绘制表格,这种方法比较麻烦。

插入或绘制好表格后,在"表格工具"的"布局"项中,可以使用"绘制表格"的笔形工具和橡皮擦工具方便灵活地拆分、合并表格;还可以在表格属性中设置边框和底纹,有不同粗细的实线边框和虚线边框,还有不同颜色和样式的底纹等。

8.图片与形状

文档要实现图文并茂的效果,需要插入图片和形状。插入图片前要准备好图片,在主菜单的"插入"选项卡中单击"图片"按钮,选择准备好的图片插入。选中图片还可设置图片和文字的混排效果。

若要插入形状,则在主菜单"插入"选项卡中单击"形状"按钮,根据需要选择一个形状插入。形状中可以输入文字,还可设置文字效果。

任务实现

1.图片设置

插入图片时,可用鼠标拖动图片边缘改变图片大小。图片与文字混排时可选择环绕风格,如嵌入型、四周型等。可给图片添加虚线边框:选中所插入的图片,在主菜单"图片格式"选项卡中,单击"图片边框"按钮,在"虚线"选项中选择虚线样式,在"粗细"选项中选择线条的粗细。

视频:制作中国良渚文化宣传册(1)

2."中国良渚文化"标题设置

先插入艺术字,为艺术字选择样式,如填充橙色,主题色 2,边框橙色,主题色 2,或其

他的样式。将艺术字文本改为"中国良渚文化",中间换行变成两行并调整艺术字大小。再对艺术字使用文字效果:紧密映像,8 磅偏移量。

3.双波浪形状效果的实现

插入形状"星与旗帜"中的"双波形",用鼠标将其拖至合适大小,将其填充的颜色改为淡色。在形状中添加文字,给文字添加效果:发光,18 磅,金色,主题色 4。

视频:制作中国良渚文化宣传册(2)

竖排形状中的文字:选中形状中的文字,在主菜单"形状格式"中单击"文字方向"按钮,选择"垂直"。

4.表格设置

右键单击表格,选择"表格属性",单击"边框和底纹"按钮进入边框和底纹对话框。这里可以为表格选择各种样式的边框,包括单虚线和双虚线等,可以指定边框的颜色和宽度,还可以选择不同颜色和样式的底纹等。

5.段落的对齐方式和缩进设置

(1)设置对齐方式

段落对齐方式是影响文档版面效果的主要因素。Word 提供了五种常见的对齐方式,分别是左对齐、居中、右对齐、两端对齐和分散对齐,如图 4-9 所示。常用的是两端对齐。

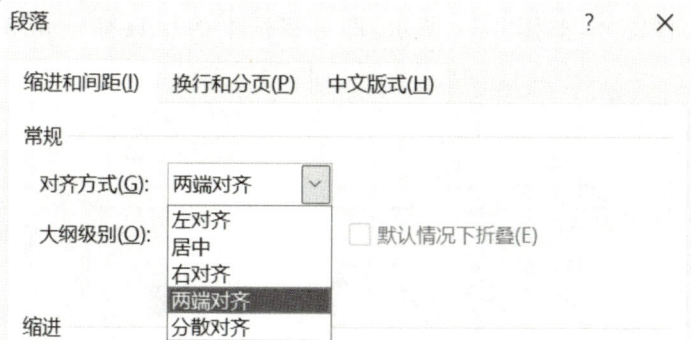

图 4-9　对齐方式下拉菜单

(2)设置段落缩进

段落缩进是指段落与页边的距离,设置合理的段落缩进能使段落间更有层次感。设置段落缩进时,选中要设置的段落,然后单击主菜单"开始"选项卡中"段落"按钮,在"缩进"中选择所用缩进方式,"缩进值"中输入缩进值。Word 提供了四种缩进方式,分别是左缩进、右缩进、首行缩进和悬挂缩进,如图 4-10 所示。日常工作中经常使用的是首行缩进,并指定缩进值为 2 个字符。

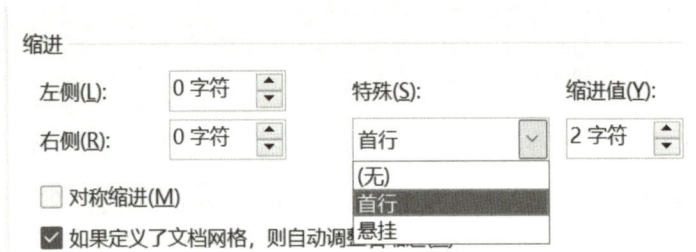

图 4-10 "缩进"对话框

6.分栏设置

视频:制作中国良渚文化宣传册(3)

一段文字,一般是按从上到下从左到右的顺序编排的,但有时候为了特殊目的需要把一栏变成二栏或者多栏,这时需要用 Word 中的分栏功能。分栏的常规做法是:选中要分栏的文本,之后单击菜单"布局"选项卡上的"栏",选择相应的栏数。若不需要分栏,则直接选中文档,在"栏"中选中"一栏"。如果分栏下拉菜单不能满足你的要求,则可以单击"更多栏",根据自己的需要设置栏数。

7.项目符号和编号设置

项目符号和编号是放在文本前的点或其他符号,起到强调作用。合理使用项目符号和编号可以使文档的层次结构更清晰、更有条理。

使用项目符号的方法:打开 Word 文档,将光标定位至需要设置项目符号的位置,切换至"开始"选项卡,在"段落"组内单击"项目符号"下拉按钮,然后在展开的项目符号库内选择合适的项目符号,如图 4-11 所示,即可将选中的项目符号应用至光标所在的位置。

图 4-11 打开项目符号库选择项目符号

项目符号除了系统中集成的几种之外,还可以自定义。在主菜单"开始"选项卡中选择"项目符号",再选择"定义新项目符号",在"项目符号字符"中选择相应字符应用到文档中即可。

使用编号的方法:打开 Word 文档,将光标定位至需要设置编号的位置,切换至"开始"选项卡,在"段落"组内单击"编号"下拉按钮,然后在展开的编号库内选择合适的编号样式,如图 4-12 所示,即可将选中的编号应用至光标所在的位置。

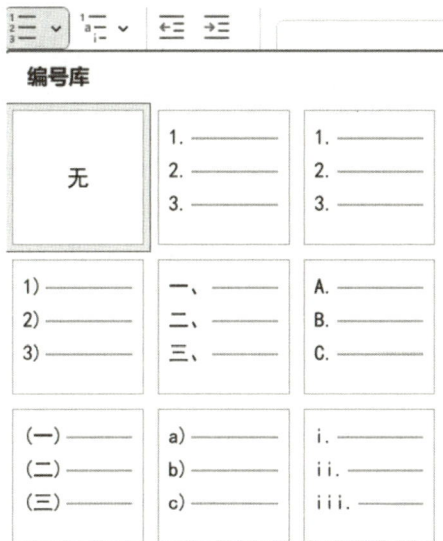

图 4-12　打开编号库选择编号样式

8.打印

需要打印时,可在主菜单"布局"选项卡的"页面设置"中完成打印设置,如图 4-13 所示,可选择页边距、纸张、布局等。在"页边距"选项卡里设置上下左右边距及装订线宽度,纸张方向选项可以控制横向或纵向打印。

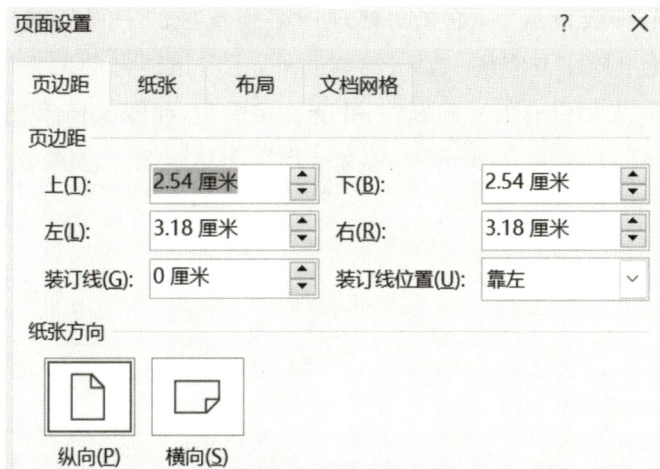

图 4-13　"页面设置"对话框

任务总结

通常,在完成文档所有文字录入后,再进行字体和段落格式的设置比较好。本案例中图片环绕文字的方式设置为系统默认的"嵌入型",在调整图片位置时,图片顶端不要超过文字第一行,否则会超出文档打印范围。使用分栏功能时先输入文本,再选中内容进行分栏操作。表格边框的样式比较复杂,建议先选择范围,再选择边线样式、颜色和线条宽度,最后应用到表格上。

任务巩固

灵活应用本子任务所学,制作一张"信息技术基础"课程的开课通知单。

测试任务

请扫右侧二维码,进入任务测试环节,看看掌握了多少。

测试:Word
文档编辑

子任务 2　规范排版我的毕业论文

任务描述

建设数字中国是数字时代推进中国式现代化的重要引擎,是构筑国家竞争新优势的有力支撑。大学生的毕业论文(设计)就是一项小型的科研实践活动,大学生要力争写出格式规范、技术先进、内容翔实的毕业论文,为建设数字中国贡献自己的力量。毕业论文一般是一个长文档,有很多章节,有图、表等项目,规范排版很重要,是文字处理中必须掌握的一项基本技能。经过排版的毕业论文除了具有统一要求的样式外,还应该能自动生成目录,如图 4-14 所示;图、表都应有编号和题注,并有文字引用,如图 4-15 和图 4-16所示;章节自动编号,如图 4-16 所示;参考文献用尾注功能插入,具有链接功能,如图4-17所示,等等。

课件:规范排版我的毕业论文

素材资源下载:规范排版我的毕业论文

浙江 XX 职业技术学院毕业论文

目 录

摘 要 …… i
目 录 …… ii
图索引 …… iii
表索引 …… iv
第 1 章 引 言 …… 1
第 2 章 选题依据 …… 2
2.1 最真实的记录 …… 2
2.2 关注西部学生群体 …… 2
2.3 呼吁爱 …… 2
2.4 新媒体—微纪录片 …… 3
第 3 章 主题策划 …… 4
第 4 章 影像风格设定 …… 7
4.1 拍摄风格设定 …… 7
4.2 色彩风格 …… 8
第 5 章 剪辑风格设定 …… 9
5.1 讲述的主体 …… 9
5.2 音乐的选择 …… 9
5.3 剪辑的节奏感 …… 10
5.4 影片整体色调 …… 10
第 6 章 后期编辑 …… 11
6.1 蒙太奇的运用 …… 11
6.2 声音的运用 …… 13
第 7 章 结 论 …… 15
7.1 成长与收获 …… 15
7.2 致谢 …… 15
参考文献 …… 16

图 4-14 自动生成的目录

第3章 主题策划

　　《行走的格桑花•2020格桑花浙江探索营纪实》这部片子的主要内容其实很简单，讲述了2020.10.13至2020.10.19这七天的时间里，格桑花公益机构将青海市同仁县的28名学生接到杭州，进行为期7天的探索营活动。或者说，就是讲述了一个温暖有爱又有点心酸的活动。

　　在纯净的高原，格桑花代表的就是幸福。在一望无际的草原上，她们向着天空自由生长，面向着白云和温柔的太阳。哪怕冬季漫长，把她们埋在了冰下，只要春天来到，雪水消融，她们依旧会钻出身子，寻找阳光的方向。28名学生来自文化源远流长的青海，这七天，他们来到西湖、龙井、浙江博物馆、中国美院、钱塘江……这是他们第一次离开故乡。没有坐过火车，没有见过高楼，身处凉寒之地，他们脸上看不到风霜，却深深印刻着青藏的阳光。他们来自不同的家庭，却有一个共同的名字："格桑花"。

　　《行走的格桑花•2020格桑花浙江探索营纪实》这部片子的现实意义，就是想让更多的人来关注西部的孩子们。关心他们的教育，他们的医疗卫生，让西部的孩子有更多的机会来发展和成长。

　　与格桑花的工作人员仔细讨论了活动的流程（具体日常行程如表3-1），我们对这次探索营的整体流程有了一定的了解，同时对整个片子要拍摄的内容与最后的呈现形式有了基本规划。

表 3-1 日常行程表

日期	行程	餐食	住宿
10月11日 周六	带队教师及营员自行从西宁乘火车前往杭州。 （西宁西到上海，K378次列车，21:52-后天05:48，31小时56分）	/	火车上
10月13日 周一	05:48上海火车站由上海志愿者接站等待 06:20上海地铁1号线转2号线至上海虹桥火车站 07:50在上海虹桥火车站吃早餐 09:00上海虹桥到杭州东，G7505次列车09:00-09:45，45分钟 09:45浙江志愿者在杭州火车东站接站等待 10:20杭州火车东站出站，上车 11:00到达住宿点—杭州过客青旅酒店（下满觉陇184号）办理入住，分组，选举队长，纪律委员，寝室长等；发营服，徽章，日常生活用品，安全教育，休整	中晚	青年旅舍

4

图 4-15　偶数页页眉、章编号和表的编号、题注以及引用

第4章 影像风格设定

就结构而言，这部纪录片应该是丰满而又多变化的。具有自由的态势，无拘无束。而就大部分而言，却温厚，平缓，无风皱起，小有波澜。掌握本片要领就是一个字"真"。本片采用"大音希声，大象无形"的影片风格。这里也主要参考了纪录片《行走的格桑花-2020 格桑花安徽探索营纪实》。

4.1　拍摄风格设定

镜头风格写实。多运用特写、近景镜头，小景深，更吸引人眼球，同时将人物刻画得更加丰满。比如在学生们上心理素质辅导拓展的时候，会多给学生一些特写的镜头，运用大景深。这样的话能突出学生这个主体与学生的面部神态，体现他们的茫然与无措，第一次外出，第一次接受东部教育，一切都充满了新鲜与不安。同时他们认真地听课的神情又使你深深地感动。学生上课画面如图 4-1 所示。

图 4-1 学生上课画面

图 4-16　奇数页页眉、章节编号和图的编号、题注以及引用

浙江XX职业技术学院毕业论文

参考文献

[1] 宋杰.纪录片前期创作（拍摄）的真实性问题[EB/OL].(2011-05-08)[2020-05-11].http://wenku.baidu.com/view/81f46bdbad51f01dc281f190.html

[2] Rosenthal A .纪录片编导与制作[M]. 张文俊译.上海:复旦大学出版社,2006:76-77.

[3] 谭天,陈强.纪录之门——纪录片创作要理与技能[M].湖南:暨南大学出版社,2007:3.

[4] 罗敏.《麦收》:纪录片与道德伦理的"抗战" [M].北京:当代编辑出版社,2006:5.

[5] 蔡之国.论电视纪录片的叙事节奏[J].中国电视,2010,(1):59.

[6] 张江华.影视人类学概论[M].北京:社会科学文献出版社,2000:41-42.

[7] 王同杰,王锋沈嘉达.影视画面编辑[M].北京:中国青年出版社,2011:10.

[8] Chandler G .电影剪辑[M]. 徐晶晶译. 北京:人民邮电出版社,2013:7.

图 4-17　用尾注功能生成的参考文献

任务分析

毕业论文通常由目录、正文、参考文献等组成,是一篇长文档,每个部分都有规范的格式要求。一般需要设置样式、题注,需要插入页码、页眉、脚注、尾注等。

1.样式

Word 提供了标题 1、标题 2、标题 3 等标题级别样式,通过应用样式可以方便地对论文进行规划,也方便自动生成目录。对论文正文的文字部分,有统一的格式要求,也可以通过样式进行管理和控制。

2.题注

论文中的图、表需要设置题注,题注是对图表的简短描述或说明。图的题注在"所选项目下方",表的题注在"所选项目上方"。题注应是自动编号的,一般是按章编号,如"图3-1"即指第 3 章的第 1 个图,"表 4-2"即指第 4 章的第 2 个表。图、表的题注应与正文中有关内容交叉引用,论文中不能出现"如下图"或"如下表"的表述,必须指明具体的图表编号,如"如图 3-1"或"如表 4-2"。

3.页码

毕业论文的页码一般位于页面底端,是页脚的一部分,封面没有页码,目录、图索引、表索引的页码编号格式为"ⅰ,ⅱ,ⅲ,…",中文摘要和英文摘要的页码编号格式为"Ⅰ,Ⅱ,Ⅲ,…",论文的其他部分页码编号格式为"1,2,3,…"。因为每部分需要重新编号,所以各部分之间需要分节。正文的章之间也要分节,以保证每章以奇数页开始。不同页码格式的节可以单独设置页码格式,正文后面的页的编码是连续的,页码格式都应为"续前页"。

若页码变了,目录、图索引、表索引也需要更新,可以右击,在弹出的菜单中选择"更新域",更新整个目录。

4.页眉

一般论文正文的奇偶页应设置不同的页眉,奇数页的页眉一般是固定的"某某学院毕业论文"字样,偶数页的页眉可以是"标题 1"链接的章的编号和章名,这是个变化的内容,需要插入"文档部件域",类别为"链接与引用",域名选择"StyleRef",并选择对应的标题级别。同理,页眉也可以插入与"标题 2"链接的节的编号和节名。

5.脚注和尾注

在编辑文章时,对一些从别人的文章中引用的内容、名词或事件必须加注释。Word 具有脚注和尾注功能,可以在指定的文字处插入注释。脚注和尾注的区别是脚注放在每一页面的底端,尾注放在文档的结尾处。脚注或尾注上的数字或符号与文档中的引用标记必须匹配。在主菜单栏中单击"引用"选项卡,选择"插入脚注"或"插入尾注"命令即可完成对应操作。论文中的参考文献也可以用尾注功能实现。

6.文档保护和安全设置

Word 提供了一系列功能和选项帮助用户保护文档和对文档进行安全性设置,包括密码保护、限制编辑权限、设置水印和保密标记以及安全审阅等。这些功能和选项可以帮助用户保护文档的机密性和完整性,确保只有授权人员才可以访问和编辑文档。在处理涉及国家机密或商业机密的敏感信息时,我们应充分利用这些功能。

密码保护是最常见的文档保护方法之一,在 Word 中可以为文档设置密码,以确保只有授权人员才可以访问和编辑文档。限制编辑权限功能相比于密码保护提供了更细粒度的权限控制,可以设置文档的编辑权限,如允许某些人编辑该文档,而其他人只能查看。水印是一种透明的文本或图像,可以放置在文档的背景上,用于标识文档的保密性或机密性。保密标记也是一种文本或图像,可以放置在文档的特定位置,用于标识文档的保密性或机密性。安全审阅允许文档所有者控制其他人对文档的审阅和修改的权限。大家可以根据安全的需要灵活使用这些功能。

任务实现

（1）论文正文中，有各章，章下面有节，所有正文内容和章节标题都有统一的格式。为方便编辑修改，章节号需要自动编号，这可以通过设置多级列表来实现。论文的标题是第1章、第2章及1.1、1.2节的结构，需要在现有的多级列表上修改或者定义新的多级列表。定义新的多级列表需要将级别"1"设置为"第X章"，其中"X"为自动排序号，链接到"标题1"；设置级别"2"链接到"标题2"，级别"3"链接到"标题3"。

视频：多级列表

视频：自定义样式

视频：图表题注

（2）论文一般都有图和表，图、表都需要按章编号并插入题注，图的题注在图的下方，表的题注在表的上方。在需要的地方用交叉引用指明题注和相应的图表。

（3）论文需要有页眉页脚，一般在页眉中插入标题，在页脚中插入页码。若要求奇数页与偶数页的页眉不同，则应选中页眉进行编辑，在"页眉和页脚"选项卡中选中"奇偶页不同"的复选框，再分别对奇数页和偶数页的页眉进行设置，如图4-18所示。

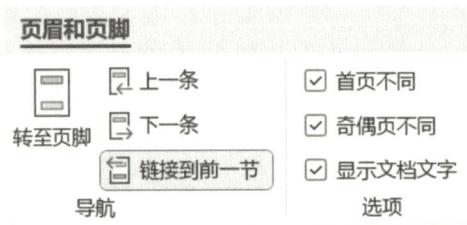

视频：插入页眉

视频：插入页码

图 4-18 "页眉和页脚"选项卡

（4）论文各部分的页眉和页脚格式要求不一样，因此需要对各部分进行分节处理。在同一节内，可使用同样的页眉、页脚和页码格式，与其他节互不影响。使用分节功能应插入分节符，在主菜单"布局"选项卡中的"分隔符"下拉框中，单击"分节符"中的"下一页"按钮即可在光标所在处插入分节符。分节符、分页符在页面视图中不可见，在大纲视图可见，并可选中删除。

（5）论文正文内容编辑好后，需要根据正文的标题生成目录，并更新设置页码。在主菜单的"引用"选项卡中单击"目录"下拉框，选择一种"自动目录"即可自动生成目录。若生成的目录不正确，则可以修改文中的标题、编号、样式和题注等内容，然后重新生成。

视频：目录与图表索引

（6）论文的参考文献较多，必须进行规范编号。论文中的内容涉及参考文献的，要插入对应的编号，并使用交叉引用指向文尾的参考文献条目。

视频：脚注和尾注

任务总结

　　论文排版涉及的知识点比较多，在操作过程中必须认真、仔细，对样式设置、分节技巧要充分掌握。如果文档的不同部分有不同的排版要求，比如不同的页眉、页脚，不同的纸张方向等，就需要对文档进行分节处理。在需要编号的地方，不管是章节标题还是正文内容，都应该采用 Word 提供的自动编号形式。通过完成本案例操作，我们在以后的实际工作中，如需要写项目计划书、策划书、研究报告等，都可以很轻松地按照要求进行规范排版。

任务巩固

将暑期社会实践报告按照老师的要求进行规范排版。

测试任务

请扫右侧二维码，进入任务测试环节，看看掌握了多少。

测试：文档排版

任务 3　高效管理数据

子任务 1　统计空气质量监测数据

课件：统计空气质量监测数据

任务描述

　　中国式现代化是人与自然和谐共生的现代化。人与自然是生命共同体，无止境地向自然索取甚至破坏自然必然会遭到大自然的报复。我们要坚持可持续发展，坚持节约优先、保护优先、自然恢复为主的方针，像保护眼睛一样保护自然和生态环境。经过多年的环境监测治理，浙江省的空气质量正在逐步改善。在本子任务中，我们对 2023 年 1—10 月的浙江省国控站点空气质量监测数据与 2022 年的数据进行汇总分析，以了解浙江省空气环境治理改善的效果。将省会城市杭州的数据绘制成图表，更直观地查看对比效果，如图4-19所示。

素材资源下载：统计空气质量监测数据

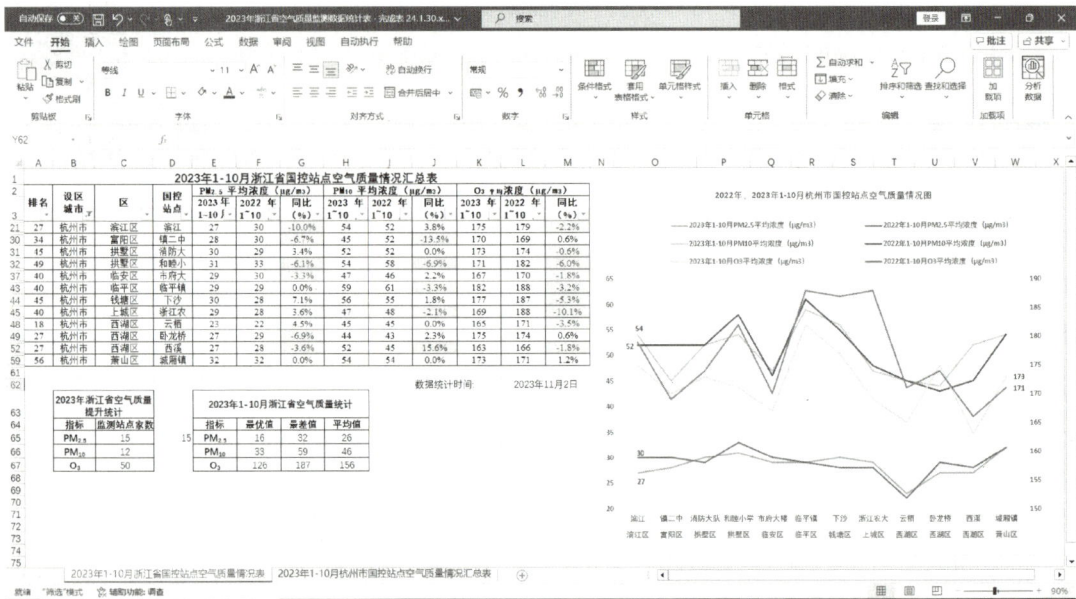

图 4-19　2023 年 1—10 月浙江省国控站点空气质量数据汇总

任务分析

　　在录入基本信息后,可以通过格式设置美化工作表,利用函数公式来统计空气质量监测数据,利用条件格式设置突出显示同比空气质量变化的情况,要直观地看到效果还可以绘制图表和打印。

1.数据录入

　　在 Excel 中录入数据,只要选定单元格后直接输入就可以。Excel 的数据类型整体分为文本数据和数值数据,日期、时间等在 Excel 中也是数值数据,只是采用不同的显示格式而已。在 Excel 中,数值数据默认右对齐,文本数据默认左对齐,可以修改单元格格式来改变对齐方式。如果想将编号类的数字按文本的类型录入,可以先修改单元格格式为"文本类型"或者在数字前面加上英文的单引号"'"。在录入日期数据时,需采用"年-月-日"或者"年/月/日"的固定格式,时间则采用"时:分:秒"的格式,注意所有的标点符号都要使用英文标点。

视频:数据录入

2.设置单元格格式

　　工作表数据输入完成后,根据需要对表格数据进行设置和美化,包括设置文本字体字号、对齐方式、添加边框底纹等。利用如图 4-20 所示的"设置单元格格式"对话框可对不同的单元格区域进行有针对性的设置。有多种方式能打开此对话框,其中,比较方便的操作是在选定的单元格中右击鼠标,在快捷菜单中选择"设置单元格格式"。

图 4-20　"设置单元格格式"对话框

"套用表格格式"功能提供几十种常见的预定义的表格样式组合,让用户选择使用,可快速设置一组单元格的格式。

"条件格式"功能可根据条件使用数据条、色阶和图标集,以突出显示符合条件的相关单元格,强调异常值,实现数据的可视化效果。

3.公式应用

Excel 的公式以等号"＝"开头,可包含常量、运算符、单元格引用、函数等。

公式中有效的运算符包含算术运算符、比较运算符、文本运算符、引用运算符等,如表 4-1 所示。

表 4-1　运算符类型

运算符类型	示例
算术运算符	＋(加号)、－(减号)、＊(乘号)、/(除号)、%(百分号)、^(乘幂)
比较运算符	＝(等号)、＞(大于号)、＜(小于号)、＞＝(大于等于号)、＜＝(小于等于号)、＜＞(不等于号)
文本运算符	&(文本连接号)
引用运算符	冒号(区域运算符)、逗号(联合运算符)、空格(交叉运算符)

在进行公式计算时,经常用到单元格引用功能,Excel 的单元格引用有相对引用、绝

对引用、混合引用 3 种。

（1）相对引用

相对引用直接使用单元格地址，如 E3 是对列标为 E、行号为 3 的单元格的相对引用。使用相对引用时，在把单元格中的公式复制到另一个单元格后，引用中的行号和列标会根据实际的偏移量发生改变。使用填充柄将单元格中的公式上下拉动填充时，行的数字会根据偏移量改变；使用填充柄将单元格中的公式左右拉动填充时，列的字母会根据偏移量改变。

（2）绝对引用

绝对引用的标记是在单元格地址的列标和行号之前加一个"$"符号，如"$E$3"就是对 E3 单元格的绝对引用。使用绝对引用时，在把单元格中的公式复制到另一个单元格后，引用中的行号和列标都保持不变。使用填充柄将单元格中的公式上下拉动或左右拉动填充时，绝对引用的单元格地址都不会改变。

（3）混合引用

混合引用是相对引用和绝对引用结合使用，如 $E3 是对 E3 单元格列标的绝对引用和行号的相对引用的混合使用，E$3 就是对 E3 单元格的列标的相对引用和行号的绝对引用的混合使用。

在编辑公式时，选中单元格地址或单元格区域地址，按"F4"键可以在相对引用、绝对引用、列标相对行号绝对引用、列标绝对行号相对引用四种不同方式之间循环转换。

注意：在一个单元格的公式中不可引用本单元格，否则会造成单元格的循环引用，从而产生错误。

在公式中引用工作表名称时，在工作表名之后放置一个感叹号(!)。

4.使用填充柄

填充柄就是位于选定单元格右下角的小方块。当鼠标指向填充柄时，鼠标的指针变为黑十字。填充柄的作用是对单元格填充数据、格式、公式等。

视频：使用
填充柄

填充柄的使用分以下几种情况。

（1）选择单个单元格进行拖放

当选择区域为单个单元格时，Excel 默认的填充方式是复制单元格，填充的内容为所选单元格的内容与格式。

（2）选择单行多列进行拖放

选择单行多列进行拖放时，如果填充的方向是向左或者向右，默认以序列的方式来填充数据，这个序列的基准就是原来所选择的那几个单元格；如果是向下填充，则默认以复制单元格的方式填充。

（3）选择多行单列进行拖放

选择多行单列进行拖放时，如果填充的方向是向左或者向右，则默认以复制单元格的方式填充；如果是向下填充，则默认以序列的方式填充数据，这个序列的基准就是原来所选择的那几个单元格。

（4）右键拖动填充柄

右键拖动填充柄，会弹出一个如图 4-21 所示的快捷菜单，这个菜单里除了常规的选项外，还有针对日期、等差等比和自定义序列填充的选项。

（5）双击填充柄

当要填充的数据有很多行时，双击填充柄通常能简化操作。

复制单元格(C)
填充序列(S)
仅填充格式(F)
不带格式填充(O)
以天数填充(D)
填充工作日(W)
以月填充(M)
以年填充(Y)
等差序列(L)
等比序列(G)
快速填充(F)
序列(E)...

图 4-21　填充柄的快捷菜单

5.基本函数

Excel 中的函数是预先编好的公式，Excel 提供了数学与三角函数、日期与时间函数、统计函数、文本函数、逻辑函数、数据库函数、财务函数等 13 种类型的函数。绝大部分函数都包含参数，有的最多可包含 255 个参数，这些参数可分为必要参数和可选参数。函数中的参数按照特定的顺序和结构进行排序，如果排序有误，则返回错误的值。日期与时间函数 TODAY()是无参函数，用于返回当前日期。日期与时间函数 NOW()是无参函数，用于返回日期时间格式的当前日期和时间。

（1）求和函数 SUM()

SUM(number1,number2,…)函数，用于计算单元格区域中所有数值之和。

（2）平均值函数 AVERAGE()

AVERAGE(number1,number2,…)函数，用于计算参数的算术平均值。

（3）计数函数 COUNT()

COUNT(value1,value2,…)函数，用于计算区域中包含数字的单元格的个数。

（4）最大值函数 MAX()

MAX(number1,number2,…)函数，返回一组数值中的最大值，忽略逻辑值及文本。

（5）最小值函数 MIN()

MIN(number1,number2,…)函数，返回一组数值中的最小值，忽略逻辑值及文本。

∑ 求和(S)
平均值(A)
计数(C)
最大值(M)
最小值(I)
其他函数(F)...

图 4-22　"快速计算"下拉列表

由于求和函数、平均值函数、计数函数、最大值函数、最小值函数是许多用户常用的函数，Excel 在"开始"选项卡的"编辑"功能组中提供了"快速计算"按钮，单击下拉按钮，打开下拉列表，如图 4-22 所示，

可以快速调用这些函数。

（6）符合条件单元格计数函数 COUNTIF()

COUNTIF(range,criteria)函数用于计算某个区域中满足一个给定条件的单元格数目。参数 range 是单元格区域，参数 criteria 是以数字、表达式或文本形式定义的条件。

6.筛选

Excel 的筛选功能可以按颜色、数值、空白等条件筛选出符合条件的记录，同时隐藏其他记录。

7.图表应用

图表是数据的图形化展示，使用图表可以直观地分析和比较数据，使抽象的数据变得更形象、具体。Excel 提供了十几种类型的图表，如柱形图、折线图、饼图等，每种图表还包含对应的子类型图表。

数据是创建图表的基础，创建图表时首先在工作表中为图表选择数据区域。若创建图表的数据在连续的单元格区域，则可以选择该区域或单击该区域中任意的单元格。若创建图表的数据在不连续的单元格区域时，则可以按"Ctrl"键选中相应的单元格区域，也可以将某些行或列隐藏，再创建图表，即可在图表中显示没有隐藏的数据。

选择数据后，在如图 4-23 所示的"插入图表"对话框中选择图表类型，Excel 提供的"推荐的图表"功能，可以根据不同的数据为用户推荐合适的图表。如果推荐的图表中没有让你满意的图表，则可以切换到"所有图表"选项卡，选择合适的图表。如果插入的图表不能很直观地展示数据，则可以更改图表类型。

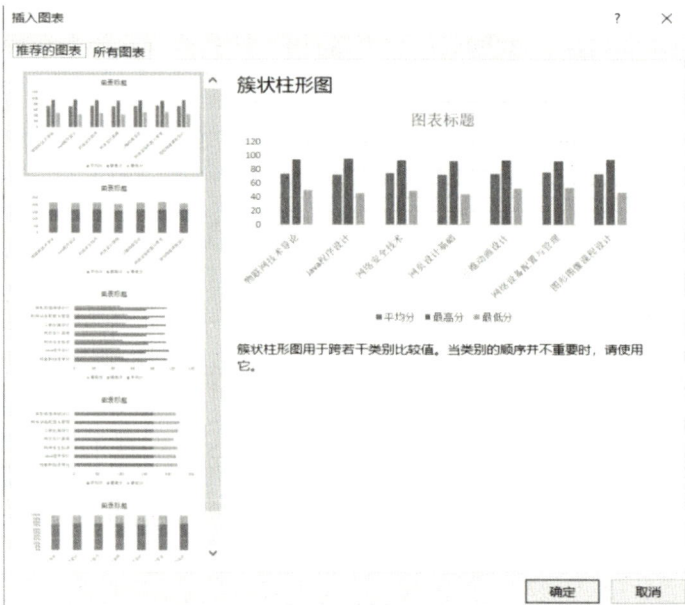

图 4-23 "插入图表"对话框

　　图表创建后,通常还需要将图表移动到工作表中的合适位置,要移动图表,只需将光标移到图表上,当光标变为十字状四向箭头时按住鼠标左键并拖动即可。如果要把图表精准移到指定单元格区域,例如 A6:E20 区域,则按住"Alt"键,分别拖动图表的两个斜对角到指定单元格边界线上。再如,先后分别拖动图表的左上角到 A6 和拖动图表的右下角到 E20。

8.打印设置

　　打印设置通常可以在"页面布局"的"页面设置"中完成,对话框如图4-24所示。在"页面"选项卡下可选择纸张大小、缩放比例、横向或纵向打印。在"页边距"选项卡里可以设置上下左右边距、页面水平或垂直居中。在"页眉/页脚"选项卡里可设置页眉和页脚的内容。在"工作表"选项卡中可设定打印区域,当需要跨页打印时,可以设置打印标题使得每页都有相同的标题行。

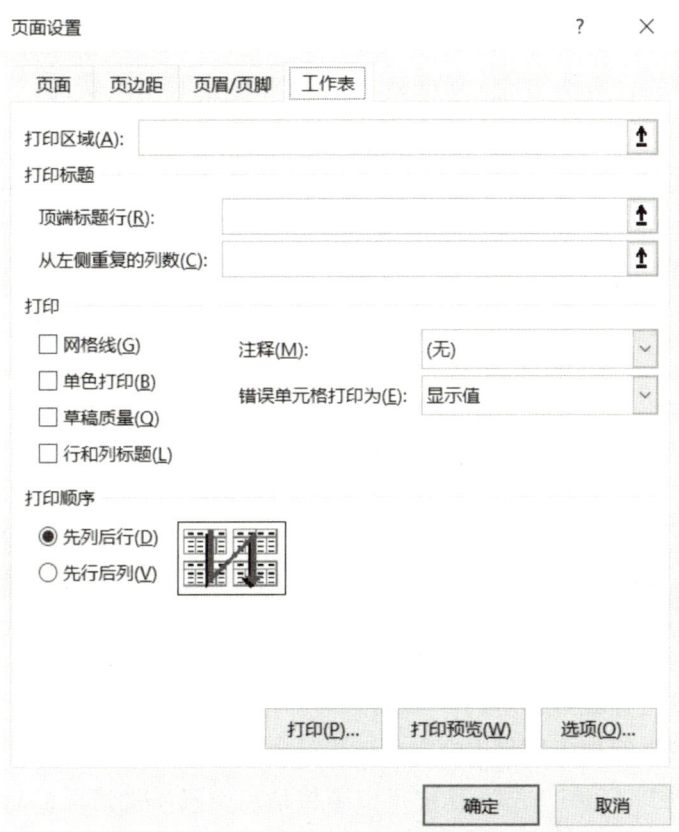

图 4-24　"页面设置"对话框

任务实现

　　(1)根据 2022 年和 2023 年浙江省各国控站点空气质量监测数据,计算出 $PM_{2.5}$、

PM$_{10}$、O$_3$浓度的同比变化。在 G4 单元格中输入"＝(E4－F4)/F4"公式,得到 PM$_{2.5}$的年度同比变化,利用填充柄将 G4 单元格中的公式复制到以下需要计算的单元格,并将单元格的数字格式设置为百分比。PM$_{10}$、O$_3$浓度同比变化的计算操作方法与此相同。

视频:公式应用

(2)使用 MAX()、MIN()、AVERAGE()等函数统计空气质量监测指标的最高值、最低值和平均值。在 F65 单元格中输入"＝MIN(E4:E60)"计算 PM$_{2.5}$的最优值,用 MAX(E4:E60)、AVERAGE(E4:E60)分别计算最高值和平均值。PM$_{10}$、O$_3$浓度的统计操作方法与此相同。

(3)使用 COUNTIF()函数统计 2023 年空气质量各指标数据同比变优的国控监测站点数量。在 C65 单元格中输入"＝COUNTIF(G4:G60,"<0")",其中"<0"是统计条件,统计 PM$_{2.5}$浓度环比降低的国控监测站点数量。PM$_{10}$、O$_3$浓度降低站点数量的统计操作方法与此相同。

(4)设置边框、字体、对齐、合并单元格等"单元格格式",可以美化单元格显示效果;设置"条件格式",将空气质量指标改善的设置为绿色,空气质量指标变差较多的设置为红色,突出显示空气质量数据变化情况。按住"Ctrl"键选中各空气指标同比变化数据,在"条件格式"→"突出显示单元格规则"中选择"大于",在弹出的对话框中设置单元格数值大于 10%,选择"浅红填充色深红色文本",如图 4-25 所示,将空气质量变差超过 10%的监测站点数据突出显示。当单元格数值小于 0 时,可将条件格式设置为"绿填充色深绿色文本",突出显示空气质量改善的国控监测站点。

视频:单元格格式

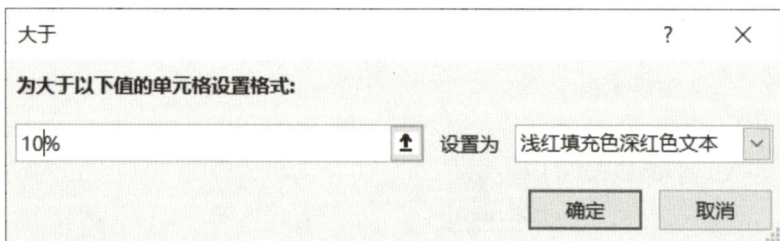

图 4-25 条件格式设置

(5)选择第 3 行标题数据,选择"数据"→"筛选",在"设区城市"的下拉菜单中选择"杭州",筛选出杭州市空气质量指标数据。

(6)新建一张"2023 年 1—10 月杭州市国控站点空气质量情况汇总表"工作表,将筛选出的"杭州"空气质量指标数据复制到该表。

视频:筛选

(7)为了更好地呈现杭州市各国控站点空气质量变化,绘制图表对比 2022 年与 2023 年同期数据。先将杭州市国控站点空气质量表中第 2 行与第 3 行两行标题行内容进行整理,合并为一行标题行,选定区、国控站点和

视频:图表应用

各指标的 2022 年、2023 年数据,选择"插入"→"图表"→"折线图",生成折线图表。

为了更直观地对比同类数据,根据指标类型调整图表系列的显示颜色,将同一类型指标设置为同一色系,选中图表中"2023 年 1—10 月 $PM_{2.5}$ 平均浓度"的数据折线,右击,选择"设置数据系列格式",在"设置数据系列格式"→"填充与线条"→"颜色"中选择浅蓝色,2022 年的数据则设置为相对深一些的蓝色,以形成对比效果,如图 4-26 所示。PM_{10}、O_3 的可以选择其他色系,使图表显示效果更直观。

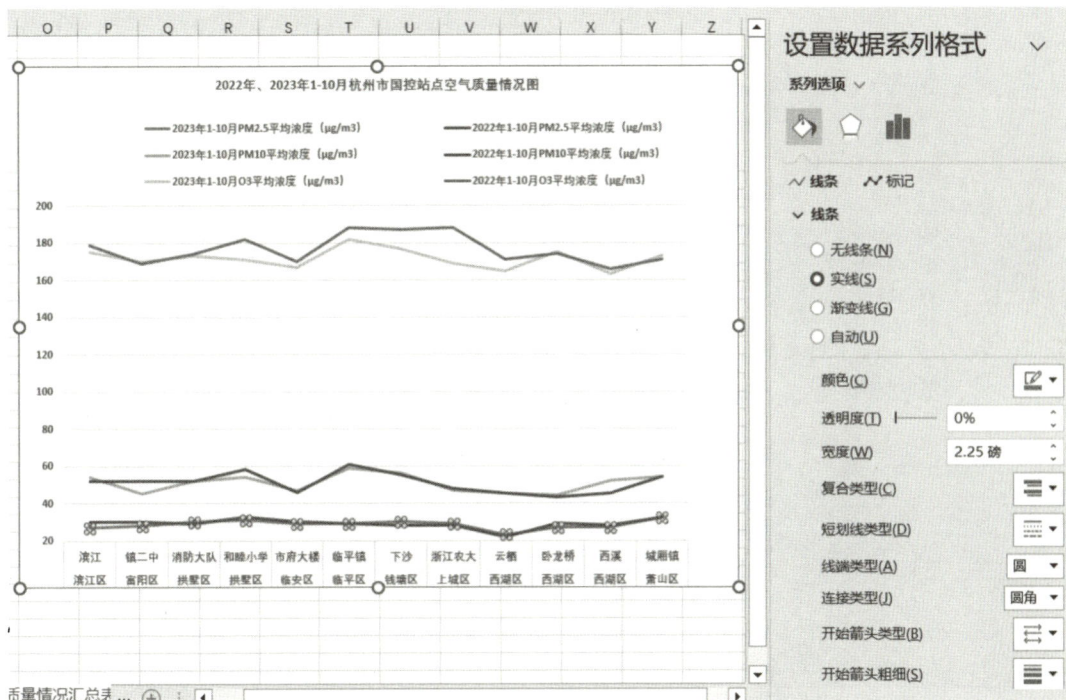

图 4-26　更改数据系列颜色

$PM_{2.5}$、PM_{10} 与 O_3 数据的数值差异较大,显示在同一张图上会有上下分层现象,可以在"图表设计"→"更改图表类型"中选择"组合图",将 O_3 数据系列设置为"次坐标轴",如图 4-27 所示,使两类数据按照不同的坐标轴显示数据。

选中坐标轴,在"设置坐标轴格式"中,可以设置"坐标轴选项",修改坐标轴的边界与单位,如图 4-28 所示,从而更好地呈现图表效果。

调整了主次坐标轴后,为了更好地区分不同坐标轴对应的折线,选中折线,在其左或右对应的坐标轴的第一个线点上单击选中一个点,再右击,在弹出的菜单中选择"添加数据标签",如图 4-29 所示。

(8)在页面布局中可进行指定打印区域、打印标题等与打印相关的设置,然后进行表格的打印。

视频:打印
设置

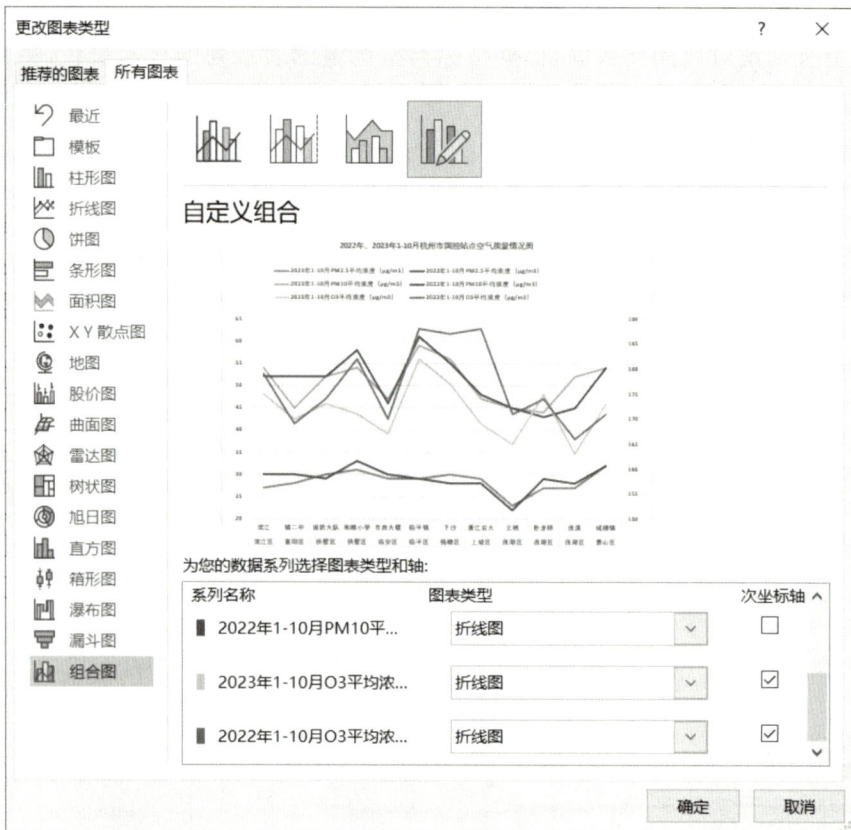

图 4-27　更改图表类型

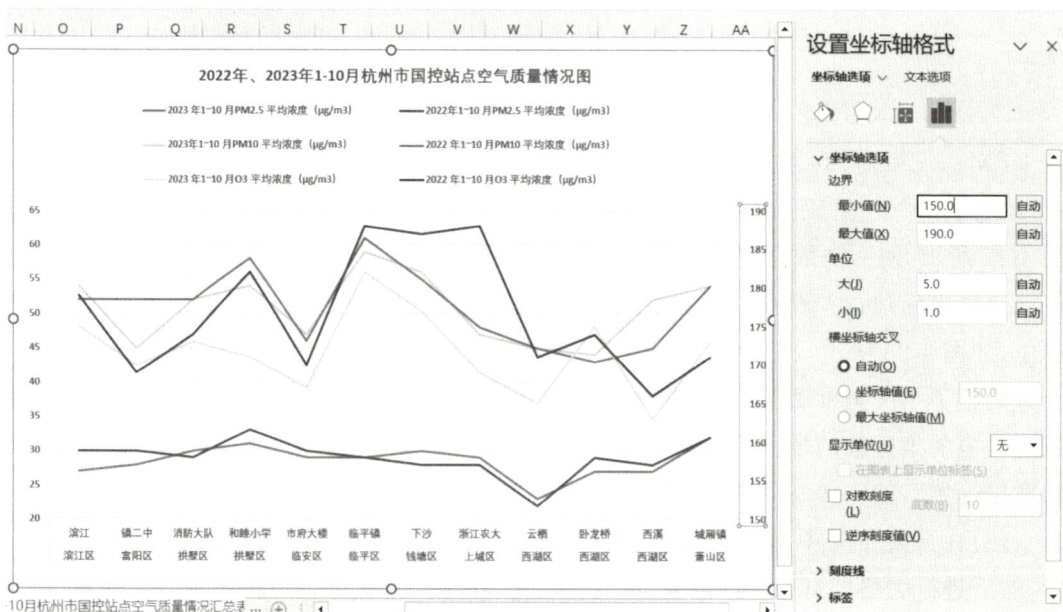

图 4-28　设置坐标轴格式

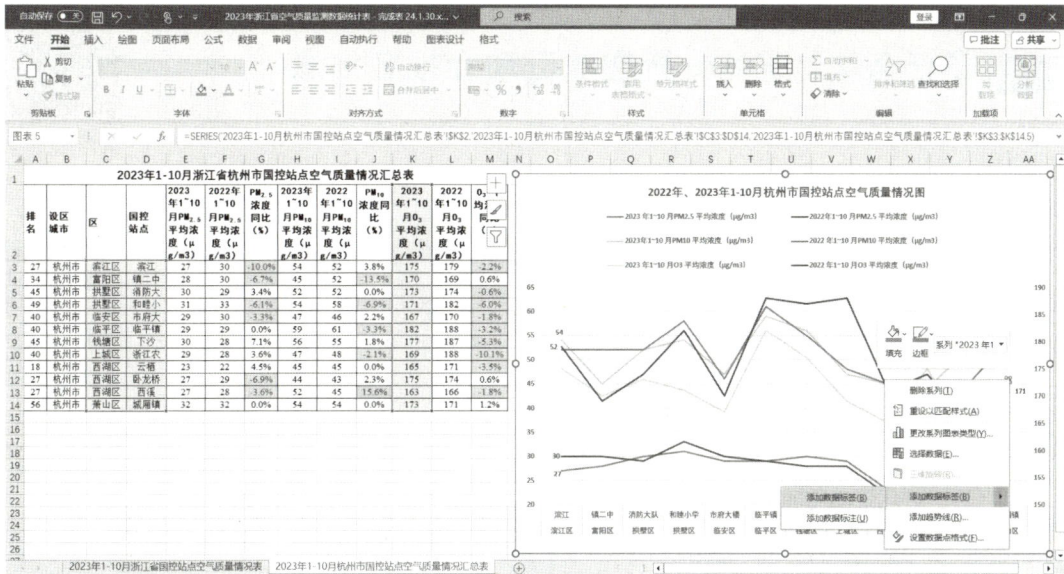

图 4-29　杭州市国控站点空气质量图

任务总结

　　本子任务的学习目的主要是掌握 Excel 的基本操作,涉及格式设置、公式和函数运用、图表绘制和打印等。公式必须以"="开始,以"插入函数"对话框方式运用公式,Excel 会自动添加等号"=",否则需要手动输入。如果省略等号,则含有运算符的公式会被错误地理解为文本或日期。在公式中输入函数名称时,只需输入前几个字母,Excel 的联想功能会快速找到用户所需要的函数,然后双击该函数即可使用。要解决一个问题,Excel 可能有多种方法,大家可以尝试采用多种解决方案。

任务巩固

　　1.学期结束要评定奖学金,请运用 Excel 帮助班主任老师汇总计算机班级的成绩。
　　2.请仔细看看 Word 和 Excel 的窗口菜单有什么异同。

测试任务

　　请扫右侧二维码,进入任务测试环节,看看掌握了多少。

测试:Excel
高级应用(1)

子任务 2　统计分析趣味运动会报名信息

任务描述

　　小王是某大学体育部的学生干部,现在要组织学校的趣味运动会报名工作。由于没有现成的网络报名系统,她需要使用 Excel 电子表格进行报名数据处理,收集同学的报名信息之后,要对报名数据进行有关校验,统计各项目的报名人数和各专业的报名情况。图 4-30 是对运动会各专业同学报名情况的统计。

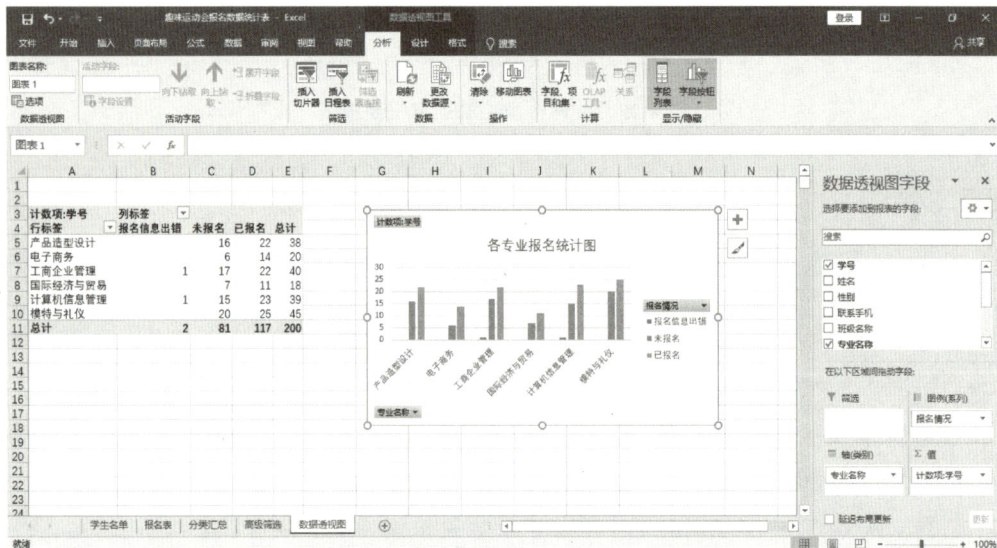

图 4-30　运动会各专业报名统计

任务分析

　　报名信息的收集可以通过第三方的"在线文档"功能,将制作好的报名信息表发布为在线文档,组织同学自行填报,同学填报后,小王即可下载报名表进行数据验证和相关统计。使用 VLOOKUP()、逻辑函数 IF() 等函数和高级筛选功能可实现趣味运动会报名信息的统计。

1. 数据验证

　　对指定区域设置数据验证规则,使其只能输入指定的内容,可规范 Excel 中数据输入的有效性,使用公式可对指定区域输入的数据进行有效性验证,如每人限报 2 项。当输入内容不满足条件时,将弹出指定的提示内容。

2.在线文档应用

可通过钉钉或腾讯文档等工具软件,使用在线编辑功能,收集同学的报名项目信息。

注意:钉钉文档收集的信息与腾讯文档收集的信息将保存在两个独立的文件中,腾讯文档可通过 QQ 或微信端编辑。

3.VLOOKUP( )函数

语法规则:VLOOKUP(lookup_value,table_array,col_index_num,range_lookup)。

函数功能:纵向查找函数,与 LOOKUP( )函数和 HLOOKUP( )函数属于同类函数。功能是按列查找,最终返回该列所需查询序列所对应的值,与之对应的 HLOOKUP( )是按行查找。VLOOKUP( )函数常用来处理核对数据、多表之间快速导入数据等,参数如表 4-2 所示。在 VLOOKUP( )函数中,第 3 个参数是返回数据在查找区域的第几列,不是返回数据自身的列号。

表 4-2　VLOOKUP( )函数参数

参数	说明	输入数据类型
lookup_value	要查找的值	数值、引用或文本字符串
table_array	要查找的区域	数据表区域
col_index_num	返回数据在查找区域的第几列	正整数
range_lookup	模糊匹配/精确匹配	TRUE(或不填)/FALSE

将报名数据与学生名单相比对,查询哪些同学没报名等,可使用该函数实现。

4.逻辑函数 AND( )、OR( )、NOT( )

语法规则:AND(logical1,logical2,…),OR(logical1,logical2,…),NOT(expression)。

函数功能:所有参数的计算结果为 TRUE 时,返回 TRUE;只要有一个参数的计算结果为 FALSE,即返回 FALSE。OR( )函数,只要有一个参数的计算结果为 TRUE,则返回 TRUE;当所有参数的计算结果都为 FALSE 时,才返回 FALSE。NOT( )函数表示取反,当参数结果为 TRUE 时,返回 FALSE,否则返回 TRUE。

检验输入的报名信息是否符合要求,可使用逻辑函数实现。

5.逻辑函数 IF( )

语法规则:IF(logical_test,value_if_true,value_if_false)。

函数功能:判断是否满足某个条件,若满足,则返回一个值;若不满足,则返回另一个值。参数 logical_test 是计算结果为 TRUE 或 FALSE 的表达式,即条件;参数 value_if_true 是当条件为 TRUE 时的返回值;参数 value_if_false 是当条件为 FALSE 时的返回值。

6. 文本函数 LEFT( )、LEN( )、MID( )、RIGHT( )

语法规则：LEFT(text,〔num_chars〕),LEN(text),MID(text,start_num,num_chars),RIGHT(text,〔num_chars〕)。

函数功能：LEFT( )从文本字符串的第一个字符开始返回指定个数的字符。LEN( )返回文本字符串中的字符个数。MID( )返回文本字符串中从指定位置开始的指定数目的字符。RIGHT( )从文本字符串的最后一个字符开始返回指定个数的字符。

参数说明：text 必需，指需要处理的文本字符串。num_chars 可选，指定 left、mid、right 提取字符的数量，必须大于或等于零。start_num 必需，指要提取第一个字符的位置，第一个字符的 start_num 为 1，以此类推。

根据"班级名称"生成"专业名称""年级"，可使用这些文本函数实现。

7. 排名函数 RANK.EQ( )

语法规则：RANK.EQ(number,ref,order)。

函数功能：返回某数值在一列数值中相对于其他数值的大小排名；若多个数值排名相同，则返回最佳排名。参数 ref 是一组数或对一个数据列表的引用，参数 order 指定排名的方式，若参数值为 0 或忽略不写，则为降序排名；若参数值为非零值，则为升序排名。

8. 分类汇总

在"分类汇总"表中，使用分类汇总功能按"班级名称"对各项目进行汇总，可以查看每个班级的汇总情况，可以只显示汇总行，也可以显示明细。

注意：执行分类汇总操作之前，需先对数据按分类项（班级名称）排序。

9. 数据透视图（表）

Excel 提供了数据透视表和数据透视图功能，数据透视图是依据数据透视表的数据自动绘制的。数据透视表是一种交互式的表，可以进行某些计算，如求和与计数等。所进行的计算与数据跟数据透视表中的排列有关。可改变版面布置，以便按照不同方式分析数据。改变版面布置时，数据透视表会立即按照新的布置重新计算数据。另外，如果原始数据发生更改，则可以更新数据透视表。

数据透视图（表）可实现数据的分类汇总，且无须对分类项排序。本案例完成后的数据透视图，如图 4-31 所示。

10. 高级筛选

利用高级筛选功能，可以按照多重条件筛选出符合条件的记录。比如快速查询报名信息有误的记录，在"高级筛选"表中，筛选出"姓名校验"为 FALSE，或者"报名信息校

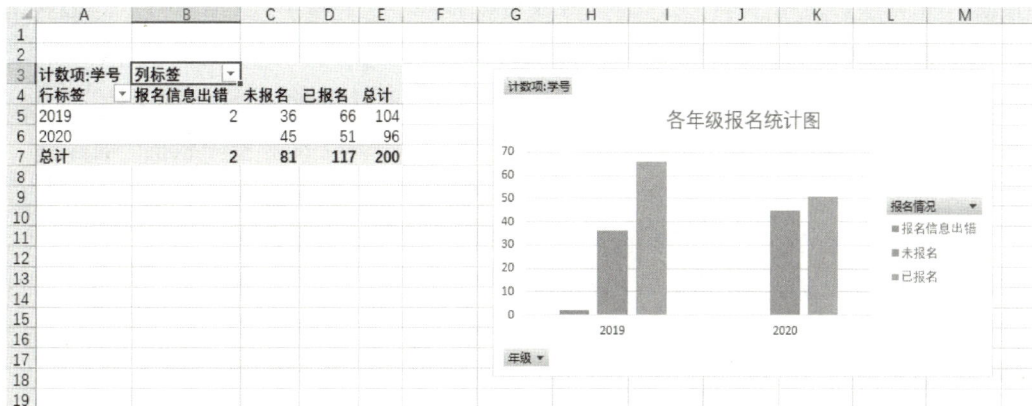

图 4-31　各年级报名信息汇总

验"为 FALSE 的记录。

提示：高级筛选中，条件值在同一行，表示并且；条件值在不同行，表示或者。

任务实现

（1）为运动会"报名表"设置数据验证，报名规则为每人限报 2 项。需要先选择要设置数据验证规则的单元格，这里要选择所有报名填写数据的单元格。先选定"报名表"中 C:J 列报名填写列，再按住"Ctrl"键取消前两行标题行的选中。在"数据"菜单的"数据工具"→"数据验证"→"设置"选项卡中设置验证条件为"自定义"，输入公式"＝SUM($C3:$J3)<＝2"，以保证每行填写的数据和小于等于 2，如图 4-32 所示，超出则会弹出出错警告，不能录入数据。

视频：数据验证

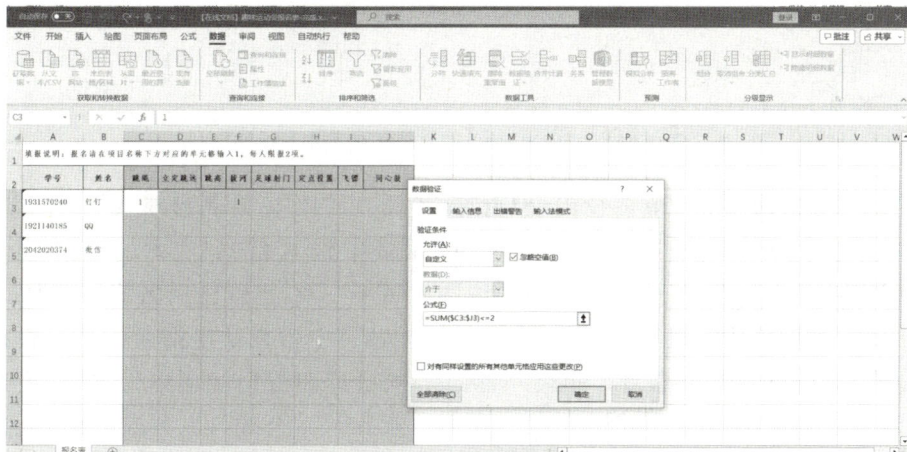

图 4-32　数据验证

（2）在钉钉群、QQ 群等发布"趣味运动会报名表.xlsx"在线文档。报名完成后，对报名信息进行统计。

（3）根据"学生名单"数据，将"报名表"中的性别、班级名称、姓名 0（用于姓名核查）

等信息补充完整。使用 VLOOKUP()函数可以根据"学生名单"表信息计算出学生性别,在"报名表"的 K2 单元格中输入公式"＝VLOOKUP(报名表! A2,学生名单! ＄A＄2:＄C＄201,3,FALSE)",可以根据"报名表"A2单元格的学号在"学生名单"表＄A＄2:＄C＄201 区域中查找学号一致的学生对应的性别数据,性别数据在"学生名单"表中所选定数据查找区域的第 3 行。要注意,对"学生名单"表的单元格引用是绝对引用,使用填充柄复制填充"性别"列下面单元格,即可计算出所有学生性别信息。"班级名称"和"姓名 0"列也可用相同方法计算,如图 4-33 所示。经过计算核查出,有学生报名信息填写错误,其公式计算结果为"♯N/A",无法查询出相关数据。

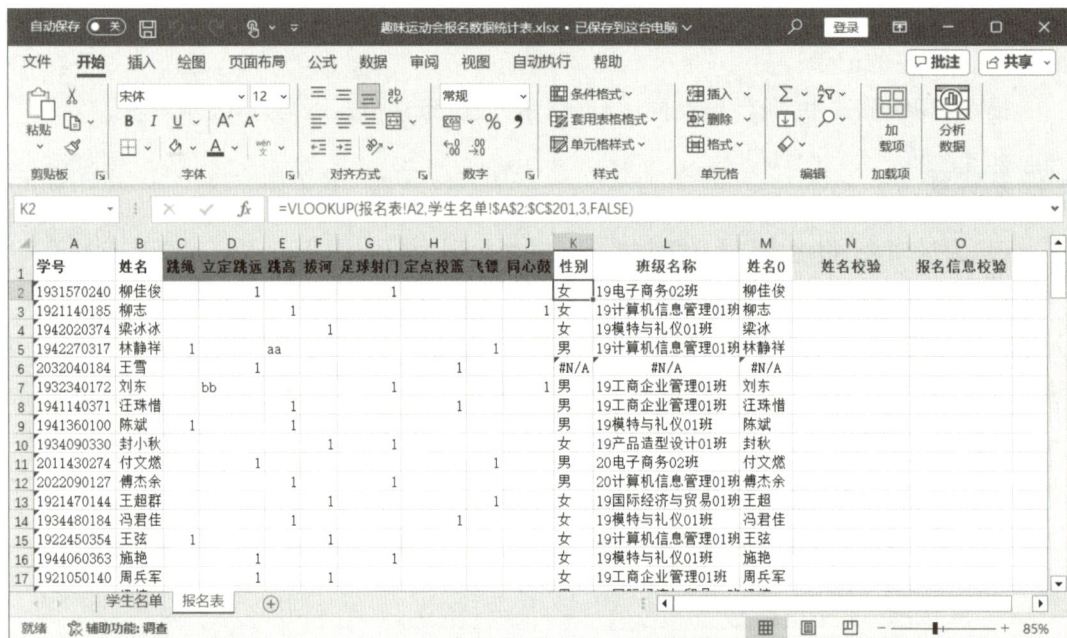

图 4-33　VLOOKUP( )函数计算学生基本信息

　　(4)使用逻辑函数实现姓名校验,检查"报名表"中的学生姓名与根据学号从"学生名单"表中计算出的姓名是否一致。在 N2 单元格中输入公式"＝B2＝M2",结果为"TRUE"说明姓名一致,结果为"FALSE"说明姓名不一致,也就是报名信息有误。

　　(5)使用逻辑函数实现报名信息校验,在"报名表"中检查学生报名信息是否符合报名为 1,报名不超过 2 项的条件。报名不超过 2 项已经在数据验证中设置,这里判断报名信息填写是否正确,通过"OR(ISBLANK(C2),C2＝1)"公式可以判断 C2 单元格是空还是内容为"1",各报名数据单元格都符合这两个条件即说明报名正确。在 O2 单元格中用 AND( )函数判断 C2:J2 各单元格都符合上述条件即可,公式为"＝AND(OR(ISBLANK(C2),C2＝1),OR(ISBLANK(D2),D2＝1),OR(ISBLANK(E2),E2＝1),OR(ISBLANK(F2),F2＝1),OR(ISBLANK(G2),G2＝1),OR(ISBLANK(H2),H2＝1),OR(ISBLANK(I2),I2＝1),OR(ISBLANK(J2),J2＝1))",同样报名信息正确则结果为"TRUE",不正确则结果为"FALSE"。

（6）在"学生名单"表的 F2 单元格中输入公式"＝MID（E2,3,LEN（E2）－5）",在 G2 单元格中输入公式"＝"20"&LEFT（E2,2）",即可使用文本函数通过班级名称,计算出专业名称、学生所在年级,用于后续报名信息统计,计算完成后用填充柄填充列中其余单元格。

视频：IF（）函数和文本函数应用

（7）在"学生名单"表的 H2 单元格中输入公式"＝VLOOKUP（A2,报名表！A:O,15,FALSE）",根据"报名表"中的"报名信息校验"信息计算出学生是否成功报名运动会。

（8）在"学生名单"表中,使用 IF（）逻辑函数根据"报名检验"结果,填写"报名情况",分为报名、未报名、报名信息有误三种情况,公式为"＝IF（ISNA（H2）,"未报名",IF（H2,"报名","报名信息有误"））",如图 4-34 所示。

图 4-34　报名情况

（9）新建一张"分类汇总"工作表,筛选出"报名表"中姓名校验和报名信息校验都通过的信息,并将信息拷贝到"分类汇总"表中。增加一列"报名项目数",用 SUM（）函数求和统计每个学生报名的项目数。按照班级名对表格数据排序,在"数据"菜单中选择"分类汇总",根据班级进行分类,统计"各班级学生报名的项目数",如图 4-35 所示。完成分类汇总后,可以在左侧使用"＋""－"按钮展开、收缩各汇总级别。

视频：分类汇总

注意：分类汇总需先针对分类字段排序。

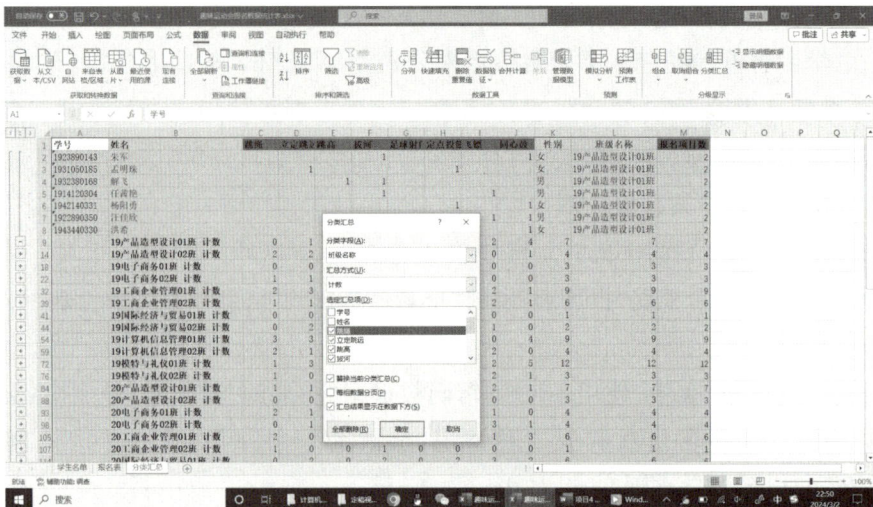

图 4-35　分类汇总

（10）在"学生名单"表中选定任一有数据的单元格，在"插入"菜单中选择"数据透视图"，选择放置数据透视图的位置为新工作表，在右侧"数据透视图字段"中，拖动字段到"图例""轴""值"区域即可动态绘制数据图，如任务描述中的图 4-30 所示。

视频：数据透视图

（11）使用高级筛选，筛选出"报名表"中姓名校验或者报名信息校验不通过的同学，也就是校验结果为"FALSE"的同学，以便通知这些同学修改报名信息。高级筛选需要满足多个条件，一般先设置筛选条件区域，在 Q1:R3 单元格中输入筛选条件。多个筛选条件写在同一行表示条件需要同时满足，条件满足 AND（并且）关系；多个筛选条件写在不同行则表示条件只需满足其一，各条件满足 OR（或者）关系。填写好筛选条件区域后，在"数据"菜单中选择"高级筛选"，在对话框中设置列表区域和条件区域即可，如图4-36所示。

视频：高级筛选

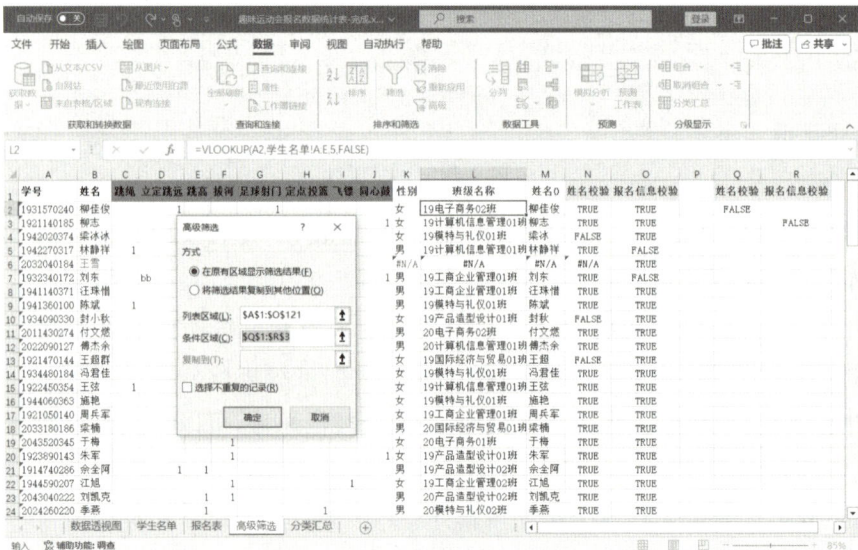

图 4-36　高级筛选

任务总结

　　趣味运动会报名信息的统计利用了很多高级函数,并使用了数据验证、分类汇总、数据透视图等数据统计功能。其中,数据验证可对输入内容进行有效性控制,提高数据输入的规范性。分类汇总操作时,需要先对分类项排序。用填充柄拖动公式计算时,对不需要自动改变的地址,要使用绝对地址。通过本子任务的学习,可学会高级数据统计,尤其是通过函数说明来使用高级函数的技能。

任务巩固

　　制作一个 Excel 文件,利用腾讯文档或钉钉等平台发布,通过实践掌握在线文档的有关操作。

测试任务

　　请扫右侧二维码,进入任务测试环节,看看掌握了多少。

测试:Excel
高级应用(2)

任务4　制作精美演示文稿

子任务1　制作"开学第一课"演示文稿

课件:制作
"开学第一
课"演示文
稿

任务描述

　　党的二十大报告指出,"国家安全是民族复兴的根基,社会稳定是国家强盛的前提。"[1]报告 91 次提及"安全",明确提出要"建设更高水平的平安中国,以新安全格局保障新发展格局"[2]。做好校园安全工作,事关千家万户,也事关社会大局和社会稳定。寒假来临之际,班主任打电话给班长小王,请她组织一次以"大学生安全教育"为主题的班会。小王针对当前猖獗的网络诈骗和传统安全事件,制作了"开学第一课"演示文稿,如图 4-37 所示。我们跟着小王同学一起来学习一下这份演示文稿是怎样制作的吧。

素材资源下
载:制作"开
学第一课"
演示文稿

---

　　① 习近平. 高举中国特色社会主义伟大旗帜 为全面建设社会主义现代化国家而团结奋斗:在中国共产党第二十次全国代表大会上的报告[N]. 人民日报,2022-10-26(01).

　　② 习近平. 高举中国特色社会主义伟大旗帜 为全面建设社会主义现代化国家而团结奋斗:在中国共产党第二十次全国代表大会上的报告[N]. 人民日报,2022-10-26(01).

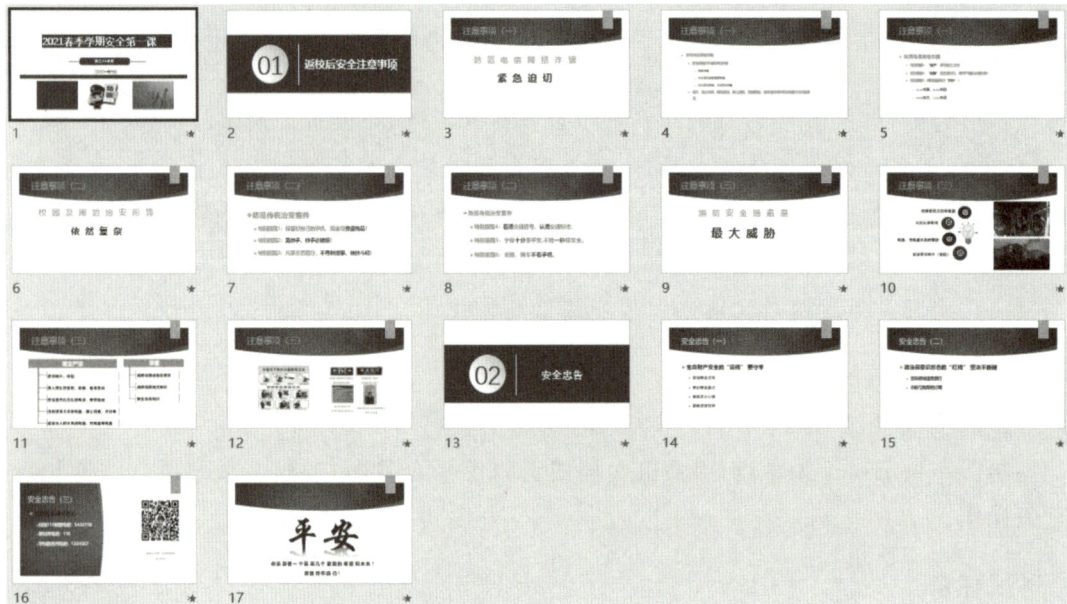

图 4-37 "开学第一课"幻灯片

任务分析

"开学第一课"演示文稿制作涉及演示文稿的创建和编辑，版式选择，内容添加，色彩、字体的调整和设计，制作完成后还涉及输出和放映操作。该演示文稿的颜色、背景一致，可以通过设计主题来实现，标题文字格式统一。演示文稿有多种版式，根据特定的内容选择合适的版式。采用了内置的主题美化演示文稿，并在已有主题的基础上进行二次设计。部分幻灯片中使用了表格、图片、SmartArt 图、艺术字等，以更好地展示内容。选择适合场景的放映和输出方式。

1.演示文稿的创建和版式

打开 PowerPoint，系统默认打开一张空幻灯片。单击"开始"选项卡下的"幻灯片"功能区中的"新建幻灯片"按钮，系统会弹出多种不同版式的幻灯片。不同版式的样式和占位符各不相同，常见的有标题、标题和内容、两栏、空白等，用户可以根据内容需要选择合适的幻灯片版式。

2.文本的输入和格式设置

在幻灯片的文本占位符中，可以输入文本，尽量使用占位符输入文本，占位符中的文本默认是带有项目符号的，按"Tab"键可以将文本降级，按"Shift＋Tab"键可以将文本升级。在"开始"选项卡的"字体"和"段落"功能区中，可以对文本进行字体、颜色、对齐方式、段落格式设置，也可以为选中的段落文本添加项目符号和编号。

3.图片和表格等的插入

相比于文字而言,数据和图表更能给观众建立深刻印象。在幻灯片中,支持插入图片、表格、图表、剪贴画、媒体剪辑和 SmartArt 图形 6 种对象,可以利用"插入"选项卡下的"表格""图像""插图"功能实现。同时,可以为插入的图片设置颜色、调整大小、设置边框和样式,为表格设置样式、调整布局以进一步美化表格。

4.主题应用

主题的应用可以大大提高美化幻灯片的效率和幻灯片的质量。在"设计"选项卡的"主题"功能区中,可以为演示文稿选择应用一种主题,也可进行主题颜色、主题字体、背景样式等设置。主题可以应用于全部幻灯片,也可以应用于选定的一张或多张幻灯片,而在同一个演示文稿中,在主题的选择上尽量保持风格一致。

5.幻灯片放映和输出

用户可以根据不同的场景选择不同的幻灯片放映方式,如演讲者放映、观众自行浏览、在站台浏览等方式。通过自定义幻灯片放映,可以定制不同的放映内容、放映顺序以及每张幻灯片的放映时间,满足不同场景的需求。PowerPoint 还提供了循环放映、排练计时、录制幻灯片演示等功能。

对于设计完成的演示文稿可以通过"文件"选项卡中的"另存为"和"导出"菜单,将其转化为不同的文件,常见的有演示文稿 pptx、模板 potx、放映 ppsx、PDF 文件和讲义等类型。

任务实现

完成该子任务,可以先建立主要的实现思路:确立整体风格→搜集素材→内容编辑→美化排版→动画设计→检查核对→播放输出。

1.确立整体风格

确定以红色为主色调,选择简约设计风格。

视频:制作"开学第一课"演示文稿(1)

2.搜集素材

素材的搜集必须紧密贴合演示文稿的主题。根据"开学第一课"的文稿主题,我们搜集了相关的素材,并整理到文件夹"素材"中。

3.内容编辑

通常来说,一个完整的演示文稿应包含标题页、导航页、内容页、结束页等。先理清幻灯片的逻辑和思路,在本案例的演示文稿中,主线逻辑为返校后的安全注意事项、安全忠告,这也是演示文稿的一级标题。其中,返校后的安全注意事项和安全忠告又各分

成三部分,即确立了二级标题。

（1）制作封面

新建演示文稿,新建幻灯片,选择版式"标题幻灯片"。输入主标题"2021 春季学期安全第一课"、副标题"浙江 xx 学院"和时间。调整标题、时间的位置、大小和颜色,在幻灯片的下方插入相应的素材图片,单击"插入"→"图片",打开资源管理器,选择相应的图片素材。调整素材图片至合适的位置,使用对齐工具对齐图片。对标题页进行修饰,如创建线段、色块等元素进行布局装饰,对元素进行阴影、映像、发光、柔化边缘、棱台、三维旋转等设置。

（2）制作标题页

新建一张新的幻灯片,选择"空白"版式。插入一个矩形,填充深红色,形状轮廓为无。插入一个圆形,设置圆的样式,选择渐变填充。右键单击,在弹出的菜单中选择"编辑文字",输入"01",调整字体大小为 60,字体颜色为深红,由此完成标题序号的制作。输入标题文字"返校后安全注意事项",调整相应的字体格式。插入一个分割线作为装饰。至此,我们完成了标题页 01 的制作,其余标题页制作步骤类似。

（3）制作第 3 页内容页

新建幻灯片,选择"标题和内容"版式,这也是最常用的版式。可以选择 PowerPoint 内置的设计主题"离子会议室"以美化幻灯片。编辑相应的标题和内容,除了设置字体的大小、颜色、格式等之外,还可以对字体做效果的设置:一种方法是直接采用格式选项卡下的艺术字样式功能区中的效果;第二种方法是根据需要自己设置,如对紧急迫切的内容采用加粗、深红色、阴影等样式,这些是常用的字体设置选项,在字体设置面板中主要可以对字体的字符间距进行设置。调整行距至 1.5 倍行距。

（4）制作第 4 页内容页

编辑文字内容后,要使逻辑条理更清晰,可以借助项目符号。可选择相应的符号,如方块、菱形等。符号的层级关系通过"Tab"键和"Shift＋Tab"键来进行降级和升级。同时,我们可以采用对比的方式来突出显示幻灯片中的重点信息,如利用字体颜色、大小和图形等都可以强化突出效果。

视频:制作"开学第一课"演示文稿(2)

（5）制作第 5 页内容页

借助表格和图表来表达信息,选择"插入"→"表格",创建一个 4 列 5 行的表格,编辑好内容后对表格的样式进行编辑和修改,选择"中度样式 2,强调 2"。在"插入"选项卡下的"插图"功能区中,选择二维堆积柱形图,用来呈现刷单案件占总案件的占比,编辑输入数据之后即可生成图形。第 6 至 8 页三页幻灯片的操作方法与此类似。

（6）在第 10 页幻灯片中,插入 PowerPoint 自带的画图工具 SmartArt 图,选择"层次"系列中的"层次结构列表",编辑内容。

视频:制作"开学第一课"演示文稿(3)

(7)第 11 至 16 页幻灯片的操作要点与前面类似,在结束页中通常以感谢等方式结尾,此处"平安"两字采用艺术字的样式。

4.检查核对

将幻灯片从头到尾播放一遍,检查是否有错误,最后进行放映设置。根据放映场景选择幻灯片放映方式。也可以通过"文件"选项卡中的"另存为"和"导出"菜单,将演示文稿转化为不同的文件,常见的有演示文稿 pptx、模板 potx、放映 ppsx、PDF 文件和讲义等类型。

任务总结

　　"开学第一课"演示文稿的制作比较简单,在设计上保持风格一致,在大纲上追求逻辑清晰,在内容上保证主题鲜明、简洁明了。内容录入时尽量使用 PowerPoint 提供的占位符来插入文本、图片、图表等内容,这样当调整不同主题时使用占位符的内容格式会根据主题自动调整。使用图表、视频、音频等多种媒体素材能更好地展现内容。选择合适的主题可以实现已有的配色方案和图片背景的应用,也可以对已有主题做一些修改。学完本子任务,我们就会制作简洁明了、风格统一的演示文稿了。

任务巩固

制作一个以"我的寝室我的家"为主题的演示文稿。

测试任务

请扫右侧二维码,进入任务测试环节,看看掌握了多少。

测试:PPT
制作

子任务 2　制作精美毕业纪念册

课件:制作
精美毕业纪
念册

任务描述

　　青年强则国家强。当代中国青年生逢其时,施展才干的舞台无比广阔,实现梦想的前景无比光明。转眼间要毕业了,小王团队负责设计班级毕业纪念册,在班级聚会上播放。团队一部分成员收集了历年班级各项活动的文字、照片和视频等素材,小王想把这些素材在演示文稿中串接起来,添加一些动态效果,还想在有些页面上加上音频或视频旁白说明,把在校期间经历过的点点滴滴展示出来,同时利用纪念册催人奋进,寄语美好的明天,如图 4-38 所示。

素材资源下
载:制作精美
毕业纪念册

图 4-38　毕业纪念册效果

任务分析

毕业纪念册承载了美好的回忆,制作过程中需要查找和使用很多素材,添加一定的动画效果等。

1. 模板和素材的下载

模板的使用可以提高幻灯片制作效率。可以通过合适的渠道下载一个模板,也可以在"文件"→"新建"菜单中选择一个模板创建演示文稿,还可以通过一些网站获取素材和资源,如免费的叮当设计,包含了 PPT 模板、PS 设计素材、矢量图等资源,图片可以从花瓣网、站酷网等网站上下载。一个优秀的模板通常包括合理的幻灯片设计、幻灯片配色、字体搭配等。

2. 母版的设置

幻灯片母版是幻灯片层次结构中的顶层幻灯片,可以进行幻灯片背景、颜色、字体、效果、占位符大小和位置等的修改。修改和使用幻灯片母版的主要优点是,可以对演示文稿中的每张幻灯片进行统一的样式更改而不必一页一页地修改。幻灯片的母版设计可在"视图"选项卡下的"母版视图"功能区中实现。

在母版的设计中,可以对演示文稿添加页眉或页脚。在"插入"功能区的"文本"组中单击"页眉和页脚"打开设置对话框,可统一设置幻灯片的页眉、页脚。

3.切换效果的设置

PowerPoint 提供了丰富的切换效果,而且可以为演示文稿中的每一张幻灯片根据不同的内容设置不同的切换效果。除此之外还可以设置切换效果的细节选项,如切换发生时的声音、切换速度的快慢、切换发生的触发方式等。

4.动画效果的设置

PowerPoint 中有大量预设的动画效果,分为四类,分别是进入、强调、退出和动作路径动画,可以为幻灯片中的元素添加进入动画、强调动画、退出动画以及按照指定路线运动的动画,每一个添加的动画又有相应的效果选项,如图 4-39 所示。

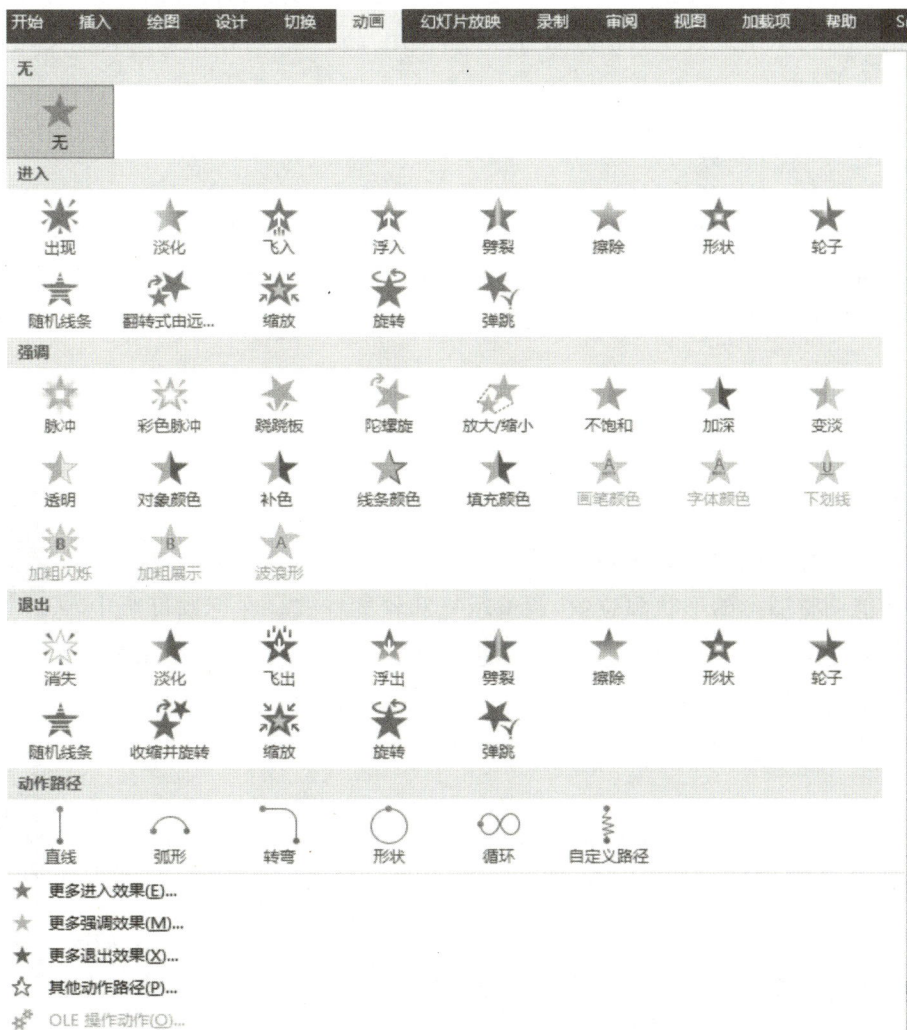

图 4-39 "动画设置"对话框

不同组的动画效果可以叠加在一个元素上，使得该元素同时拥有进入、强调、退出和动作路径动画效果。多个元素也可以组合在一起，被看作同一个元素，具有相同的动画效果。比如可以把多个文本框元素组合在一起，为它们同时设置进入和退出两个动画效果。

同一张幻灯片上的不同动画效果会被自动编号以显示先后顺序，可以对它们播放的时间间隔和时间长短进行设定，也可以调整它们的先后顺序，这些设置后的效果可以通过动画窗格显示。在动画窗格中还可以对每个动画效果设置具体的效果参数，如动画发生时的声音、动画的开始触发方式、循环次数等，不同的动画效果有不同的设置参数。组合文本还可以选择作为一个对象、所有段落同时、按不同级别段落等不同的动画呈现方式。

5.超链接的设置

幻灯片上的每一个元素都可以设置超链接。选中要添加超链接的对象，可在"插入"功能区的"链接"组中通过"超链接"按钮实现，使用"超链接"可以链接到其他文档、程序、网页上。

6.动作按钮的设置

在幻灯片上可以添加动作按钮，这是一种图形元素，可以指向某个外部文件或者演示文稿内部的某个页面，实现与外部文件或页面之间的相互跳跃切换。与超链接相比，自定义按钮可以图形图像的方式显示，美观度较高。

任务实现

1.母版设计

进入幻灯片母版进行编辑，在标题母版中，插入三角形和矩形，使用编辑顶点功能调整图形的形状和位置，调整填充和轮廓样式。在标题母版中，插入多个六边形制作蜂窝效果，并调整颜色。在标题与内容母版中，增加文本框与外部边框，实现母版设计。

视频：制作精美毕业纪念册(1)

2.动画设置

切换到动画选项卡，选择左下角的两个图形，为图形添加飞入动画，在效果选项中设置飞入的方向为"自左下部"。设置动画触发方式为与"上一动画同时"。选择右上角的两个图形，为图形添加飞入动画，在效果选项中设置飞入的方向为"自右上部"。设置动画触发方式为"与上一动画同时"。

视频：制作精美毕业纪念册(2)

为文本"乘风破浪永不散场"添加形状动画,效果选项为"缩小",触发方式为"上一项动画之后"。打开"更多进入效果"菜单,为文本"青春"添加棋盘动画效果,效果选项为"跨越",触发方式为"上一项动画之后"。为矩形和副标题添加劈裂动画效果,效果选项为"左右向中央收缩"。

3.动画效果选项设置

给节标题"01 相聚于 2020"添加强调动画,选择"加粗闪烁"。右键单击动画打开动画效果设置面板,设置声音为"爆炸",触发条件为"鼠标单击",延迟为"0",期间为"非常快 0.5s",重复次数为 5 次,使得单击鼠标之后,节标题序号闪烁 5 次并发出爆炸声音。在第 4 页幻灯片中,对组合框添加劈裂效果,对小方块添加向上擦除效果,再对上层图形添加向下擦除效果。对文本"相聚"添加缩放效果,对整体文本内容添加缩放动画,调整动画的播放为"上一项动画之后"。

4.动画格式刷应用

使用动画格式刷可提高动画设置效率,用此工具完成第 6、14、15 页幻灯片类似动画效果设置。

5.多个动作设置

在第 9 页幻灯片中选择左侧的图片,添加"浮入"的进入效果,并单击添加动画,选择爱心路径动画。对同一个元素添加多个动画,使用添加动画,才不会把上一个动画覆盖掉。

6.切换设置

进入切换选项卡,为第 1 至 5 页幻灯片分别添加淡入淡出、擦除、分割、随机线条、压碎等切换方式。同时选择第 6 至 15 页幻灯片,并添加切换效果,添加"捶打"声音效果,设置自动切换的时间为 5s。

7.链接设置

在第 2 页幻灯片中,针对导航设置相应的跳转链接,使得单击目录中每一项可以跳转到相应的内容。在第 15 页幻灯片中,为"https://pan.baidu.com"设置网页链接地址,使得单击链接即可打开百度网盘。

8.动作按钮设置

在第 13 页幻灯片中的左下方,依次添加"转到主页""后退""视频"动作按钮,实现分别单击跳转到第一页、上一页和本地的一个视频文件。

任务总结

　　毕业纪念册的制作利用了现成的模板,这是快速设计美观的演示文稿的有效途径。不同页面元素、不同的动画效果可以组合叠加,产生丰富的动态演示效果。另外,利用录制功能可以为幻灯片添加音频或视频旁白,为幻灯片添加更多补充或讲解信息。通过本子任务的学习,我们可以让演示文稿动起来,使其具有更丰富的演示效果。

任务巩固

　　制作一份"××(职位)竞选"演示文稿,展示你的个人信息和特长。

测试任务

　　请扫右侧二维码,进入任务测试环节,看看掌握了多少。

测 试:PPT
高级应用

参考文献

[1] 教育部办公厅.教育部办公厅关于印发高等职业教育专科英语、信息技术课程标准（2021年版）的通知［EB/OL］.（2021-04-10）［2023-05-06］.http:// www. gov. cn/ zhengce/zhengceku/2021-04/10/content_5598801. htm.

[2] 廖亮.信息技术核心素养建设实践——基于"大数据＋智能创新"方法［J］.山西财经大学学报,2024,46(S1):275-277.

[3] 刘光强,干胜道,王晓燕.区块链数据资产可靠性研究［J］.财会月刊,2024,45(11):26-32.

[4] 施晓秋.计算机网络技术［M］.3版.北京:高等教育出版社,2018.

[5] 孙霞.信息技术基础［M］.北京:中国铁道出版社有限公司,2022.

[6] 徐强,熊晓娇.云计算服务核算:影响、挑战与改进思路［J］.统计与信息论坛,2023,38(8):14-27.

[7] 喻晓和.虚拟现实技术基础教程［M］.2版.北京:清华大学出版社,2017.

[8] 祝建军.开源软件的著作权保护问题研究［J］.知识产权,2023(3):30-44.

[9] 全国计算机等级考试大纲(2023年版):一级计算机基础及MS Office应用考试大纲(2023年版)［EB/OL］.［2023-07-12］. https://ncre. neea. edu. cn/html1/report/2306/266-1. htm.